"十四五"首批上海市职业教育规划教材
首批全国电力行业"十四五"规划教材
高等职业教育"互联网+"新形态一体化教材

智能供配电技术

主　编　王向红　叶　挺
副主编　何红军　陈海光
参　编　吴必妙　杨启军　张白帆　张峻颖
　　　　刘红兵　罗福玲　刘诗涵　王晓娟
　　　　苏慧平　高　强　马文建　王增德
　　　　段　峻　梁　强　孙文峰
主　审　白俊文　赵　坚　王春燕

机械工业出版社

本书选取典型智能供配电工程项目，以智能供配电基础、设计、系统集成和系统运维4个学习情境为主线，将企业相关岗位实际需求的知识点和技能点融入实训项目，包括智能供配电概述、智能供配电设备、负荷计算及无功功率补偿、供配电系统一次设计、短路计算及设备选择、智能供配电系统二次设计、智能供配电系统单体通信集成、智能供配电系统集成综合实训、变配电所巡视检查、变配电所倒闸操作和智能配电设备运维检修11个项目，由浅入深、循序渐进地展开教学，助力培养绿色低碳与数字经济背景下供配电领域数字化的复合型工程人才。

本书适合作为高等职业教育本科及专科供用电技术、电气自动化技术、电力系统自动化技术、电机与电器技术、智能电网工程技术、电气工程及其自动化等专业的教材，也可供相关工程技术人员参考。

本书配有授课电子课件、电子教案、工作手册和教学视频（二维码形式）等资源，凡购买本书作为授课教材的教师可登录机械工业出版社教育服务网（www.cmpedu.com），注册后免费下载或联系编辑索取（010-88379195）。

图书在版编目（CIP）数据

智能供配电技术/王向红，叶挺主编. —北京：机械工业出版社，2023.8（2025.2重印）

高等职业教育"互联网+"新形态一体化教材

ISBN 978-7-111-73699-8

Ⅰ.①智… Ⅱ.①王… ②叶… Ⅲ.①智能技术-应用-供电系统-高等职业教育-教材②智能技术-应用-配电系统-高等职业教育-教材 Ⅳ.①TM72-39

中国国家版本馆CIP数据核字（2023）第156021号

机械工业出版社（北京市百万庄大街22号 邮政编码100037）
策划编辑：赵红梅　　　　责任编辑：赵红梅　曲世海
责任校对：闫玥红　李　杉　　封面设计：王　旭
责任印制：李　昂
北京捷迅佳彩印刷有限公司印刷
2025年2月第1版第3次印刷
210mm×285mm·17印张·509千字
标准书号：ISBN 978-7-111-73699-8
定价：54.00元

电话服务	网络服务
客服电话：010-88361066	机 工 官 网：www.cmpbook.com
010-88379833	机 工 官 博：weibo.com/cmp1952
010-68326294	金 书 网：www.golden-book.com
封底无防伪标均为盗版	机工教育服务网：www.cmpedu.com

前言

党的二十大报告明确指出："实现碳达峰碳中和是一场广泛而深刻的经济社会系统性变革。"能源清洁、低碳、高效利用，工业、建筑、交通等领域清洁低碳转型，迫切需要大量电与数字化的复合型工程人才。本书依据国家最新公布的专业教学标准，以供配电为主线、数字化为基础、智能化为核心，结合"岗课赛证"，参考"智能配电集成与运维"职业技能等级证书标准及"新型电力系统技术与应用"等全国职业院校技能大赛的赛项要求编写而成。

全书以机场、数据中心、智慧水务、智慧建筑等典型智能供配电项目为例，"教、学、做"一体，着眼工程应用，根据智能供配电工程实际建设过程岗位所需的知识和技能归纳出 4 个学习情境，包括智能供配电概述、智能供配电设备、负荷计算及无功功率补偿、供配电系统一次设计、短路计算及设备选择、智能供配电系统二次设计、智能供配电系统单体通信集成、智能供配电系统集成综合实训、变配电所巡视检查、变配电所倒闸操作和智能配电设备运维检修 11 个项目，由浅入深、循序渐进地展开教学。为提高实践教学效果，每个项目都有项目练习，均来源于企业实际工程项目。

本书具有以下特点：

1. 落实立德树人根本任务

本书精心设计，通过讲解电气界泰斗、高级技师、劳模、碳达峰碳中和、华为配电"黑科技"等鲜活的人物和事件，引导学生树立正确的世界观、人生观和价值观，弘扬劳动光荣、技能宝贵、创造伟大的时代精神，培养学生的创新意识，激发学生的爱国热情和使命感。

2. 多校联合、校企合作开发教材，实现校企协同"双元"育人

本书由多位职业院校一线教师与行业、企业一线专家共同研究、联合编写，内容对接职业标准和岗位需求，紧跟产业发展趋势和行业人才需求，及时将产业发展的新技术、新工艺、新规范纳入教材内容。本书以企业真实工程项目为素材进行项目设计及实施，将教学内容与企业真实项目相融合，实现校企协同"双元"育人。

3. 符合"三教"改革精神，提供"课前、课中、课后"一站式课程解决方案

本书将教材、课堂、教学资源三者融合，注重对学生职业技能和素质培养，遵循学习者认知规律，结合企业典型工作岗位案例和学生职业生涯发展要求，以工作过程为导向，采用项目驱动法，按照工学结合"教、学、做、评"一体化的教学模式组织教材内容，采用"课前、课中、课后"的理念编写而成。课前学习"项目知识"，课中分任务完成"项目实训"，课后实战"项目练习"。

4. 新形态一体化教材，实现教学资源共建共享

发挥"互联网+"信息技术优势，本书配备二维码学习资源，实现了"纸质教材+数字资源"的完美结合，体现"互联网+"新形态一体化教材理念。学生通过扫描书中二维码即可观看相应资源，随扫随学，便于学生即时学习和个性化学习。

5. "智能配电集成与运维"职业技能等级证书配套教材

本书内容对接"智能配电集成与运维"职业技能等级证书标准，将教学内容与职业技能等级认证相融合，参考全国职业院校技能大赛"新型电力系统技术与应用"赛项竞赛要点，实现书证融通、课证融通。

本书由上海电子信息职业技术学院王向红、温州职业技术学院叶挺任主编，温州职业技术学院何红军、温州源造智能科技有限公司陈海光任副主编，ABB（中国）有限公司吴必妙、重庆电力高等专科学校杨启军、ABB（中国）有限公司张白帆、上海电子信息职业技术学院张峻颖、湖南铁道职业技术学院刘红兵、武汉电力职业技术学院罗福玲、武汉电力职业技术学院刘诗涵、内蒙古电子信息职业技术学院王晓娟、内蒙古机电职业技术学院苏慧平、温州职业技术学院高强、山东电力高等专科学校马文建、伟明环保设备有限公司王增德、陕西工业职业技术学院段峻、德州职业技术学院梁强、上海电子信息职业技术学院孙文峰参与编写。王向红编写项目1、项目2和项目11，并负责全书的构思和统稿；叶挺、张峻颖编写项目3；刘红兵、叶挺、罗福玲、刘诗涵编写项目4；叶挺、王晓娟、苏慧平、马文建编写项目5；张白帆、孙文峰、何红军、高强编写项目6；何红军、陈海光编写项目7；陈海光、吴必妙、何红军、王增德编写项目8；杨启军、梁强编写项目9；杨启军、段峻编写项目10。本书由白俊文、赵坚和王春燕主审。在本书编写过程中还得到了南京工业职业技术大学张红新老师的大力支持和帮助。

　　在本书编写过程中，编者参考了许多图书、手册和标准图集等，在此向所有作者表示诚挚的谢意！由于编者水平有限，书中如有疏漏之处，恳请读者批评指正。

编　者

二维码索引

页码	名　称	二维码	页码	名　称	二维码	页码	名　称	二维码
19	智慧水务		92	低压系统图1		117	项目5　知识评测	
34	框架式断路器灭弧视频		92	低压系统图2		147	项目6　知识评测	
34	框架式断路器操作机构动作视频		233	智能配电系统运行转检修操作		182	项目7　知识评测	
37	框架式断路器结构视频		233	智能配电系统检修转运行操作		195	项目8　知识评测	
37	XT塑壳式断路器结构与安装视频		20	项目1　知识评测		219	项目9　知识评测	
48	ABB Ability™ 数字化配网解决方案		49	项目2　知识评测		238	项目10　知识评测	
48	ABB Ability™ 智慧园区解决方案		62	项目3　知识评测		262	项目11　知识评测	
48	ABB Ability™ 配电系统设备健康管理解决方案		92	项目4　知识评测				

前言
二维码索引

学习情境一　智能供配电基础

项目1　智能供配电概述 … 2

1.1　项目知识 … 2
　　知识1-1　智能供配电发展历史 … 3
　　知识1-2　智能供配电概述 … 3
　　知识1-3　智能供配电法规与技术标准 … 3
1.2　项目准备 … 4
1.3　项目实训 … 4
　　任务1-1　智能供配电系统构架及功能的认识 … 4
　　任务1-2　智能供配电设计图样的应用 … 7
　　任务1-3　智能供配电建设中各专业的配合 … 9
　　任务1-4　智能供配电工程的实施 … 12
1.4　项目练习：智能供配电赋能智慧水务与数据中心 … 19
　　1.4.1　项目背景 … 19
　　1.4.2　项目要求 … 19
　　1.4.3　项目步骤 … 19
1.5　项目评价 … 20

项目2　智能供配电设备 … 21

2.1　项目知识 … 21
　　知识2-1　电气制图常用符号 … 21
　　知识2-2　开关电器的概述与分类 … 23
　　知识2-3　开关电器的基础理论 … 25
　　知识2-4　断路器实用技术参数 … 26
2.2　项目准备 … 27
2.3　项目实训 … 27
　　任务2-1　高压真空断路器的认识 … 27
　　任务2-2　继电保护装置的认识 … 31
　　任务2-3　低压断路器的认识 … 33
　　任务2-4　多功能电力仪表的认识 … 42
　　任务2-5　边缘控制器的认识 … 43
　　任务2-6　成套柜技术规范的编制 … 44
2.4　项目练习：某数据中心项目设备选型与操作 … 48
　　2.4.1　项目背景 … 48
　　2.4.2　项目要求 … 49
　　2.4.3　项目步骤 … 49
2.5　项目评价 … 50

学习情境二　智能供配电设计

项目3　负荷计算及无功功率补偿 … 52

3.1　项目知识 … 52
　　知识3-1　计算负荷的分类及用途 … 52
　　知识3-2　负荷的计算方法及适用场合 … 53
　　知识3-3　设备功率的确定 … 53
　　知识3-4　无功功率补偿的意义和原则 … 53
　　知识3-5　提高功率因数的措施 … 54
3.2　项目准备 … 54
3.3　项目实训 … 54
　　任务3-1　单位指标法求计算负荷 … 54
　　任务3-2　需要系数法求计算负荷 … 55
　　任务3-3　利用系数法求计算负荷 … 55
　　任务3-4　无功功率补偿设计 … 57
　　任务3-5　确定供配电系统计算负荷 … 58
3.4　项目练习：机场变电站负荷计算 … 60
　　3.4.1　项目背景 … 60
　　3.4.2　项目要求 … 60
　　3.4.3　项目步骤 … 60
3.5　项目评价 … 62

项目4　供配电系统一次设计 …… 63

- 4.1　项目知识 …… 63
  - 知识4-1　负荷分级及供电要求 …… 63
  - 知识4-2　供配电电压选择与电能质量 …… 65
  - 知识4-3　电力变压器的选择 …… 69
  - 知识4-4　变配电所主接线设计 …… 71
  - 知识4-5　高压配电系统设计 …… 76
  - 知识4-6　低压配电系统设计 …… 80
- 4.2　项目准备 …… 81
- 4.3　项目实训 …… 81
  - 任务4-1　电压选择和电能质量 …… 82
  - 任务4-2　电力变压器的选择 …… 82
  - 任务4-3　高低压配电设计 …… 82
  - 任务4-4　低压配电干线系统设计 …… 84
- 4.4　项目练习：机场供配电系统一次设计 …… 89
  - 4.4.1　项目背景 …… 89
  - 4.4.2　项目要求 …… 89
  - 4.4.3　项目步骤 …… 89
- 4.5　项目评价 …… 92

项目5　短路计算及设备选择 …… 94

- 5.1　项目知识 …… 94
  - 知识5-1　高压网络短路计算 …… 94
  - 知识5-2　低压网络短路计算 …… 101
  - 知识5-3　高压电器的选择 …… 103
  - 知识5-4　低压电器的选择 …… 103
- 5.2　项目准备 …… 105
- 5.3　项目实训 …… 105
  - 任务5-1　无限大容量系统供电电路内三相短路的短路计算 …… 105
  - 任务5-2　低压电网三相短路电流计算 …… 109
  - 任务5-3　高压电器的选择 …… 110
  - 任务5-4　低压电器的选择 …… 112
- 5.4　项目练习：某水利项目短路计算及设备选择 …… 114
  - 5.4.1　项目背景 …… 114
  - 5.4.2　项目要求 …… 114
  - 5.4.3　项目步骤 …… 115
- 5.5　项目评价 …… 117

项目6　智能供配电系统二次设计 …… 119

- 6.1　项目知识 …… 119
  - 知识6-1　二次回路的操作电源 …… 119
  - 知识6-2　二次回路图设计 …… 120
  - 知识6-3　二次回路的标号 …… 122
- 6.2　项目准备 …… 123
- 6.3　项目实训 …… 124
  - 任务6-1　智能低压进线柜电量监测回路设计 …… 124
  - 任务6-2　智能低压进线柜断路器控制回路设计 …… 127
  - 任务6-3　高压出线柜真空断路器控制回路设计 …… 134
  - 任务6-4　智能供配电系统通信网络构架图设计 …… 136
- 6.4　项目练习：智慧泵站智能供配电二次回路及网络构架设计 …… 144
  - 6.4.1　项目背景 …… 144
  - 6.4.2　项目要求 …… 144
  - 6.4.3　项目步骤 …… 146
- 6.5　项目评价 …… 147

学习情境三　智能供配电系统集成

项目7　智能供配电系统单体通信集成 …… 149

- 7.1　项目知识 …… 149
  - 知识7-1　OSI模型与数据传输解析过程 …… 149
  - 知识7-2　常见智能配电通信协议 …… 150
  - 知识7-3　Modbus通信协议 …… 151
  - 知识7-4　IEC 61850标准 …… 155
- 7.2　项目准备 …… 156
- 7.3　项目实训 …… 156
  - 任务7-1　多功能电力仪表Modbus-RTU报文帧解析 …… 156
  - 任务7-2　智能配电系统多功能电力仪表监测集成 …… 159
  - 任务7-3　框架式断路器监控集成 …… 163
  - 任务7-4　变频器监控集成 …… 168
  - 任务7-5　继电保护装置监控集成 …… 178
- 7.4　项目练习：某广电中心低压配电柜数字化升级改造 …… 180
  - 7.4.1　项目背景 …… 180
  - 7.4.2　项目要求 …… 180
  - 7.4.3　项目步骤 …… 182
- 7.5　项目评价 …… 182

项目8　智能供配电系统集成综合实训 …… 183

- 8.1　项目知识 …… 183
- 8.2　项目准备 …… 183

8.3 项目实训 …… 184
  任务 8-1 智慧泵站智能配电系统构架设计 …… 184
  任务 8-2 智慧泵站智能配电设备清单整理 …… 189
  任务 8-3 智慧泵站智能配电二次回路设计 …… 190
  任务 8-4 通信程序与人机界面开发及调试 …… 191
8.4 项目练习：智慧泵站智能配电项目全生命周期管理 …… 192
  8.4.1 项目背景 …… 192
  8.4.2 项目要求 …… 192
  8.4.3 项目步骤 …… 193
8.5 项目评价 …… 195

学习情境四 智能供配电系统运维

项目 9 变配电所巡视检查 …… 197

9.1 项目知识 …… 197
  知识 9-1 配电工作安全工器具 …… 197
  知识 9-2 现场心肺复苏术 …… 207
  知识 9-3 变配电所值班巡视 …… 210
9.2 项目准备 …… 212
9.3 项目实训 …… 212
  任务 9-1 心肺复苏术紧急救护 …… 212
  任务 9-2 变配电所巡视检查 …… 215
9.4 项目练习：智慧泵站智能低压配电系统巡检 …… 217
  9.4.1 项目背景 …… 217
  9.4.2 项目要求 …… 217
  9.4.3 项目步骤 …… 218
9.5 项目评价 …… 219

项目 10 变配电所倒闸操作 …… 220

10.1 项目知识 …… 220
  知识 10-1 配电工作安全的技术措施 …… 220
  知识 10-2 倒闸操作含义和技术要求 …… 222
  知识 10-3 倒闸操作票的填写 …… 224
  知识 10-4 倒闸操作其他注意事项 …… 227
10.2 项目准备 …… 228
10.3 项目实训 …… 228
  任务 10-1 高压开关柜运行转检修倒闸操作 …… 228
  任务 10-2 低压开关柜运行转检修倒闸操作 …… 233
10.4 项目练习：低压配电系统倒闸操作 …… 234
  10.4.1 项目背景 …… 234
  10.4.2 项目要求 …… 234
  10.4.3 项目步骤 …… 237
10.5 项目评价 …… 238

项目 11 智能配电设备运维检修 …… 239

11.1 项目知识 …… 239
  知识 11-1 预防性运维 …… 239
  知识 11-2 预测性运维 …… 239
  知识 11-3 应用程序接口 API …… 240
11.2 项目准备 …… 241
11.3 项目实训 …… 241
  任务 11-1 智能配电设备典型故障分析与处理 …… 241
  任务 11-2 机场配电设备预防性运维计划制定 …… 245
  任务 11-3 框架式断路器预防性运维 …… 250
  任务 11-4 智能配电云服务部署与集成 …… 254
11.4 项目练习：智慧泵站框架式断路器预防性与预测性运维 …… 260
  11.4.1 项目背景 …… 260
  11.4.2 项目要求 …… 260
  11.4.3 项目步骤 …… 260
11.5 项目评价 …… 262

参考文献 …… 263

学习情境一

智能供配电基础

项目1　智能供配电概述

项目2　智能供配电设备

人之所助，信也。

——语出《易经·系辞上传》

项目 1
智能供配电概述

项目导入

随着我国碳中和、数字经济战略的实施,充分应用物联网、云服务、人工智能技术等信息技术的智能供配电技术迎来快速发展,实现了供配电系统物物互联、人机交互、状态感知、信息处理、负荷调节等功能,为智慧建筑、智慧交通、数字化工厂、智慧园区、智慧城市等配送绿色、安全、智慧的电力能源。

建设于2020年的某机场空管站是整个机场运营的核心部门之一,负责指挥、协调辖区内的民航飞行活动,提供空中交通管制和通信导航监视、航行情报、航空气象等服务,致力于维护空中交通航路的畅通,保障飞行器的安全飞行,必须保障其供配电的可靠性和持续性。因此,机场管理人员决定采用数字化技术与智能化技术相结合的智能供配电系统,实现系统与设备监控以及预测性运维等功能,以保障机场的安全营运。让我们一起走进采用当前最新技术建设的某机场智能供配电系统,了解智能供配电系统的功能以及建设流程。

项目目标

知识目标
1) 了解智能供配电的应用领域。
2) 掌握智能供配电的定义。
3) 熟悉智能供配电的规范标准。
4) 熟悉智能供配电项目建设及实施流程。

技能目标
1) 能描述智能供配电典型构架与功能。
2) 能撰写不同行业智能供配电应用报告。
3) 能统计智能供配电系统相关设施。

素质目标
1) 形成我国能源结构调整优化和能源清洁低碳转型的观念。
2) 提升学习智能供配电技术的动力,助力国家能源发展战略。

1.1 项目知识

我国能源资源禀赋和开发利用现状,决定了碳达峰、碳中和国际承诺的巨大压力和严峻挑战,因此必须加快能源革命进程,能源互联网成为破解难题的不二选择。其中,供配电网是智能电网建设与能源互联网转型的主战场。随着各类分布式能源、储能、充电桩、能源转换及替代装备的大规模接入,供需两端的不确定性和海量电力电子设备接入将给供配电网带来新的技术难题。因此,我国供配电网将面临解决长期薄弱问题和应对新兴发展压力的双重挑战,需要高度智能化和自动化加以应对和解决,以实现供配电系统和用户侧信息交互利用;结合分布式发电和负荷侧响应,对供配电系统运行与控制进行优化，同时实现电源端和负荷端的双赢。

知识 1-1　智能供配电发展历史

从 20 世纪 90 年代初开始，随着计算机、微电子、电力电子、抗干扰等新技术的发展，特别是网络通信技术的发展使得电力自动化技术得到了快速发展。国际上多家著名的制造企业开始把这些技术应用于供配电系统，将电气技术与微电子技术、计算机技术、网络通信技术相结合，开发带有通信、监测、控制功能的智能供配电系统综合技术及解决方案，并在国内大型工程中推广应用，构成了供配电监控系统。初期的智能供配电系统大多是在传统供配电系统上，采用带通信的网络电力仪表或监控模块，通过其网络通信接口与中央控制室的计算机系统联网，从而实现对供配电回路的电压、电流、有功功率、无功功率、功率因数、频率、电度量等电参数进行监测以及对断路器的分合状态、故障信息进行监视。中期的智能供配电系统在实现电参量监测的功能上，可对断路器的分/合闸进行控制，并配合远程监控软件，实现"四遥"功能。随着新一代信息通信技术、人工智能技术与供配电技术的深度融合，现在的智能供配电系统是集数字化、网络化、智能化于一体的新型电力形态，通过设备与系统间的全面互联、互通、互操作，实现供配电系统的全面感知、数据融合、能源调配和智能应用，满足供配电系统精益化管理需求，支撑能源互联网快速发展。

知识 1-2　智能供配电概述

智能供配电系统（Intelligent Power Supply and Distribution System，IPSDS），是在由发电、输电、变电、电能分配和用电等环节组成的电能生产与消费系统的传统供配电基础上，采用基于物联网等信息技术，结合云存储、大数据分析和人工智能等技术，实现对供配电系统的自动化监控和运维管理。

知识 1-3　智能供配电法规与技术标准

1. 法规

国家机关制定的规范性文件统称为法规，是从事建设活动的根本依据，是规范行业活动的保障。与供配电密切相关的法规有《中华人民共和国节约能源法》《中华人民共和国电力法》《电力供应与使用条例》《供电营业规则》和《建设工程设计文件编制深度规定》等。

2. 技术标准

技术标准是对标准化领域中需要协调统一的技术事项所制定的标准。按照标准的实施效力可分为强制性标准和推荐性标准两类。凡保障人身健康和生命财产安全、国家安全、生态环境安全以及满足经济社会管理基本需要的技术要求，均属于强制性标准，强制性标准具有法律属性，在规定范围内必须执行。强制性标准以外的标准，均属于推荐性标准，推荐性标准具有技术权威性，经合同或行政性文件确认采用后，在确认的范围内也具有法律属性。按照标准的制定主体可分为国家标准、行业标准、地方标准和企业标准四级。标准分类及代号举例见表 1-1。

表 1-1　标准分类及代号举例

标准代号	代号说明	标准代号	代号说明
GB	国家强制性标准	JG	建筑工业行业强制性标准
GB/T	国家推荐性标准	JG/T	建筑工业行业推荐性标准
DL	电力行业强制性标准	Q	企业标准
DL/T	电力行业推荐性标准		

3. 供配电常用技术标准

常用的供配电专业规范和标准见表 1-2。

表 1-2　常用的供配电专业规范和标准

标准编号	标准名称
GB/T 50297—2018	电力工程基本术语标准
GB/T 4728.7—2022	电气简图用图形符号 第 7 部分:开关、控制和保护器件
GB 50053—2013	20kV 及以下变电所设计规范
GB 50054—2011	低压配电设计规范
GB/T 14048.1—2012	低压开关设备和控制设备 第 1 部分:总则
GB/T 14048.2—2020	低压开关设备和控制设备 第 2 部分:断路器
GB/T 14048.3—2017	低压开关设备和控制设备 第 3 部分:开关、隔离器、隔离开关及熔断器组合电器
GB/T 14048.4—2020	低压开关设备和控制设备 第 4-1 部分:接触器和电动机起动器、机电式接触器和电动机起动器(含电动机保护器)
GB/T 14048.5—2017	低压开关设备和控制设备 第 5-1 部分:控制电路电器和开关元件、机电式控制电路电器
GB/T 14048.6—2016	低压开关设备和控制设备 第 4-2 部分:接触器和电动机起动器、交流电动机用半导体控制器和起动器(含软起动器)
GB 50311—2016	综合布线系统工程设计规范
DL/T 2178—2020	配电自动化终端试验装置技术条件
DL/T 5587—2021	配电自动化系统设计规程

1.2 项目准备

本项目实训需要的设备和资料如下:
1) 1 台安装 Windows 10 操作系统的计算机。
2) 1 套某机场智能供配电工程完整资料。
3) 1 套智慧水务视频资料。
4) 1 套数据中心智能供配电全生命周期服务详细资料。

本项目以某机场智能供配电工程为案例,结合项目知识点,借助相关资源完成以下 4 个项目实训任务:
任务 1-1　智能供配电系统构架及功能的认识。
任务 1-2　智能供配电设计图样的应用。
任务 1-3　智能供配电建设中各专业的配合。
任务 1-4　智能供配电工程的实施。

1.3 项目实训

任务 1-1　智能供配电系统构架及功能的认识

某机场智能供配电系统包含智能高压配电系统、智能低压配电系统、UPS(不间断电源)和柴油发电机组等,各个子系统之间采用网络通信集成于智能供配电数字化管理平台。

1. 机场智能供配电系统总体构架

智能供配电系统在数据链路上分为应用层、管理层、通信层和设备层四层构架,实现全面监控智能供配电系统的电流、电压、功率因素、有功功率、电度量等运行数据,以及分/合闸、启/停、报警、故障等设备状态数据,并根据运行及设备数据预测分析负荷曲线、设备寿命曲线等功能。

某机场智能供配电系统通信构架图如图1-1所示。该系统采用先进的分布式控制构架，应用Modbus及IEC 61850工业物联网技术，结合基于IoT构架的Ability数字化平台，实现整个供配电系统管理的科学化、规范化，充分发挥整体优势，进行全系统的信息综合管理。

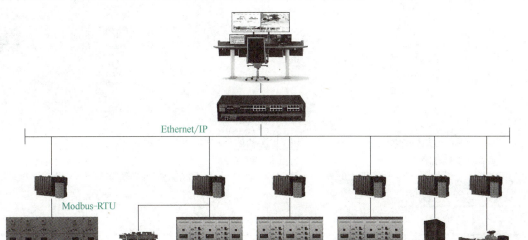

图1-1 某机场智能供配电系统通信构架图

2. 应用层与管理层功能

应用层与管理层实现智能供配电系统数据存储、应用以及分析，对整个系统运行情况及能效情况进行监控管理和优化控制。通过Ability数字化平台，实现遥测、遥信、遥调、遥控功能，同时满足电能质量监测、快速诊断事故、能源管理、高效节能等应用需求。在充分解读设计说明与调研客户使用需求的前提下，制订《管理层软件开发规程》《人机界面开发规程》等工程实施规程。成立由二次设计、软件开发、项目管理人员参加的项目组，完成机场智能供配电应用层与管理层的开发与调试。某机场智能配电系统总貌主界面如图1-2所示。某机场智能供配电系统各智能设备人机界面如图1-3所示。

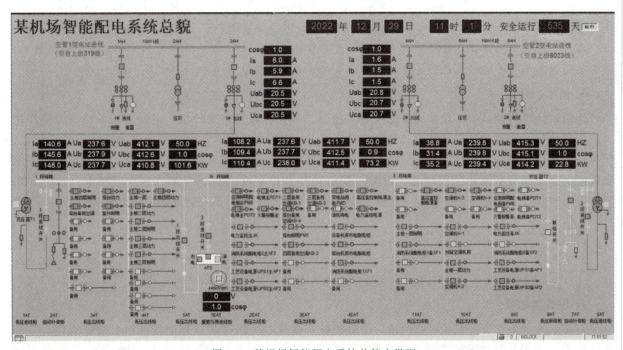

图1-2 某机场智能配电系统总貌主界面

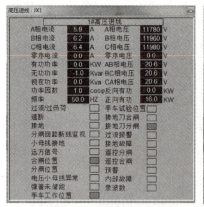
a) 高压进线断路器

b) 低压进线断路器

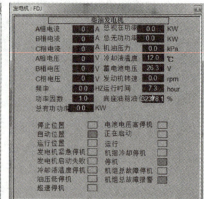
c) 柴油发电机组

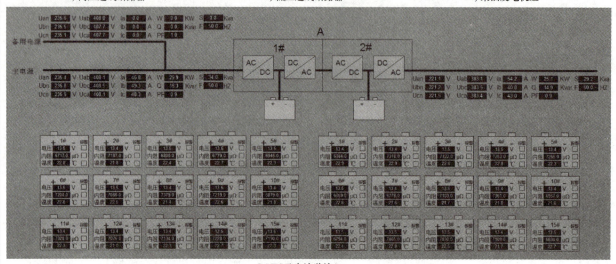
d) UPS及电池监控

图 1-3　某机场智能供配电系统各智能设备人机界面

⚠ 注意：

在智能供配电项目实施过程中，由于采集数据量较多，不建议在一个界面中同时显示过多的数据，只需显示该界面重要运行、报警等数据，其他数据可以采用弹出式窗口的形式展示。

3. 通信层功能

通信层负责智能供配电设备的数据采集与控制，并进行数据格式转化，将设备层的串口通信转化为以太网通信，实现对数据远距离、高效传输。目前大部分智能供配电系统不但要采集设备数据信息，同时还要控制智能设备启/停或合/分闸。因此，需要将控制策略部署在本地控制器，一般智能供配电工程中，会采用分布式通信控制器，以满足数据转化及控制策略执行要求。在本项目中，采用 ABB X20 边缘控制器，其安装于配电柜二次侧。智能供配电通信层网络及安装图如图 1-4 所示。

⚠ 注意：

如采用 Modbus-RTU 通信，工程中单个通信控制器单通道连接的智能设备不宜超过 15 个（理论上 32 个），且如数据量过多，需适当减少设备数量。需要控制的设备建议采用单通道。

4. 设备层功能

设备层主要由安装于现场带通信接口的智能设备组成。为满足机场智能供配电系统智能化、高可靠性需求，采用最新技术的 ABB ZS 系列智能高压系统、MNS 系列智能低压系统为机场提供稳定、绿

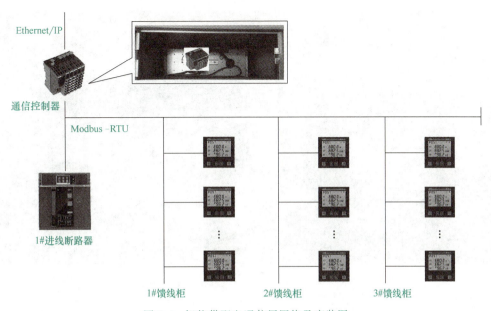

图 1-4 智能供配电通信层网络及安装图

色、智慧的电力能源。在本项目中,现场智能供配电设备由安装于智能高低压配电系统的 VD4 真空断路器(含 MDC4 全功能断路器智能模块)、REF 系列高压继电保护装置、E2 系列智能框架式断路器、XT 系列智能塑壳式断路器、M1M 系列多功能电力仪表等设备,以及变压器、UPS、柴油发电机组、成套设备等组成,各设备均配置 Modbus-RTU 通信接口。设备层与通信层 Modbus-RTU 总线以屏蔽双绞线为通信介质,构成总线型网络。某机场智能供配电高压系统实物图如图 1-5 所示。某机场智能供配电低压系统实物图如图 1-6 所示。

图 1-5 某机场智能供配电高压系统实物图

任务 1-2 智能供配电设计图样的应用

1. 图样目录

在设计智能供配电、照明、防雷接地等系统过程中,设计院会根据现场勘测资料、机场方的要求以及遵循相关国家法规与技术标准,完成工程电施的设计内容,某机场智能供配电系统图样目录及关注点见表 1-3。项目实施过程中,承建方必须严格遵守设计院出具的设计图样与设计说明,完成项目产

图 1-6 某机场智能供配电低压系统实物图

品选型、生产制造、安装调试、应用开发以及运维检修全生命周期服务。

表 1-3 某机场智能供配电系统图样目录及关注点

图别图号	图样名称	需关注点
电施 01	设计说明书	功能定位、系统构架等
电施 02	主要材料设备表	设备数量、设备类型等
电施 03	智能供配电通信网络构架图	系统组网构架、智能设备范围及类型等
电施 04	动力配电系统图	设备选型、设备数量等
电施 05	工艺配电系统图	设备选型、设备数量等
电施 06	UPS 机房设备平面布置图	通信接口、通信柜安装尺寸等
电施 07	楼层配电干线及接地平面图	安装尺寸、电缆布线等
电施 08	楼层动力平面图	安装尺寸、电缆布线等
电施 09	楼层照明配电系统图	设备选型、设备数量等
电施 10	楼层疏散照明平面图	安装尺寸、电缆布线等
电施 11	楼层插座平面图	安装尺寸、电缆布线等
电施 12	火灾报警系统图	设备选型、设备数量、通信类型等
电施 13	漏电火灾报警系统框图	设备选型、设备数量、通信类型等
电施 14	楼层火灾报警平面图	安装尺寸、电缆布线等
电施 15	防雷平面图	设备选型、设备数量、电缆布线等
电施 16	接地平面图	设备选型、设备数量、电缆布线等

2. 设计说明书

典型的智能供配电系统设计说明书中包含设计依据、设计范围、供配电设计、照明设计、电缆敷设、防雷与接地、火灾报警以及智能供配电数字化管理平台等各个设计范围的总体要求。

（1）设计依据

在智能供配电建设的勘测、设计、施工及验收等工作中，均须遵守有关法规，正确执行现行的技术标准，尤其是相关国家标准和行业标准中的强制性条文，涉及工程质量、安全、卫生、节能及环境保护等方面，必须严格执行。机场智能供配电系统在设计中严格遵循以下技术标准：

1) GB 50053—2013《20kV及以下变电所设计规范》。
2) GB 51348—2019《民用建筑电气设计标准》。
3) GB 50057—2010《建筑物防雷设计规范》。
4) GB 55036—2022《消防设施通用规范》。
5) GB 50034—2013《建筑照明设计标准》。
6) GB 55037—2022《建筑设计防火规范》。
7) 其他各专业提供的工程设计标准。
8) 机场提供的其他有关标准。

注意：

由于相关技术标准在不断修订或更新，我们在设计新项目时，应随时关注这些技术标准的最新有效版本！

（2）设计范围

包括空管站的供配电系统、照明系统、防雷接地系统等。

（3）供配电设计

从市电引入两路10kV电源，设置一台柴油发电机组，作为两路市电断电时的应急电源保障，为特别重要的负荷供电，并设置一套不间断UPS电源，以保证工艺设备的可靠运行。航管楼、塔台、变电站用电属于一级负荷，工艺设备、消防、应急照明为一级负荷中特别重要的负荷。高压系统为双回路10kV进线，由1台计量柜、2台馈电柜、2台压变柜组成。高压侧两路电源同时供电，分别运行，不设母联。低压侧单母线分段运行，两台变压器同时运行，互为备用，当其中一路发生故障时，低压联络开关自动合闸，另一台变压器可带全负荷。

（4）智能供配电数字化管理平台

为了提高空管站工作的安全、可靠性等级，在空管站内设一套智能供配电数字化管理平台。该平台能对空管站内的电力参数实施监控和管理，从而实现对高低压配电系统、柴油发电机、UPS等系统的监控。平台主要由系统设备层、通信层、管理层与应用层四部分组成，各设备相对独立，按回路体现功能，采用分布式的模块化系统结构，具有可靠性、先进性、开放性、实用性、可扩展性、灵活性、安全性、实时性、准确性等特点。某机场智能供配电系统网络构架图如图1-7所示。

注意：

智能供配电数字化管理平台在选型时，需要在数据容量、兼容协议接口等方面综合考虑，为后期系统的升级与扩展预留相应的空间。

任务1-3 智能供配电建设中各专业的配合

在智能供配电工程建设过程中，电气专业与建筑、结构、给排水、暖通空调等专业均需配合，建筑物的特性、功能要求，给排水、暖通空调的设备要求，是电气专业设计方案的依据与对象，同时电气专业的建设方案也必须得到相关专业的配合，以保障工程顺利实施。

1. 与建筑专业的配合

与建筑专业的配合见表1-4。一是合理确定电气专业的设计方案、设备配置和设计深度；二是合理选择变配电所等电气用房位置，满足功能要求，保证系统运行的安全、可靠和合理性；三是合理解决各系统的电缆线敷设通道。

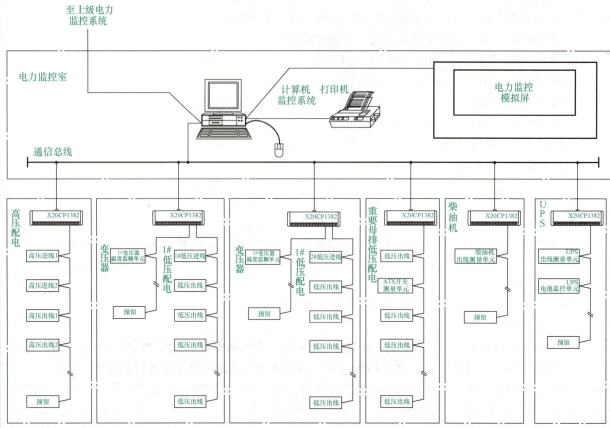

图 1-7 某机场智能供配电系统网络构架图

表 1-4 与建筑专业的配合

设 计 阶 段	配 合 内 容
方案设计阶段	1) 了解建筑物的特性及功能要求 2) 了解建筑物的面积、层高、层数和建筑高度 3) 了解电梯台数和类型 4) 提出变配电室、柴油发电机房、各弱电机房及消防控制中心等各类电气用房的位置和估算面积
初步设计阶段	1) 了解建筑物的使用要求、板块组成和功能区域及防火分区的划分 2) 了解是否有特殊区域和特殊用房 3) 提出各类电气用房的面积、层高、位置、防火、防水和通风要求 4) 提出电气竖井的面积、位置、防火和防水要求 5) 提出电缆线进出建筑物的位置
施工图设计阶段	1) 核对初步设计阶段了解的资料 2) 了解各类用房的设计标准、设计要求及设计深度(如是否二次装修等) 3) 提出各类电气用房的地面、墙面、门窗等做法及要求 4) 提出在非承重墙上的留洞尺寸及标高 5) 提出电缆线敷设的路径及其宽度、高度要求

2. 与结构专业的配合

与结构专业的配合见表 1-5，主要是解决利用基础钢筋与柱内钢筋做防雷接地装置问题，电气设备运输与安装等需在剪力墙与楼板上留较大孔洞问题以及设备安装基础、楼板承重等问题。

表 1-5　与结构专业的配合

设计阶段	配合内容
方案设计阶段	一般工程不需配合,对较大、较复杂的工程需了解其结构特点
初步设计阶段	1)了解基础和主体结构形式 2)了解底层车库上及其他无吊顶用房的梁的布局
施工图设计阶段	1)提出基础钢筋、柱内钢筋、屋顶结构作为防雷、接地、等电位连接装置的施工要求 2)提出在承重墙上留洞尺寸及标高 3)提出各类电气用房的荷载值、电气设备基础及吊装要求

3. 与给排水专业的配合

与给排水专业的配合见表 1-6。一是根据建筑物性质及给排水专业提出的各台水泵容量,确定设备的供电负荷等级及起动控制方式;二是根据提出的水泵位置,阀门、水流指示器的数量及控制要求,确定建筑设备自动控制系统的监控点与系统配置;三是通过管道与设备的位置,合理敷设电气管线。

表 1-6　与给排水专业的配合

设计阶段	配合内容
方案设计阶段	1)了解给排水水泵、消防水泵的用电负荷 2)了解各水泵房的位置
初步设计阶段	1)了解给排水泵、消防水泵的台数、容量、安装位置和供电要求 2)了解主干管敷设路由的位置、尺寸和高度 3)了解水箱、水池、气压罐及消火栓的位置 4)了解安全阀、报警阀、水流指示器等的位置
施工图设计阶段	1)了解各水泵的控制要求 2)了解压力表、电动阀门的安装位置 3)了解主干管线进出建筑物的位置及其垂直、水平敷设通道 4)提出各类电气用房的用水要求与消防功能要求

4. 与暖通空调专业的配合

与暖通空调专业的配合见表 1-7。空调的用电负荷通常是总用电负荷的 40% 左右,单机容量大,直接影响变压器容量和配电方式;另外,在设备安装和电缆线敷设方面,电气专业与空调专业的交叉也多,所以应密切配合。

表 1-7　与暖通空调专业的配合

设计方案	配合内容
方案设计阶段	1)了解制冷系统冷冻机的台数与容量,冷水泵、冷却泵的用电负荷以及冷冻机房的位置 2)了解锅炉房的位置及用电负荷 3)了解排烟风机、正压风机的容量及其他空调用电容量
初步设计阶段	1)核实、了解冷冻机、冷水泵、冷却泵的台数、单台容量、备用情况、供电电压和控制要求 2)核实、了解锅炉房用电设备的台数、容量及控制要求 3)确定排烟风机、正压风机等消防设施的台数与用电负荷 4)了解其他空调用电负荷的容量及分布 5)了解排烟系统的划分、电动阀门的位置 6)了解冷却塔水泵、风机的位置
施工图设计阶段	1)了解制冷系统、热力系统、空气处理系统的监测控制要求 2)了解消防送、排风系统的控制要求 3)了解各类阀门的安装位置和控制要求 4)了解空调机房、风机盘管、风机等设备的安装位置 5)了解主干管道垂直、水平方向的安装位置 6)提出各类电气用房的空调要求和通风散热要求

5. 电气专业内部的配合

电气专业内部的配合见表 1-8。建筑电气设计大致包括供配电系统（包括电力照明、防雷接地系统）和智能化系统两部分，由于系统众多、联动关系复杂，需要密切配合才能保证供配电系统的安全、可靠，保证智能化系统的传输性能和控制要求。

表 1-8 电气专业内部的配合

设计阶段	配合内容
方案设计阶段	了解设置的智能化系统名称及机房位置
初步设计阶段	1）了解智能化系统设备的用电负荷与负荷等级 2）了解智能化系统的机房的照度要求和光源 3）提出消防送风机、排风机、消防泵控制箱位置 4）提出非消防电源的切断点位置 5）提供其他专业提出的相关资料
施工图设计阶段	1）核实建筑设备自动化系统的监控点数量、位置、类型及控制要求 2）核实智能化机房及设备的供电点位置和容量 3）了解智能化系统设备的安装位置和供电要求 4）了解电缆线敷设通道和进出建筑物的位置 5）了解智能化系统的防雷接地做法

任务 1-4 智能供配电工程的实施

在智能供配电工程建设过程中，工程项目实施管理尤为重要。本任务以某机场智能供配电项目为背景，从承建方角度介绍智能供配电项目实施流程，包括组建项目团队、开展项目设计、项目出厂测试、项目现场施工服务、项目投运验收等各个环节，并在项目练习任务 2 中拓展学习数据中心智能供配电全生命周期服务。在承建方获得工程项目实施合同后，将组建由采购部、技术部（或设计部）、工程部、监理部等部门组成的项目实施团队，共同完成项目实施。项目实施流程如图 1-8 所示。

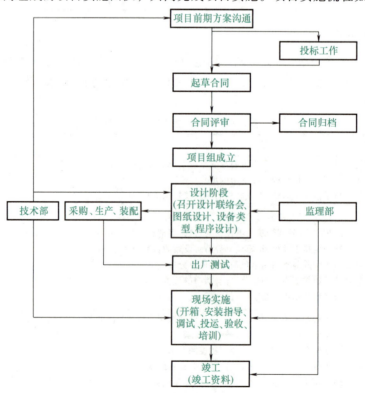

图 1-8 项目实施流程

1. 组建项目团队

承建方成立由项目经理、项目商务经理、电气工程师、软件工程师和现场服务工程师组成的项目组，负责机场智能供配电工程项目的设计、实施、验收等工作。项目组成员与职责见表1-9。

表1-9 项目组成员与职责

项目组成员	职 责
项目经理	负责整个项目的工作协调和管理等，调配内部资源推进整个项目，解决各种紧急事件
项目商务经理	负责项目组对外交流与沟通等
电气工程师	负责工厂的配电系统设计、设备选型、生产制造指导和现场调试指导等
软件工程师	负责软件平台的设计、选型、程序开发以及功能测试等
现场服务工程师	负责项目的出厂测试、现场安装调试、操作与运维培训和验收资料整理等

2. 开展项目设计

（1）召开设计联络会

在项目设计阶段与用户召开第一次/开工设计联络会，在项目实施期间与用户召开中间设计联络会，沟通项目设计细节与需变更的内容。设计联络会需确定项目进度计划，重点确定计划出厂日期和硬件冻结时间，保证按时交货。设计联络会实施流程如图1-9所示。

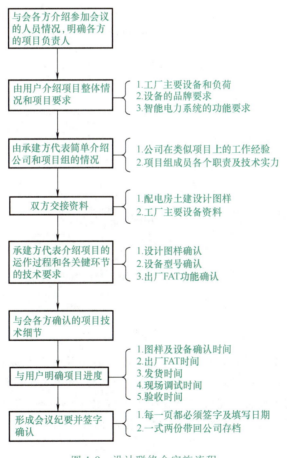

图1-9 设计联络会实施流程

（2）项目内容设计

在项目施工图样设计阶段，电气工程师完成电气一次图（或称单线图）、柜体排列图、二次控制回路图、系统网络构架图等电气施工图样设计，软件工程师配合电气工程师开展系统网络构架图设计，以及智能供配电系统通信与人机界面程序编程等工作内容。

（3）电气施工图设计

根据设计院一次图，项目组完成施工一次图与成套柜排列图设计，在图样中需标注柜体尺寸、柜号与回路名称，确定主元器件中互感器型号与变比、断路器型号（额定电流、额定电压、级数、安装方式）、多功能电力仪表型号、进出线方式等内容。电气一次图（单线图）如图 1-10 所示。柜体排列图如图 1-11 所示。

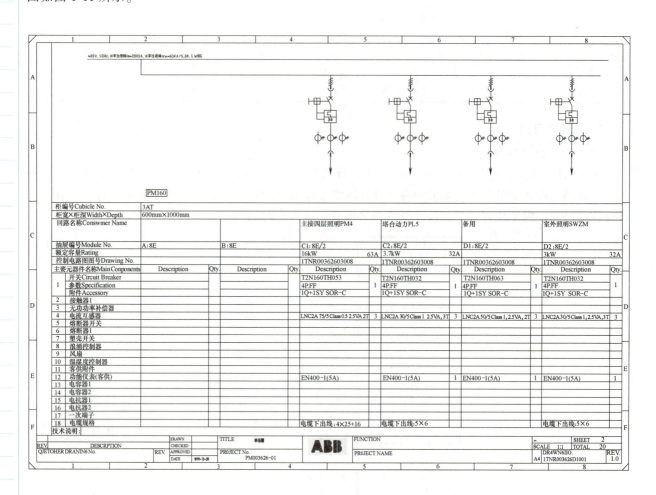

图 1-10　电气一次图（单线图）

注意：

设计院设计的一次图为整个项目的基石，由于不涉及具体设备参数等，因此不能直接用于项目生产、施工等环节，需制造商或系统集成商根据设计院一次图，做二次深化设计。

根据所采用的智能供配电设备，完成真空断路器、继电保护装置、智能框架式断路器、智能塑壳式断路器、多功能电力仪表等二次回路设计（也称控制回路设计）。多功能电力仪表二次回路图如图 1-12 所示。

根据设计院系统网络构架图以及设计说明，项目组完成系统网络构架施工图样设计，在设计图样中必须明确每个通信回路设备的数量、设备地址、组网方式以及控制柜布置图等内容，某机场低压 1# 母线 1AT~3AT 柜网络拓扑图如图 1-13 所示。

项目1 智能供配电概述

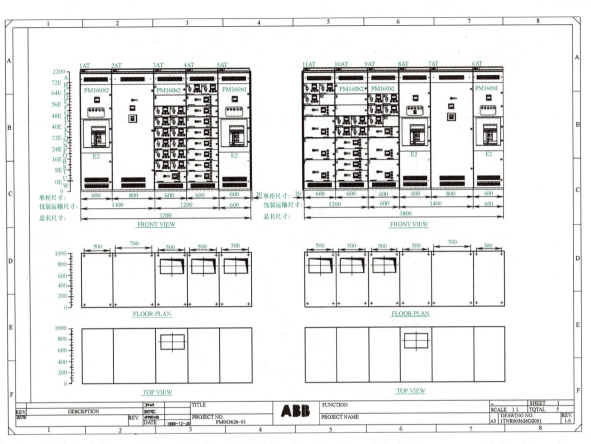

图 1-11 柜体排列图

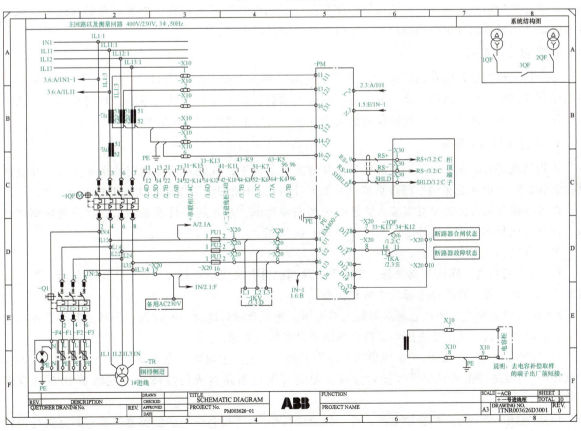

图 1-12 多功能电力仪表二次回路图

— 15 —

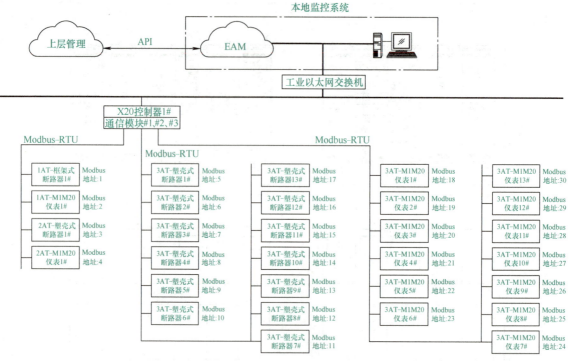

图 1-13 某机场低压 1#母线 1AT~3AT 柜网络拓扑图

（4）通信程序与人机界面设计

软件工程师根据电气工程师完成的项目施工图样，开展智能供配电设备通信与人机界面程序编程，在项目设计阶段需重点与用户沟通通信控制程序与界面设计原则与规程，如界面布局与颜色、线条尺寸与颜色、人机界面分组原则等内容，以减少后期项目的更改。

3. 项目出厂测试

每个智能供配电系统在出厂前，需完成系统出厂测试工作（FAT 测试）。在出厂发货前依据项目计划发货日期确定出厂测试安排，明确出厂测试的项目，提交出厂测试联系单、物资交接单、出厂测试委托书等。出厂测试依据出厂验收测试大纲开展，出厂测试工作流程图如图 1-14 所示。

4. 项目现场施工服务

货物到现场后，现场服务工程师在具备开箱安装条件下，开展现场开箱安装指导工作，并签署开箱报告和装箱清单（装箱清单需逐页签字并加上日期）。开箱安装工作流程如图 1-15 所示。

设备开箱安装后，需要对安装人员进行现场安装培训，并开展项目现场调试。项目现场调试是保障工程项目顺利实施的重要环节，其流程如图 1-16 所示。

项目现场调试流程如下：

1）上电前检查。确认各类设备、系统等接地和供电安装完毕并符合要求，上电的各盘、柜、台等设备中的电源开关、断路器全部处于断开状态。

2）供电电源检查。测试总断路器输入端电压，测试合格后闭合总断路器，测试总断路器输出端电压，总断路器输入、输出端电压均应符合系统及设备供电要求。

3）UPS 上电测试。UPS 应按照说明书进行安装、上电。上电后注意观察 UPS 状态指示是否正常，测试 UPS 输出是否正常。如发现异常，应立即断开供电断路器进行故障检查或联系 UPS 供应商协助处理。

4）控制柜/台上电。依据供电图，逐一闭合给各柜/台等设备供电的断路器，检查断路器与被供电设备对应是否正确，柜/台是否正常受电，测量供电电压等是否符合要求，以免造成部件的损坏。

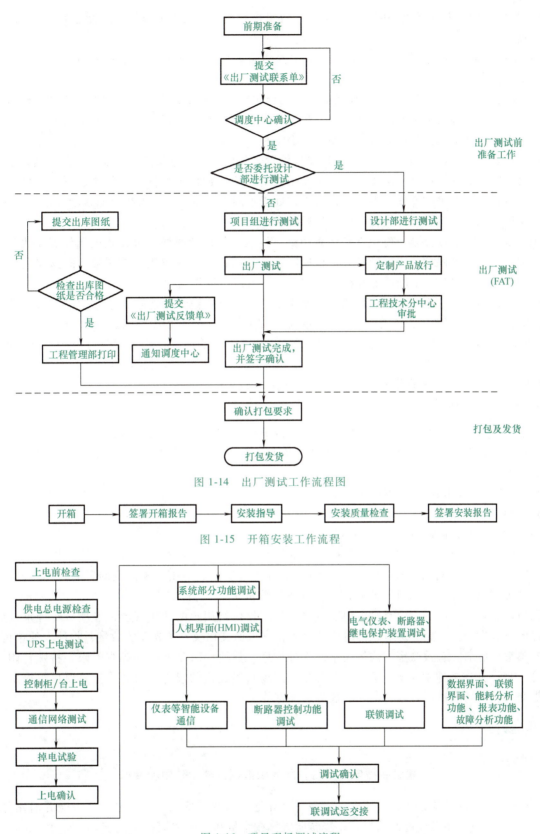

图 1-14 出厂测试工作流程图

图 1-15 开箱安装工作流程

图 1-16 项目现场调试流程

5）通信网络测试。依据项目网络拓扑图，检查各层网络中网络设备（如交换机、光纤设备等）状态，检查网络中各节点的通信参数设置是否符合工程设计文件要求，通信是否正常。

6）掉电实验。断开任意一路供电总电源，观察控制系统等设备工作状态是否与系统供电图设计的要求一致。

7）上电确认。在上电测试完成后，调试工程师应填写《调试报告》中相关内容，并与用户一起书面确认上电情况。

8）系统部分功能调试。对边缘控制器部件功能进行调试确认，有冗余配置的，应调试确认其冗余功能。调试、检查各层网络的数据传输、上传、下载等功能是否正常，对于有冗余的网络，可通过任意节点上人为切断单条网络的方式，判断其是否正常。

9）人机界面（HMI）调试。检查用户授权设置，确认用户口令及操作权限等设置正确。与用户负责人员对系统界面图、报警、历史趋势记录、报表等人机界面内容共同进行检查、确认。根据设计要求，在每台计算机上进行操作权限切换，检查在处于不同操作权限时，人机界面显示及操作是否正常。人机界面调试结果应符合设计文件及用户运行要求。

10）电气仪表、断路器、继电保护装置调试。根据电气设计图样要求设置电气仪表变比参数、断路器保护参数、继电保护装置保护参数。根据网络拓扑图设置电气仪表通信参数、断路器通信参数和继电保护装置通信参数。对断路器和继电保护装置进行运行操作调试。

11）调试确认。现场调试完成后，项目组成员应填写《调试报告》，连同所有已完成的调试记录、调试报告、设备说明书等资料上报给用户（或建设单位），监理单位进行书面签字确认。在调试工作结束后，设备已经能正常使用，项目组应上报用户（或建设单位）组织中间交接，由用户组织相关单位进行联合调试及试运行等工作。中间交接需具备的条件有设备调试合格，且经过用户书面签字确认；运行人员已通过设备操作和维护培训，已掌握基本操作方法；维护人员已通过培训，且已掌握维护基本方法。

5. 项目投运验收

在项目正常投运36h并取得用户同意后，项目组可与用户共同依据项目工作内容，参照《项目验收标准》，结合用户验收流程的要求，开展项目验收，双方需共同确认内容（不限于）如下：

1）供货软、硬件设备是否齐全。
2）主要功能要求及实施情况。
3）现场培训情况。
4）用户验收流程和验收过程中的其他需求。

验收确认过程中，用户相关负责人提出新的要求或问题的，现场人员应认真倾听用户的要求，从工作范围（是否在合同和技术协议规定范围内）、需求必要性（对用户满意度的影响）、是否增加成本和技术是否可以解决（技术可行性）四个方面进行分析。

在项目验收后，项目组应及时组织项目成员整理提供给用户的竣工资料，经项目经理审核后以电子邮件的方式发送至后勤管理员，同时应注明需提交纸面文档及电子光盘的数量，收件人的单位名称、地址、邮编、姓名、有效联系方式等完整的邮寄信息。其他特殊要求（如邮寄时限、特殊打印、装订要求等）也一并在邮件中注明。后勤管理员接收到项目组提供的竣工资料后，依照项目组提出的竣工资料提交的相关要求进行打印、刻录、装订、邮寄等工作。

> **素养提升**

> **建设新型电力系统，服务国家碳达峰、碳中和目标**
>
> 立足我国能源资源禀赋，坚持先立后破，有计划分步骤实施碳达峰行动。完善能源消耗总量和强度调控，重点控制石化能源消费，逐步转向碳排放总量和强度"双控"制度。
>
> 新型电力系统是能源高质量发展的重要载体。在国家发展大局中，"经济—能源—环境"三方关系正在向"新发展格局—新型电力系统—碳达峰、碳中和"目标同步演化，新型电力系统是我国现代化经济体系转型升级的重要载体，是积极推进碳达峰、碳中和的有力支撑。

项目1　智能供配电概述

1.4　项目练习：智能供配电赋能智慧水务与数据中心

1.4.1　项目背景

通过本项目的学习，我们了解智能供配电是充分应用物联网、云服务、人工智能等现代信息技术和先进通信技术，实现传统配电系统各个环节物物互联、人机交互、状态感知、信息高效处理、优化调节、应用便捷灵活等功能。智能供配电已大量应用在智慧工厂、智慧城市、智慧园区、5G、新能源汽车充电桩、数据中心、轨道交通等领域。随着"新基建""碳中和"的实施，智能供配电迎来新的市场机遇。我们以智慧水务与数据中心行业的智能供配电为学习对象，进一步巩固智能供配电的构架与应用。

1.4.2　项目要求

（1）项目练习任务1

现有智慧水务客户，希望建设一套智能供配电系统，请写一篇200字以内的功能应用报告，向客户介绍智慧水务采用智能供配电后的优势。

（2）项目练习任务2

智能供配电赋能数据中心全生命周期服务。近年来，随着云计算、大数据技术的快速发展，数据中心的容量呈几何倍数增长，耗电量猛增，数据中心对配电系统的要求也越来越高，要求其智能化、精细化，并可靠、高效。智能供配电系统应需而生，智能供配电系统能够实时监测用户供配电设备的状态参数、能耗参数、电能质量参数，并对数据进行分析、对设备进行控制，使用户在用能过程中更加的经济、安全、可控。一起来了解智能供配电如何实现数据中心经济、安全、可控，并统计数据中心电气设施参数。

智慧水务

1.4.3　项目步骤

1. 项目练习任务1

1）认真观看智能水务视频。

2）思考分析视频内容，结合自身感想完成智慧水务智能供配电功能应用报告。

2. 项目练习任务2

1）观看数据中心智能供配电全生命周期服务介绍资料。

2）根据资料内容了解数据中心智能供配电系统结构组成，并将电气设施填写入表1-10中。

表1-10　数据中心电气设施统计表

序号	电气设施名称

智能供配电技术

1.5 项目评价

项目评价表见表 1-11。

表 1-11 项目评价表

考核点	评价内容	分值	评分	备注
知识	请扫描二维码,完成知识测评	30 分		
技能	能撰写智慧水务智能供配电功能应用报告	60 分		依据项目练习评价
	具备数据中心智能供配电设施汇总能力			
素质	工位保持清洁,物品整齐	10 分		
	着装规范整洁,佩戴安全帽			
	操作规范,爱护设备			
	遵守 6S 管理规范			
总分				
项目反馈				

项目学习情况:

心得与反思:

项目 2 智能供配电设备

项目导入

随着信息技术与供配电系统的融合，供配电网由原来的传输电能、服务客户逐步演变为全面感知、数据融合和智能应用于服务的新阶段，这对供配电网中各类设备的数据采集、共享等要求显著提高。智能供配电网中的传感设备和终端控制设备除需要作为业务终端完成区域管理和控制执行外，还需要具备强大的数据处理能力和信息交互能力。本项目以机场智能供配电工程为例，按项目实施方案，从智能高压、智能低压和智能供配电系统展开，学习常见智能供配电设备的结构、原理以及智能化应用。

项目目标

知识目标
1) 熟悉智能供配电电气识图常用符号。
2) 了解开关电器的概述、分类与基础理论。
3) 熟悉断路器的实用技术参数。
4) 掌握高低压断路器、继电保护装置、多功能电力仪表、边缘控制器的结构与原理。

技能目标
1) 能根据资料正确选用智能供配电设备。
2) 能配置智能供配电设备智能化应用。
3) 能操作智能供配电设备。
4) 会撰写成套柜技术规范。

素质目标
1) 感受麦克斯韦不断探索最终建立电磁理论，奠定现代电工学基础的钻研精神。
2) 增强探索未知、追求科学真理、勇于攀登科学前沿的品质，激发服务国家重大需求的责任感和使命感。

2.1 项目知识

知识 2-1 电气制图常用符号

电气制图是电气工程技术行业的信息交流语言，而电气制图的"语法"和"词汇"就是电气制图规则和电气制图图形符号，常用电气制图图形符号见表 2-1。

表 2-1 常用电气制图图形符号

图形符号	名称或含义	图形符号	名称或含义
——	连线，一般符号或导线；电缆；电线；传输通路；电信线路	⊥	电容器，一般符号

(续)

图形符号	名称或含义	图形符号	名称或含义
	接地，一般符号或地，一般符号		熔断器，一般符号
	动合(常开)触点，一般符号；开关，一般符号		熔断器式隔离开关，熔断器式隔离器
	动断常闭触点		插头和插座
	延时闭合的动合触点		驱动器件，一般符号；继电器线圈，一般符号或选择器的操作线圈
	延时断开的动合触点		电磁效应
	延时断开的动断触点		热效应
	延时闭合的动断触点		手动操作件，一般符号
	整流器和逆变器		三相笼型感应电动机
	灯，一般符号或信号灯，一般符号		手动操作开关，一般符号
	电流表		自动复位的手动按钮开关
	电抗器，一般符号或扼流圈		缓慢吸合继电器线圈和缓慢释放继电器线圈
	断路器		电流互感器，一般符号
			电压表
	隔离开关，隔离器		双绕组变压器

电气设备指的是发电机、电动机、继电器和测量仪表,还有各种接线端子和终端设备等,电气设备的文字符号见表 2-2。

表 2-2 电气设备的文字符号

文字符号	电气设备类别	说 明
C	电容器	
F	保护器件	
G	发生器、发电机、电源	
H	信号器件	HL(光指示器)
K	继电器、接触器	KA(继电器)、KM(接触器)
M	电动机	
P	测量设备、试验设备	PA(电流表)、PV(电压表)
Q	电力电路的开关器件	QF(断路器)、QS(隔离开关)
R	电阻器	
S	控制、记忆、信号电路的开关器件选择器	SA(选择开关)、SB(按钮)
T	变压器	TA(电流互感器)
U	调制器、变换器	
X	端子、插头、插座	XT(端子板)
Y	电气操作的机械器件	
Z	终端设备、混合变压器、滤波器、均衡器、限幅器	

导线的电气标识包括导线相序标识、电源线标识和中性线及地线标识,导线电气标识见表 2-3。

表 2-3 导线电气标识

导 线	导线端头标识	电气设备接线端的标识
交流电网		
相线 1	L1	U
相线 2	L2	V
相线 3	L3	W
中性线	N	N
直流电网		
正	L+	C
负	L−	D
中间线	M	M
保护性导体	PE	PE
具有保护功能的中性线	PEN	
接地导线	E	E

知识 2-2 开关电器的概述与分类

开关电器是组成供配电成套开关设备的基础配套元件,包括高、低压开关电器,其中低压电器又包括开关设备和控制设备。低压电器是用于额定电压在直流(DC)1500V、交流(AC)1000V 及以下的电路中起通断、控制、调节、检测、保护和参量变换等作用的电器装置。低压电器的分类方法有多种,典型的分类有以下几种。

1. 按用途和功能分类

常用低压电器按用途和功能分类见表 2-4。

表 2-4　常用低压电器按用途和功能分类

用途	功能
配电电器	对配电电路及用电设备进行线路保护、实施通断、转换电源及切换负载的低压电器。如刀开关、隔离开关、熔断器、负荷开关、低压断路器等
控制电器	用于使受控设备达到预期要求工作状态的低压电器。包括继电器、接触器和主令电器,如转换开关、按钮和信号灯等。控制电器可实现信号的采集、放大、传递,实现控制联锁和保护调节,实现参量的采集、显示和报警
执行电器	可实现某种控制动作,如断路器的操作机构、电磁铁和电磁离合器
可通信电器	在现代配电系统和工控系统中运用十分广泛。带有通信接口,可通过工业数据交互网络执行数据交换。如智能型断路器、变频器、软起动器和PLC等

2. 按低压电器类别分类

按低压电器类别可分为低压断路器、接触器、刀开关和隔离开关、熔断器、继电器、主令电器等。另外,低压成套开关设备也属于低压电器分类中的一员。常用低压电器类别分类和用途见表2-5。

表 2-5　常用低压电器类别分类和用途

低压电器类别	低压电器名称	用途
刀开关和隔离器	刀开关	用于电气隔离及短路保护
	负荷开关	
	隔离器	
熔断器	有填料封闭管式熔断器	主要用作电路的短路保护
	无填料密闭管式熔断器	
	快速熔断器	
断路器	框架式断路器 ACB	用于线路保护,执行不频繁的线路运行通断,执行线路过载和短路保护、欠电压和漏电保护等
	塑壳式断路器 MCCB	
	微型断路器 MCB	
	剩余电流断路器	
接触器	交流接触器	用于频繁控制的主回路合分操作
	直流接触器	
	切换电容器接触器	
继电器	电流继电器	用于控制回路,实现逻辑控制,实现开关量放大和传递,实现电量和非电量与开关量的转换
	电压继电器	
	中间继电器	
	时间继电器	
	热继电器	
主令电器	控制按钮	用于发布操控命令和信号,用于位置控制和控制切换,用于小功率负载通断
	指示灯	
	转换开关、万能转换开关	
	限位开关、接近开关	
	组合开关	
	凸轮控制开关	
成套电气设备	配电箱、照明箱	用于电动机、电气供配电操作和电气控制
	低压开关柜和低压控制柜	

(续)

低压电器类别	低压电器名称	用 途
其他	变频器、软起动器、马达保护器等	实现自动控制和电力监控控制
	可编程序控制器、通信控制器、串口服务器、边缘控制器等	

知识 2-3　开关电器的基础理论

开关电器的发热理论、电动力理论、电接触理论、电弧理论和电磁理论，这五大理论决定了开关电器的设计基础、结构模式和工作特征。开关电器的五大理论与许多知名科学家有关。如发热理论与牛顿有关，电接触理论与霍姆有关，电弧理论与汤逊和巴申有关，而电磁吸力理论则与麦克斯韦有关，这些科学大师为开关电器理论构建了坚实的基础。

1. 发热理论

由于当开关电器的导电结构流过电流时会产生电阻性发热损耗，磁性材料在交变磁场的作用下会产生磁滞及涡流发热损耗，绝缘材料在交变电场作用下会产生介质发热损耗等原因，开关电器在运行中会产生发热现象及发热损耗。

当开关电器的温度或者温升超过允许值时，其内部的铜导体机械强度会下降，如铜导体的长期允许发热温度限制在100~200℃，短时发热的温度则不得超过300℃。当开关电器内部的绝缘材料发热超过一定限度时，其介电强度下降，材料老化加剧。为此，我们在选配具体的开关电器时，必须确保开关电器的使用温度不超过极限允许温度，开关电器的实际运行温升不超过极限允许温升，以此达到延长开关电器的使用寿命，降低成本，提高经济效益的目的。

2. 电动力理论

载流导体之间的作用力称为电动力，电动力的本质是安培力（洛伦兹力）。电动力的大小和方向与电流的种类、大小和方向有关，与电流经过的回路形状、回路的相对位置、回路间的介质以及导体截面形状有关，电动力在开关电器的原理以及工作过程中都起到很重要的作用。

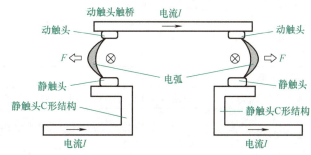

图2-1　交流接触器的桥式触头系统

如图2-1所示，交流接触器动触头与静触头已经分开并拉出电弧，电流从左下方静触头C形结构经静触头流经电弧，再沿着动触头及触桥流到右侧电弧和静触头C形结构。对于左侧电弧，我们用右手螺旋定则判断C形结构上部产生的磁力线，磁力线方向是进入纸面的。我们再用左手定则判断出电弧受力F方向为向着左方，左侧电弧将因此而被拉长并进入灭弧室。同理，右侧电弧处的C形结构产生的磁力线方向也是进入纸面的，电弧受力F的方向向右，右侧电弧将因此而被拉长并进入灭弧室。

如图2-2所示，断路器动、静触头之间施加了触头压力F，以确保良好的电接触。当短路电流I_k流过触头系统时，断路器尚未执行开断操作，但触头系统产生的电磁斥力（霍姆力）使得动触头斥开并产生电弧烧蚀，斥开后电流减小，动触头再返回，然后再斥开，在很短的时间内会出现多次，甚至造成触头熔焊。等到动触头正式断开时，触头的断开过程会受到一定程度的影响。

3. 电接触理论

电接触指两导体之间通过接触面实现电流及信号的传递，在电接触的过程中存在着物理和化学过程。电接触是任何电气系统都存在的过程，如手机充电器的电接触、网络线的电接触、开关电器触头

的电接触、高铁电力机车上受电弓的电接
触以及母线系统和电动机的电接触等。电
接触分为动态电接触和静态电接触，动态
电接触的两导体通过电流后，电接触处会
出现局部高温，甚至能使得电接触材料熔
融，使得电接触的两极发生熔焊事故。当
电接触触头断开时，断开处会出现电弧烧
蚀，造成电接触材料的熔化沸腾、喷溅和
汽化，金属蒸气进一步加强了电弧烧蚀作
用，因此动态电接触对触头抗烧蚀特性的

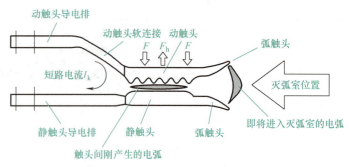

图 2-2　断路器触头系统示意图

要求很高，触头系统对灭弧措施的要求也很高。静态电接触包括开关电器外部电缆与搭接面的电接触、母线搭接面的电接触，以及导线与接线端子的电接触等。

4. 电弧理论

当用开关电器的触头开断电路时，若电流超过 0.25~1A，电压超过 12~20V，则触头间隙中就会产生电弧，其本质是触头间隙中的气体在强电场作用下的放电现象，产生高温，并发出强光。电弧的出现使得电路继续保持导通状态，其高温烧蚀触头金属材料，降低电器的寿命，严重时会引起触头材料的熔焊，并引起电气火灾。因此，理解气体放电以及电弧现象对掌握开关电器应用知识具有很实际的意义。

5. 电磁理论

电磁机构是电磁类电器的测控部分，在电器中占有十分重要的地位。由于开关电器的电磁机构的磁路不同于变压器类静止铁心，也不同于旋转电动机不变的均匀磁极气隙，因此在理论计算方面有自己独特的方法。电磁机构的电磁理论涉及磁路理论和电磁场理论，内容包括电磁场的分布计算、铁心磁路的非线性计算、静态和动态吸力特性的分析计算、气隙磁通和漏磁通的分布规律等。

知识 2-4　断路器实用技术参数

断路器实用技术参数见表 2-6。

表 2-6　断路器实用技术参数

参数	参 数 内 涵
额定工作电压 U_e	根据额定工作电流并参考相关测试和使用类别确定的设备使用电压值
额定绝缘电压 U_i	参考介电强度试验电压和爬电距离确定的电压值。在任何情况下,额定工作电压的最大值不得超出额定绝缘电压
额定冲击耐受电压 U_{imp}	设备在特定的参考间隙条件下可承受的(不会出现故障)具有规定形状和极性的脉冲电压峰值
额定电流 I_e	断路器制造厂声明的,能在规定的条件下长期运行的最大电流值,且当断路器长期流过额定电流时,其运行温度不会超过规定极限
壳架等级电流	壳架能够承受的最高过电流脱扣整定值
极限短路分断能力 I_{cu}	断路器在相应的额定工作电压下分断两次的最大短路电流值(根据 O-t-CO 顺序)。断开和闭合顺序后,不再要求断路器承载额定电流。I_{cu} 表征了断路器的极限分断能力,在不同电压下断路器的极限分断能力不同
运行短路分断能力 I_{cs}	断路器在定义的额定工作电压(U_e)和定义的功率因数下,根据断开和闭合操作顺序(O-t-CO-t-CO)分断三次的最大短路电流值。该顺序后,要求断路器承载其额定电流。I_{cs} 表征了断路器的重复分断能力

(续)

参数	参 数 内 涵
额定短时耐受电流 I_{cw}	处于闭合位置的断路器在规定的使用条件和特性下,在规定的短时间内可以携带的电流;断路器应在相关的短暂延时内携带该电流,以实现串联连接断路器之间的选择性
额定短路接通能力 I_{cm}	由制造商在额定工作电压、额定频率和规定的功率因数下分配给设备的短路闭合能力值
额定频率	设备设计的供电频率
断路器温升	断路器通过壳架等级电流中的最大额定电流,且延续一段时间后,各个部件温度升高的规定值。这里所指的各个部件包括一次接线端子、操作手柄、欠电压线圈、分励脱扣器线圈等
过载保护 L	带反时限长延时和规定允通能量常数下的过载保护功能
延时短路保护 S	带可调延时的短路电流保护功能;由于延时可调,当必须在不同设备之间实现选择性协调时,该保护功能非常有用
瞬时短路保护 I	用于短路瞬时保护的功能
接地故障保护 G	对系统发生接地故障的保护
电气间隙	具有电位差的两个导电部件之间的最短直线距离
爬电距离	具有电位差的两导体之间沿着绝缘材料表面的最短距离
飞弧距离	当断路器分断很大的短路电流时,其动、静触头处会产生电弧。虽然电弧会被吸入灭弧室予以冷却,但在电弧未完全熄灭之前,有一部分电弧或电离气体会从断路器电源端的喷弧口喷出,损伤开关柜柜体结构。因此,通常都在安装断路器时要留下足够的空间,这个空间距离就被称为飞弧距离

2.2 项目准备

本项目实施需要的设备和资料如下:
1) 1台安装 Windows 10 操作系统、CAD、Office 等工具软件的计算机。
2) 1套智能供配电集成与运维教学实训平台。
3) 高/低压断路器、继电保护装置、多功能电力仪表、边缘控制器等产品说明书。

在完成回顾电气制图相关知识,学习开关电器概述、分类以及基础理论,并了解断路器实用技术参数的基础上,本项目以某机场智能供配电工程为例,借助所需设备与资料完成如下 6 个项目实训任务:

任务 2-1 高压真空断路器的认识。
任务 2-2 继电保护装置的认识。
任务 2-3 低压断路器的认识。
任务 2-4 多功能电力仪表的认识。
任务 2-5 边缘控制器的认识。
任务 2-6 成套柜技术规范的编制。

2.3 项目实训

任务 2-1 高压真空断路器的认识

1. 概述

高压断路器是一种应用在 10kV 及以上,能够接通、承载和分断正常运行电路中的电流,也能在非正常运行的电路中（过载、短路），按规定的条件接通、承载一定时间和分断电流的开关电器，如图2-3所示为VD4高压真空断路器。按结构和灭弧原理可分为油断路器、六氟化硫断路器和真空断路器等，本任务重点介绍真空断路器，并完成项目练习任务1。

2. 真空断路器结构与关键部件技术

真空断路器一般由导电及灭弧系统、本体、传动系统及操作机构组成，按结构可分为分体式、整体式以及整体式复合绝缘或全绝缘型等类型。导电及灭弧系统中的真空灭弧室为真空断路器的心脏，操作机构为其神经中枢，两者对真空断路器尤为重要。真空断路器结构框图如图2-4所示。

图2-3　VD4高压真空断路器

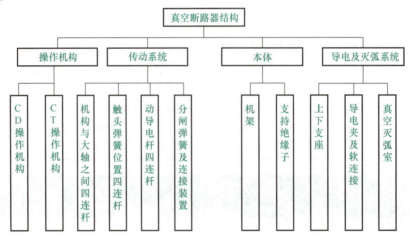

图2-4　真空断路器结构框图

VD4真空断路器结构如图2-5所示。VD4真空断路器在主体结构外还包含二次控制回路，以实现断路器控制与监测，如图2-6所示。

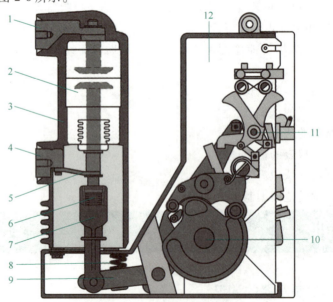

图2-5　VD4真空断路器结构

1—上连接端子　2—真空灭弧室　3—环氧树脂浇铸的绝缘外壳　4—下连接端子　5—软连接　6—触头压力弹簧　7—绝缘拉杆
8—分闸弹簧　9—双臂连杆　10—驱动轴　11—操作机构　12—操作机构盒

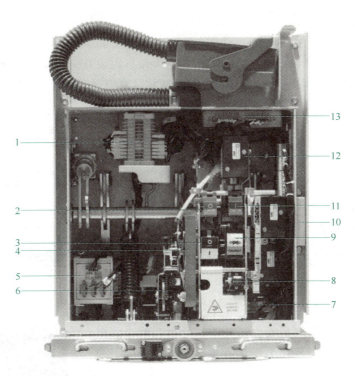

图 2-6 VD4 真空断路器二次控制回路

1—分/合闸辅助开关　2—分闸按钮　3—断路器分合闸机械指示　4—内置的储能杆　5—智能霍尔电流传感器　6—储能电机　7—弹簧储能/未储能信号触头　8—计数器　9—储能状态指示　10—智能角度传感器　11—合闸按钮　12—脱扣器　13—MDC4-M 智能监测单元

3. 真空断路器关键部件及技术

（1）操作机构

真空断路器中，操作机构不仅要完成各种操作任务，而且直接关系到断路器的可靠性。国内外运行经验表明，真空断路器的故障（如拒分、拒合等）大多出现在操作机构上。因此，操作机构的选型和维护已引起制造和运行部门的普遍关注。目前，真空断路器的操作机构主要有电磁操作机构、弹簧操作机构及永磁操作机构三种，见表 2-7。

表 2-7　真空断路器的操作机构类型与特点

类型	特　点
电磁操作机构	电磁操作机构中的螺管电磁铁的出力特性容易满足真空断路器合闸反力特性的要求。电磁操作机构的优点是结构简单、零件数少（约为120个）、工作可靠、制造成本低。其缺点是合闸线圈消耗的功率太大，因而要求配用昂贵的蓄电池,电磁操作机构笨重,动作时间较长
弹簧操作机构	弹簧操作机构是利用已储能弹簧的动力，来操作断路器的机构。弹簧操作机构的储能通常由电动机通过减速装置来完成。整个操作机构大致可分为弹簧储能、储能保持、合闸位置保持及分闸操作等四个部分。弹簧操作机构的出力特性基本上就是储能弹簧释能的下降特性。为改善匹配，设计中采用四连杆机构和凸轮机构来进行特性改变。弹簧操作机构的优点是不需要大功率直流电源，电动机功率小，交直流两用，适宜交流操作。其缺点是结构比较复杂、零件数多，且加工精度要求高、制造工艺复杂、成本高
永磁操作机构	永磁操作机构是电磁系统与永磁系统的结合,永磁操作机构一般用电磁铁驱动，永久磁铁锁扣,电容器组储能,电子器件控制,是一种最新的操作机构。永磁操作机构相比弹簧操作机构零件数大大减少，从而减少了出故障的可能性,将维护工作量减至最小;永磁操作机构提高了断路器的机械寿命;永磁操作机构有很好的出力-行程特性，非常接近真空断路器的要求

（2）真空灭弧室

真空灭弧室作为真空断路器的心脏，对真空断路器的性能影响甚大。若真空灭弧室发生漏气或真空度下降，则会导致真空断路器丧失其性能。在真空灭弧室内装有一对动、静触头，触头周围是屏蔽罩，其结构简图如图2-7所示，实物剖视图如图2-8所示。真空灭弧室的外部密封壳体可以是玻璃或陶瓷。动触头的运动部分连接着波纹管，作为动密封。

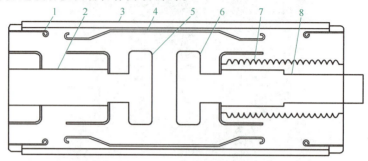

图2-7　真空灭弧室的结构简图

1—端部屏蔽罩　2—静导电杆　3—绝缘外壳　4—悬浮屏蔽罩　5—静触头　6—动触头　7—波纹管　8—动导电杆

1）屏蔽罩。屏蔽罩的作用是吸收弧腔中真空电弧的金属蒸气，使之沉淀并附着在罩内，而不致溅落在绝缘罩的内壁上，避免由此降低真空灭弧室的绝缘强度。

2）金属波纹管。金属波纹管的一端固定，连在真空灭弧室的一个端面板上，另一端运动，连到动触头的导电杆上，当断路器在分/合闸时，真空灭弧室中的金属波纹管快速反复运动，有较高的机械寿命和气密可靠性要求。

3）陶瓷绝缘外壳。陶瓷绝缘外壳的作用是支撑动、静触头和屏蔽罩等金属部件，它与这些部件气密地焊接在一起，以确保真空灭弧室内的高真空度。

4. 真空断路器智能化应用

真空断路器的智能化应用主要包含断路器的本体选型与智能化配置。一般真空断路器本体不带智能化通信接口，需要额外配置智能化附件，实现与智能供配电软件之间的数据通信。以iVD4真空断路器为例，需配置安装于高压柜二次室的智能监测单元，实现对真空断路器触臂温度、母线搭接处温度、储能电机与分/合闸线圈电压、储能电机与分/合闸线圈电流、储能与分/合闸时间、总行程、分/合闸速度、断路器寿命以及断路器状态与报警信号的采集与分析，并通过Modbus总线传输至智能供配电软件，如图2-9所示。

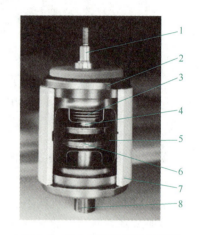

图2-8　真空灭弧室实物剖视图

1—圆柱式终端　2—端盖　3—金属波纹管　4—动触头　5—屏蔽罩　6—静触头　7—陶瓷绝缘外壳　8—螺纹式终端

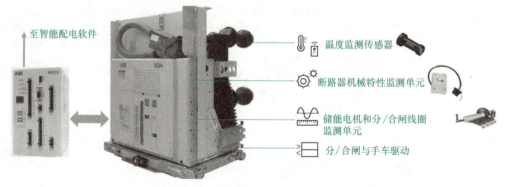

图2-9　iVD4真空断路器智能化应用

iVD4 真空断路器智能化附件名称、功能及型号见表 2-8。

表 2-8　iVD4 真空断路器智能化附件名称、功能及型号

可选项附件名称	功　能	型号
并联分闸脱扣器	实现断路器分闸的远方控制	MBO1
并联合闸脱扣器	实现断路器合闸的远方控制	MBC
储能电机	对断路器操作机构的合闸弹簧自动进行储能操作。当断路器合闸完成后，储能电机立即自动对合闸弹簧进行重新储能	MAS
合闸弹簧储能/未储能信号触头	一组（两个）微动开关，可发出断路器操作机构合闸弹簧储能/未储能的远方信号	BGS2
电机驱动手车	可实现断路器在开关柜中电动摇入/摇出的远方控制	MAT
无线温度传感器	用于监测触臂实时温度，传感器与监测单元采用无线通信，与断路器触臂实现一体化设计，拥有自供电、免维护、无电气接线等特点	/
智能霍尔电流传感器	通过智能霍尔电流传感器，可以实现对二次器件参数进行监测的目的，在断路器动作之后，可以监测分/合闸时间、储能时间、分/合闸线圈电流、储能电机电流	/
智能角度传感器	通过智能角度传感器，可以实现断路器机构状态评估，在断路器动作之后，可以监测平均分/合闸速度、机构行程、合闸过冲、分闸反弹	/
智能监测单元	是一款适用于高压开关柜、断路器等开关设备的智能监测单元，它通过有线、无线方式获取安装在设备上的智能传感器的数据，进行数据处理、存储和上传，是实现设备智能化的关键载体	MDC4
智能一次电流传感器	用于读取主回路电流并输入智能监测单元	/
就地显示单元	与智能监测单元使用的人机交互界面配合，安装于开关柜低压室面板上，可就地查看开关柜状态及告警指示等	MP58

提示：高/低压设备选型，可以参考 EP 精灵软件。

任务 2-2　继电保护装置的认识

1. 概述

继电保护装置是能反映高压电力系统中电器设备发生故障或不正常运行状态，从而跳闸或发出信号的一种自动装置，如图 2-10 所示。当电力系统发生故障时，会引起电流增加和电压降低，以及电流、电压间相位角的变化。因此，利用故障时参数与正常运行时的差别，继电保护装置可以迅速分析故障参数，并发出执行命令，以分断断路器，可以构成各种不同原理和类型的继电保护。继电保护装置结构原理图如图 2-11 所示。

图 2-10　继电保护装置

图 2-11　继电保护装置结构原理图

继电保护装置的两大基本任务如下：

1) 自动、迅速、有选择性地将故障设备从电力系统中切除，使故障设备免于继续遭受破坏，保证其他无故障部分迅速恢复正常运行，如电流速断保护、差动保护、变压器的重瓦斯、高温保护。

2) 反映电气设备的不正常运行状态，根据运行维护的条件，从而发信号、减负荷或跳闸，如过负

荷保护、接地保护。

2. 继电保护的特性及要求

电力系统的运行安全很大程度上取决于继电保护装置和系统的运行可靠性，因此熟悉和了解继电保护的特性，就可以更好地发挥继电保护的作用，为电力系统的运行安全保驾护航，继电保护系统有四大特性，见表2-9。

表2-9 继电保护特性

名称	特性
选择性	电力系统中某一部分发生故障时，继电保护只断开有故障的部分，保留无故障部分继续运行，这就是选择性。实现选择性必须满足相邻的上一级在时限上有配合、相邻的下一级在保护范围上有配合两个条件
灵敏性	在保护装置的保护范围内发生的故障，保护的灵敏程度称为灵敏性，习惯上称为灵敏度。灵敏性用灵敏系数来衡量，用K_{sen}表示。灵敏系数在保证安全性的前提下，一般希望越大越好，但在保证可靠动作的基础上规定了下限值作为衡量的标准
速动性	短路故障引起电流的增大、电压的降低，保护装置快速地断开故障，有利于减轻设备的损坏程度，尽快恢复正常供电，提高设备并列运行的稳定性
可靠性	继电保护的可靠性主要由配置结构合理、质量优良和技术性能满足运行要求的保护装置及符合有关规程要求的运行维护和管理来保证

要达到继电保护"四大特性"的要求，不是由一套保护就可以完成，如电流保护简单可靠，具备了可靠性、选择性，但速动性较差；高频保护具备了速动性、灵敏性、选择性，但装置复杂，相对可靠性就差一些。因此，要实现继电保护"四大特性"的要求，必须由一个保护系统去完成。对继电保护的技术要求，"四大特性"的统一要全面考虑。由于电网运行方式、装置性能等原因，不能兼顾"四大特性"时，应合理取舍，遵循以下原则：

1）地区电网服从主系统电网。
2）下一级电网服从上一级电网。
3）局部问题自行消化。
4）尽可能照顾地区电网和下一级电网的需要。
5）保证重要用户的供电。

3. 继电保护装置智能化应用

根据负载选择相应的保护类型，常见的继电保护装置有馈线保护、线路差动保护、电动机保护、变压器保护、发电机保护、电压保护等类型。在此我们以广泛应用于电力系统中具备全数字化功能的REF615馈线保护装置为例，其有11种可选择的标准配置，见表2-10，以满足使用者不同的保护需求。

表2-10 馈线保护测控装置 REF615 标准配置

配 置 说 明	配置型号
三相无方向过电流保护和方向接地保护	A
三相无方向过电流保护和方向接地保护，可选的输入输出模块	B
三相无方向过电流保护和无方向接地保护	C
三相无方向过电流保护和无方向接地保护，可选的输入输出模块	D
三相无方向过电流保护和方向接地保护，电压测量	E
三相方向过电流保护和方向接地保护、电压测量、低电压/过电压保护	F
三相方向过电流保护和方向接地保护、电压测量和保护、传感器输入	G
支持专用电流测量通道的三相方向过电流保护和方向接地保护	J
三相方向过电流保护和方向接地保护，电压测量、低电压/过电压保护（功能同F），输入输出为12BL+10BO	K
带分相计时器的三相无方向过电流保护和无方向接地保护	L
带分相计时器的三相方向接地保护，电压测量、低电压/过电压保护	M

大部分的继电保护装置自带 RJ45 与串行通信接口，常见的通信协议有 IEC61850、IEC 60870-5-103、Modbus-RTU、Modbus-TCP 等，可将系统电压、电流、零序、序分量、功率、功率因数、频率、电能（根据客户需求）等数据传送至智能供配电软件。

任务 2-3　低压断路器的认识

1. 概述

低压断路器在低压配电箱和低压配电柜中作为电源开关使用，并且当线路中出现过电流（过载和短路）、断相、漏电等故障时，能自动切断线路，实施线路保护。低压断路器可按结构、使用类别、用途等进行多种分类，其按结构类型可分为框架式断路器（ACB）、塑壳式断路器（MCCB）和微型断路器（MCB）三种类型，如图 2-12 所示，其中框架式断路器一般应用于配电系统或动力柜中电流为 630~6300A 的场所，塑壳式断路器一般应用于配电系统出线柜、动力柜、分配电柜中电流为 63~1600A 的场所（大部分超过 630A 的场所会采用框架式断路器），微型断路器一般应用于动力柜或分配电柜中电流≤63A 的场所。

a) 框架式断路器

b) 塑壳式断路器

c) 微型断路器

图 2-12　不同的低压断路器

低压断路器的分类见表 2-11。

表 2-11　低压断路器的分类

分类	类　　别
按使用类别分类	使用类别 A：低压断路器不具有可调延时的短路保护 使用类别 B：低压断路器具有可调延时的短路保护
按用途分类	配电保护断路器、电动机保护断路器、照明断路器和剩余电流断路器等
按接线方式分类	板前接线断路器、板后接线断路器、插入式接线断路器、抽出式接线断路器和导轨式接线断路器等
按安装方式分类	固定安装式断路器、抽出式断路器
按极数分类	单极断路器、双极断路器、三极断路器和四极断路器

基于模块化设计的智能低压断路器除满足隔离、本地控制、保护等功能外，还可通过配置相应的功能附件实现远程控制、通信控制等功能，断路器功能与所需附件见表 2-12。

表 2-12　断路器功能与所需附件

断路器功能		所　需　附　件
隔离		断路器本体的内置功能
控制	各种功能性控制	断路器脱扣器的内置功能
	紧急通断控制	
	设备维护控制和闭锁功能	
	远程控制	配置脱扣线圈或分/合闸线圈等附件实施远程控制

(续)

断路器功能		所需附件
保护	过载保护	断路器脱扣器的内置功能
	短路保护	
	绝缘监测及接地故障保护	需配置带剩余电流检测功能的脱扣器
	欠电压保护	配置欠电压脱扣线圈等附件
测量	模拟量	断路器电子式脱扣器的内置功能
	开关量	
显示和人机对话	—	断路器电子式脱扣器的内置选项
通信	与智能供配电软件数据交换	配置相应的通信模块附件

2. 低压断路器结构与原理

低压断路器本体一般由触头系统、灭弧系统、操作机构、脱扣器等关键部件组成，大部分制造商生产的框架式断路器与塑壳式断路器采用模块化设计，因此在使用过程中需要根据相应的功能配置附件并将其安装于断路器内相应位置，其中比较典型的附件有分励脱扣器、远程分/合闸线圈、通信模块等。微型断路器本体采用一体化设计，附件一般安装于断路器外部。

（1）触头系统

触头系统一般由动触头和静触头组成，触头系统是执行机构的最重要部分，用于接通和分断电路，因此要求触头具有良好的导电性和导热性，通常触头材料是铜、银和镍的合金材料，有时也在铜触头的表面电镀银和镍。当电路中出现故障电流，并且电流值超过智能控制器的设定保护范围时，操作机构动作，使断路器的触头系统，即动、静触头迅速断开。

（2）灭弧系统

在通电的状态下，当断路器的动、静触头分开时，如果开断的电流达到某一数值（0.25～1A），同时电压也达到一定的数值（12～20V），则触头间隙中会出现电弧。电弧的本质是触头间隙中的气体在强电场作用下的放电现象，会产生高温，并发出强光。电弧的出现使得电路继续保持导通状态，其高温会烧蚀触头金属材料，降低电器的寿命，严重时会引起触头材料的熔焊，并引起电气火灾，因此应采取灭弧措施，迅速熄灭电弧。常见灭弧系统采用的技术有拉长电弧、降低电场强度、利用冷却介质对电弧降温、利用灭弧栅使得电弧降温灭弧，将电弧密封在高压容器或者真空容器中等四种灭弧技术。低压断路器中一般采用灭弧栅使电弧降温，从而进行灭弧，其示意图如图2-13所示。

框架式断路器灭弧视频

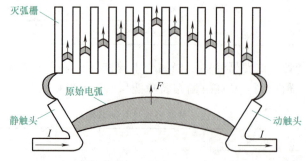

图2-13 灭弧栅灭弧示意图

（3）操作机构

断路器在分/合电路时，依靠扳动手动操作机构的手柄（简称为手操）或者利用电动操作机构（简称为电操）使得断路器的动、静触头闭合或者断开的机械结构。

框架式断路器操作机构动作视频

（4）脱扣器

脱扣器的主要功能是通过采集单元得到系统一次回路的温度、电流、电压信号，由脱扣器的逻辑控制单元进行分析判断，根据结果采取相应的动作，实现线路中的过载、短路等故障保护。典型的脱扣器由温度、电流、电压的传感、传递、测控和执行等单元组成。低压断路器按测量和控制方式可分为热磁式脱扣器和电子式脱扣器两种，按功能可分为分励脱扣器和欠电压脱扣器等。

图 2-14 所示为带热磁式脱扣器的断路器结构原理图，主触头、辅助触头通过传动杆连动，当逆时针方向推动操作机构手柄时，闭合力经自由脱扣机构传递给传动杆使触头闭合。最后锁扣将自由脱扣机构锁住，被保护电路接通。

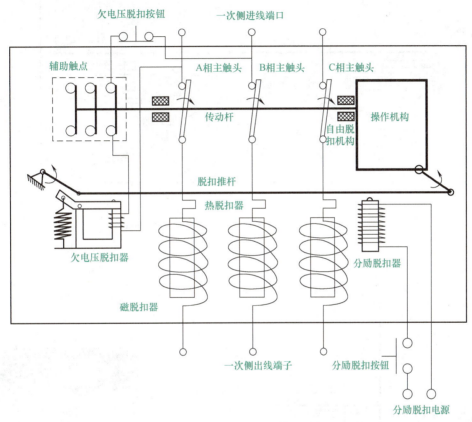

图 2-14 带热磁式脱扣器的断路器结构原理图

1）热脱扣器。为实现过载保护，热脱扣器配套了测量过载电流的双金属片。当过电流不大时，双金属片慢慢弯曲（与电流大小成反比），经过一定延时后推动脱扣轴，使机构执行脱扣。

2）磁脱扣器。当出现短路电流，使磁脱扣器铁心气隙中产生电动力足以克服反力弹簧的反力时，铁心迅速向上运动，推动脱扣轴，使机构瞬时脱扣。

同理，图 2-15 所示为带电子式脱扣器的断路器结构原理图，当出现过电流时，过电流脱扣器中的罗氏线圈将过电流信号经运算处理后，发出执行命令使机构脱扣，电子式脱扣器可实现过载长延时、短路短延时、大短路电流瞬时动作的保护特性。欠电压脱扣器让断路器实现欠电压保护，而分励脱扣器则让断路器可实现遥控保护。

经以上两种脱扣器工作原理的比较，我们可以了解热磁式脱扣器与电子式脱扣器工作方式和原理的差异，在智能供配电系统中一般采用带电子式脱扣器的断路器以实现断路器的数据采集与控制，电子式脱扣器的原理图如图 2-16 所示。

电子式脱扣器由信号采集模块（含模拟量与开关量）、电源供应模块、分析处理模块（CPU）、驱动控制模块与通信模块组成。其中电流信号由空心电流互感器即罗氏线圈采集，并可避免在测量过载

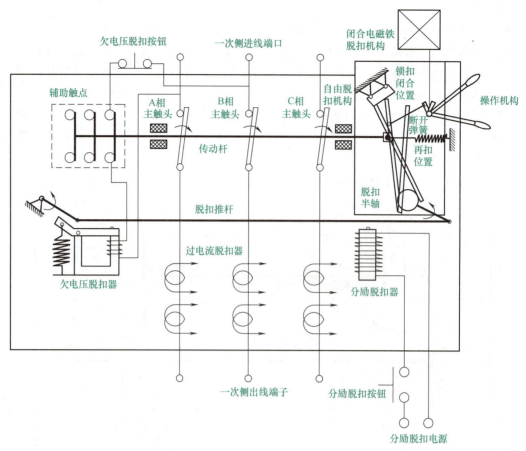

图 2-15 带电子脱扣器的断路器结构原理图

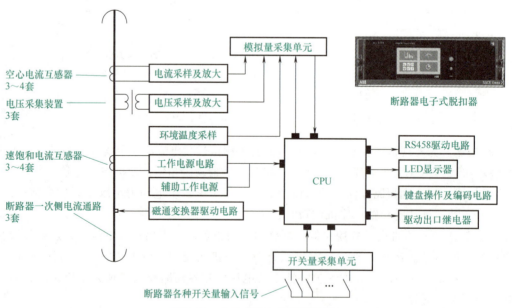

图 2-16 电子式脱扣器的原理图

和短路电流时铁磁电流互感器磁通饱和效应。电压信号由电压采集装置采集三相电压信号，用以实现欠电压和过电压保护。断路器的工作电源来自于速饱和电流互感器，采用速饱和电流互感器的目的是避免当断路器的一次回路中流过较大的电流时对电源系统产生破坏性冲击。信号采集模块通过模拟量采集单元采集电流、电压等模拟量输入，通过开关量采集单元采集断路器各种开关量输入，并将所有采集信号输入到 CPU 中，进行综合计算与分析。将分析的结果驱动出口继电器以及 LED 显示器、RS458 驱动电路，执行脱扣操作。LED 显示器显示断路器的相关信息、实现人机对话的键盘操作及编码电路以及断路器的设备状态与运行数据通过通信接口输送至智能供配电软件平台。

3. 低压断路器实例简介

我们以 E1.2 框架式断路器、XT 塑壳式断路器、S200 微型断路器实物为例，进一步开展断路器结构的学习，并完成项目练习任务 2 和项目练习任务 3。

（1）E1.2 框架式断路器实物结构

E1.2 智能框架式断路器由底座及本体等组成，如图 2-17 所示。

图 2-17　E1.2 框架式断路器结构

（2）XT 塑壳式断路器实物结构

XT 塑壳式断路器结构如图 2-18 所示，其主要由分/合闸操作手柄（如有电操操作机构，则安装于断路器正面，驱动分/合闸操作手柄实现断路器远程控制）、电子式脱扣器、接线端子以及封装在内部的灭弧罩、动/静触头等组成。

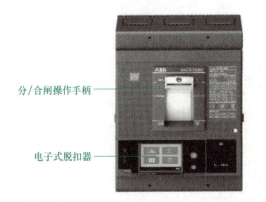
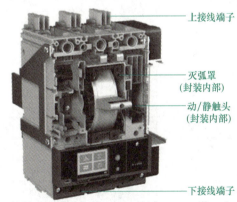

图 2-18　XT 塑壳式断路器结构

（3）S200 微型断路器实物结构

微型断路器工作的场所被称为符合家用或类似用途的用电场所，一般都属于电路的末端，即三级配电设备，但因为三级配电设备的线路电压较低，同时用电终端的线路和电器设备易老化，很容易出现过载、短路等危险现象，这就需要保护电器予以保护。通常在这种情况下使用的保护电器就是小型断路器 MCB，也称为微型断路器，只需要采取一般的合、分电路就可以满足保护要求。S200 微型断路器结构如图 2-19 所示。

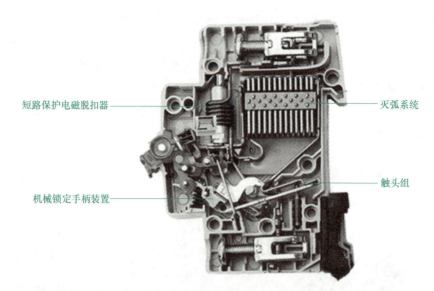

图 2-19　S200 微型断路器结构

4. 低压断路器实用技术数据与智能化应用

（1）框架式断路器实用技术数据与智能化应用

1）框架式断路器实用技术数据。框架式断路器在选型与使用过程中，需根据断路器实用技术参数进行选型与配置。若干款框架式断路器的主要实用技术数据见表 2-13，其中 DW15 为国产框架式断路器，E 系列为 ABB 产框架式断路器，MT 为施耐德产框架式断路器，3WL 为西门子产框架式断路器。

表 2-13　若干款框架式断路器的主要技术数据

型号	壳体电流/A	额定电流/A		额定极限短路分断能力 I_{cu}/kA		额定运行短路分断能力 I_{cs}/kA		额定短时耐受电流 I_{cw}/kA	飞弧距离/mm	进线方式
				380V	660V	380V	660V			
DW15-630	630	热磁	315~630	30	25	30	20	12.6/0.2s	280	上进线
		电子	315~630							
DW15-1600	1600	630~1600		40	—	30	—	30/0.5s	350	
DW15-2500	2500	1600~2500		60	—	40	—	40/0.5s	350	
DW15-4000	4000	2500~4000		80	—	50	—	60/0.5s	400	
E1.2N	1600	250~1600		66	50	66	50	50/1s	无飞弧	上进或下进
E2.2N	2500	800~2500		66	66	66	55	66/1s		
E4.2H	4000	3200~4000		100	85	100	100	85/1s		
MT16N1	1600	800~1600		50	42	50	—	36/1s		
MT25N2	2500	1250~2500		50	50	50	—	50/1s		
MT40H1	4000	2000~4000		65	65	65	—	65/1s		
3WL08B	800	800		—	55	—	55	42/1s		
3WL25N	2500	2500		—	66	—	66	55/1s		
3WL40H	4000	4000		—	100	—	100	80/1s		

以配置一台 ABB 品牌额定工作电压为 690V、额定绝缘电压为 1000V、额定冲击耐受电压为 12kV、壳架电流为 1600A、额定电流为 1250A、在 415V 下的额定极限短路分断能力 I_{cu} 为 66kA、额定运行短

路分断电流 I_{cs} 为 66kA、额定短时耐受电流 I_{cw}（1s）为 50kA 的带 Modbus-TCP 通信口的框架式断路器为例，根据产品说明书中的 E1.2 框架式断路器技术参数表（见表 2-14），选择 E1N1250 型号的框架式断路器。

表 2-14 E1.2 框架式断路器技术参数表

额定工作电压 U_e	单位[V]	690			
额定绝缘电压 U_i	单位[V]	1000			
额定冲击耐受电压 U_{imp}	单位[kV]	12			
频率	单位[Hz]	50~60		—	
极数		3~4			
类型		固定式-抽出式			
绝缘特性		IEC 60947—2			
Emax2			E1.2		
性能水平			B	C	N
额定不间断电流 I_u(40℃)		单位[A]	630	630	250
		单位[A]	800	800	630
		单位[A]	1000	1000	800
		单位[A]	1250	1250	1000
		单位[A]	1600	1600	1250
		单位[A]			1600
四极断路器 N 极的载流能力		单位[%I_u]	100	100	100
额定极限短路分断能力 I_{cu}	400~415V	单位[kA]	42	50	66
	440V	单位[kA]	42	50	66
	500~525V	单位[kA]	42	42	50
	690V	单位[kA]	42	42	50
额定运行短路分断能力 I_{cs}		单位[%I_{cu}]	100	100	100
额定短时耐受电流 I_{cw}	(1s)	单位[kA]	42	42	50
	(3s)	单位[kA]	24	24	30
额定短路接通能力（峰值电流）I_{cm}	400~415V	单位[kA]	88	105	145
	440V	单位[kA]	88	105	145
	500~525V	单位[kA]	88	88	105
	690V	单位[kA]	88	88	105
使用类别（根据 IEC60947—2）			B	B	B
分断	分断时间 $I<I_{cw}$	单位[ms]	40	40	40
	分断时间 $I>I_{cw}$	单位[ms]	25	25	25

选择断路器本体后，我们需要根据设计要求选择相应的 E1.2 框架式断路器的电子式脱扣器，E1.2 的电子式脱扣器有 Ekip Dip、Ekip Touch、Ekip Hi-Touch 三种型号，配置智能供配电系统时需要注意的是 Ekip Dip 不带测量与通信功能，而如需断路器本体检测主回路的电能质量，则需配置 Ekip Hi-Touch 脱扣器，见表 2-15。

三种脱扣器均支持常见的 LSIG 电流保护，"L"为过载保护、"S"为延时短路保护、"I"为瞬时短路保护、"G"为接地故障保护。其中"L"保护为标准配置，根据现场项目需求配合另外三种保护功能，实现配电系统安全稳定运行。E1.2 框架式断路器保护阈值、时间与跳闸计算公式见表 2-16。

表 2-15　E1.2 框架式断路器脱扣器类型与功能

实物图			
类型	Ekip Dip	Ekip Touch	Ekip Hi-Touch
功能	保护	保护、测量、通信	保护、测量、通信、电能质量管理（谐波测量）

表 2-16　E1.2 框架式断路器保护阈值、时间与跳闸计算公式

保护类型	保护阈值	时间	计算公式
L	$I_1 = (0.4 \sim 1)I_N$ 步长 $= 0.001 I_N$	$t_1 = (3 \sim 144)$ s 步长 $= 1$ s	实际跳闸时间 $t = (9t_1)/(I_f/I_1)^2$ （I_f 为故障电流，I_1 为 L 保护设定阈值，t_1 为 L 保护设定时间）
S 定时限 ($t = k$) （k 为常数）	$I_2 = (0.6 \sim 10)I_N$ 步长 $= 0.1 I_N$	$t_2 = (0.05 \sim 0.8)$ s 步长 $= 0.01$ s	实际跳闸时间 $t = t_2$
S 反时限 ($t = k/I^2$)	$I_2 = (0.6 \sim 10)I_N$ 步长 $= 0.1 I_N$	$t_2 = (0.05 \sim 0.8)$ s 步长 $= 0.01$ s	实际跳闸时间 $t = (100 t_2)/(I_f)^2$ （I_f 为实际故障电流，t_2 为 S 保护设定时间）
I	$I_3 = (1.5 \sim 15)I_N$ 步长 $= 0.1 I_N$	不可修改	实际跳闸时间 $t \leq 30$ ms
G 定时限 ($t = k$)	$I_4 = (0.1 \sim 1)I_N$ 步长 $= 0.001 I_N$	$t_4 = (0 \sim 1)$ s 步长 $= 0.05$ s	实际跳闸时间 $t = t_4$
G ($t = k/I^2$)	$I_4(4) = (0.1 \sim 1)I_N$ 步长 $= 0.001 I_N$	$t_4 = (0.1 \sim 1)$ s 步长 $= 0.05$ s	实际跳闸时间 $t = 2/(I_f/I_4)^2$ （I_f 为实际故障电流，I_4 为 G 保护设定阈值）

2）框架式断路器智能化应用。正确选择框架式断路器本体以及 Ekip Touch、Ekip Hi-Touch 二者之一的脱扣器后，根据设计需求，选择相应的功能附件。以实现框架式断路器远程分/合闸控制、数据通信以及云服务等功能为例，需配置的附件及功能见表 2-17。

表 2-17　E1.2 框架式断路器实现远程分/合闸、数据通信以及云服务需配置的附件及功能

附件名称	功　能	说　明
远程控制模块（Ekip Com）	断路器远程控制使能	如未配置，则分/合闸线圈失效
分/合闸线圈（YO/YC）	实现断路器远程分/合闸控制	支持远程 I/O 硬接线、通信控制两种方式
通信附件（Ekip Com-协议类型）	用于将断路器运行与设备数据传输至智能供配电软件	可选以下几种协议类型： IEC 61850 Modbus-TCP Modbus RS485 Profibus Profinet DeviceNet EtherNet/IP
云服务模块（Ekip Com Hub）	实现预测性运维、负荷预测等功能	需订阅

(2) 塑壳式断路器实用技术数据与智能化应用

1) 塑壳式断路器实用技术数据。塑壳式断路器的脱扣器有热磁式和电子式两种。热磁式脱扣器一般为两段（L+I）保护的规格，也有一段（I）保护的规格，前者用于配电线路和控制线路的保护，后

者用于电动机保护。电子式脱扣器即有两段保护的规格，也有三段（LSI）和四段（LSIG）保护的规格。塑壳式断路器种类繁多，这里以 XT 塑壳式断路器的技术参数为例，见表 2-18。

表 2-18　XT 塑壳式断路器技术参数表

MCCB 型号		XT1N160	XT2N160	XT3N250	XT4N250	XT5H 400～630	XT6H 630～800
额定不间断电流/A		16～160	4～160	63～250	125～250	320～400 320～630	630，800
极数		\multicolumn{6}{c}{3/4}					
额定工作电压/V		\multicolumn{4}{c}{AC690，DC500}				\multicolumn{2}{c}{AC690，DC750}	
额定绝缘电压/V		\multicolumn{4}{c}{800}				\multicolumn{2}{c}{1000}	
I_{cu}/kA	380V	36	36	36	36	70	70
	690V	6	6	5	20	40	25
$I_{cs}/(\%I_{cu})$	380V	75%	100%	75%	100%	100%	100%
	690V	50%	100%	75%	100%	100%	75%
I_{cm}/kA	380V	75.6	75.6	75.6	75.6	154	154
	690V	9.2	9.2	7.7	5	6	8
机械寿命/次		\multicolumn{4}{c}{25000}				\multicolumn{2}{c}{20000}	
电寿命/次		\multicolumn{4}{c}{8000}				\multicolumn{2}{c}{7000}	

2）塑壳式断路器智能化应用。以 XT2-XT4 塑壳式断路器为例，其热磁式与 Ekip Dip 脱扣器均不支持智能化通信，需选择 Ekip Touch、Ekip Hi-Touch 才能支持智能化通信，以实现塑壳式断路器远程分/合闸控制以及 Modbus-RTU 数据通信等功能为例，需配置的附件及功能见表 2-19。

表 2-19　XT 塑壳式断路器实现远程分/合闸以及 Modbus-RTU 数据通信需配置的附件及功能

附件名称	功　　能	说　　明
电动操作机构（MOE-E）	实现断路器远程分/合闸控制	支持远程 I/O 硬接线、通信控制两种方式
通信附件（Ekip Com 协议类型）	用于将断路器运行与设备数据传输至智能供配电软件	可选以下几种协议类型： Modbus-TCP Modbus RS485 Profibus Profinet DeviceNet EtherNet/IP
云服务模块（Ekip Com Hub）	实现预测性运维、负荷预测等功能	需订阅

(3) 微型断路器实用技术数据与智能化应用

1) 微型断路器实用技术数据。微型断路器主要有过载保护和短路保护，脱扣特性有 B 特性、C 特性、D 特性和 K 特性等，其脱扣特性与常见应用场所见表 2-20。

表 2-20　微型断路器脱扣特性与常见应用场所

脱扣特性类型	脱扣电流	常见应用场所
B 特性	$(3～5)I_N$（额定电流）	一般用于住宅建筑和专用建筑的插座回路等
C 特性	$(5～10)I_N$	优先用于接通大电流的电器设备，如照明灯和电动机等
D 特性	$(10～20)I_N$	适用于产生冲击的电器设备，如电磁阀和电容器等
K 特性	$(10～14)I_N$	适用于电动机负载

因此，小于 $3I_N$（或者 $5I_N$、$10I_N$）时不能动作（过电流出现的时间大于 1s 时不动作），大于 $5I_N$（或者 $10I_N$、$14I_N$、$50I_N$）时必须动作（过电流出现的时间小于 0.1s 时动作）。当线路末端的电动机起动时，可能引起电压降落，标准规定其电压降不应低于 8%～10%，即电动机端子处的电压不得低于 $90\%U_N$。为此，电缆的工作电流载流量至少应等于 $I_N + I_{st}/3$，I_{st} 为电动机起动电流。一般地，小型电动机的起动电流为 $(4~8.4)I_N$，平均值取为 $6I_N$。电动机的起动冲击电流可按 2～2.35 倍起动电流来计算，断路器的电磁脱扣整定值应当大于或等于此值，即 $2.35 \times 6I_N = 14.1I_N$，K 脱扣特性满足此要求。

在终端配电系统中，微型断路器会与漏电保护电器配合使用，以保障安全。

2）微型断路器智能化。目前市场上主流的微型断路器是通过加装信号/辅助触头、分励脱扣器、过/欠电压脱扣器以及电动操作机构等附件实现微型断路器的远程数据采集与控制，以 S200 微型断路器为例，其典型附件安装图如图 2-20 所示。近年来也有一部分厂家推出直接带数据通信的微型断路器，在微型断路器本体实现数据的采集。

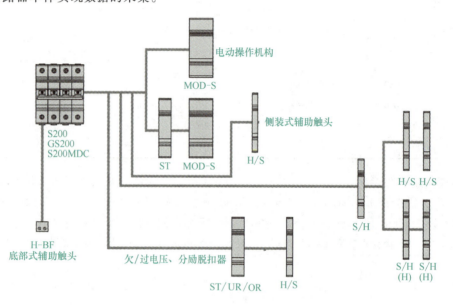

图 2-20 S200 微型断路器典型附件安装图

任务 2-4　多功能电力仪表的认识

1. 概述

多功能电力仪表是一种具有可编程测量、显示、数字通信和电能脉冲变送输出等多功能的智能仪表，如图 2-21 所示，具有完成电量测量（电压、电流）、电能计量（功率、频率、功率因数、谐波等）、数据显示及远程通信等功能，广泛应用于变电站自动化，配电自动化，智能建筑和企业内部的电能测量、管理和考核。

2. 多功能电力仪表原理

常见的多功能电力仪表主要由采样电路、信号调理电路、模/数转换器、CPU 处理器、LCD/LED 显示和通信接口等组成，其框架原理图如图 2-22 所示。

图 2-21 多功能电力仪表

3. 多功能电力仪表应用

大部分多功能电力仪表自带 RJ45 以及串口接口，支持常见的 Modbus-TCP、Modbus-RTU 等通信协议，其中通信协议以 Modbus-RTU 为主。多功能电力仪表的开关量输入与输出功能一般用于配合断路

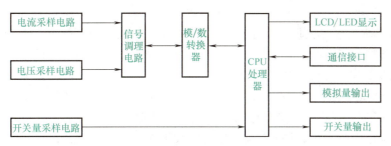

图 2-22 多功能电力仪表框架原理图

器的故障状态、分/合闸信号采集与分/合闸远程控制，然后通过通信协议将数据送至智能供配电软件，实现多功能电力仪表的数据采集与远程控制，该种模式尤其适合用户需要性价比较高的远程控制场景。

任务 2-5　边缘控制器的认识

1. 概述

随着现场智能设备的大规模接入以及云计算等的应用，对数据的本地处理能力提出了很高的要求，传统的 PLC 控制器已无法胜任这样的工作，因此采用基于 PC 技术的边缘控制器，如图 2-23 所示，以实现边缘侧数据的采集、存储、分析以及优化。边缘控制器面向设备层，支持设备数据采集与控制，面向管理层支持数据与智能供配电软件及云服务等通信。在智能供配电系统中更多的是应用边缘控制器所具有的现场总线和工业以太网等通信协议解析功能，其安装于智能供配电现场。

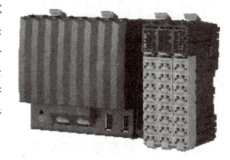

图 2-23　边缘控制器

2. 边缘控制器的原理

智能供配电边缘控制器支持 IEC61850、Modbus 等多种总线协议实现设备数据采集，通过 OPC UA、MQTT 等协议发送数据至智能供配电软件与其他管理软件，其框架原理如图 2-24 所示。

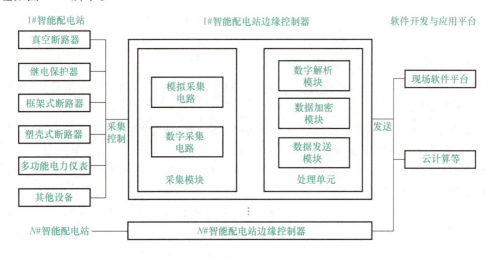

图 2-24　边缘控制器框架原理图

3. 边缘控制器的应用

在智能供配电系统中，大量的断路器、多功能电力仪表、柴油发电机、UPS 等均需通过工业物联网接入智能供配电系统，因此在应用时要充分考虑控制器的通信接口以及边缘控制器的数量，以确保智能供配电系统稳定运行,并支撑后续系统的扩展性。在控制器通信接口的选择上,需支持 IEC61850、Modbus 等常用电力物联网通信接口。在控制器与通信模块选择上,对于单个智能供配电站,首先根据需要接入智能供配电系统的设备数量以及每个智能供配电设备的传输数据数量,选择控制器 CPU 数据处理单元及数据通信模块数量,如图 2-25 所示,控制器 CPU 数据处理单元优先考虑采用基于 PC 构架的数据处理及发送模块。推荐采用定性分时多任务操作系统的智能供配电边缘控制器,主要原因为其任务周期可按 CPU 的任务等级进行划分,并支持 IEC61131-3、C、C++等高级语言编程,支持 OPC UA、Web 等技术,方便未来系统扩展。如采用串口通信方式,则单回路配置设备建议不超过 15 个,且需根据设备的数据采集量调整通信模块数量。

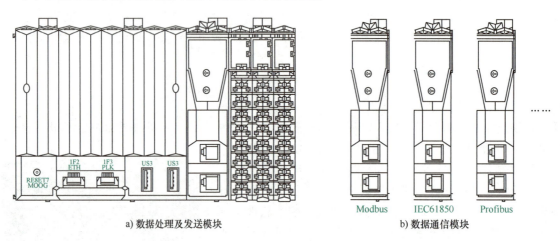

图 2-25 X20 边缘控制器

任务 2-6 成套柜技术规范的编制

以机场智能供配电项目 1#智能高压进线柜、1#智能低压进线柜主要一次设备为案例,根据产品说明书,编制相应的项目技术规范,提供给市场部与工程部同事。

1. 成套柜清单整理

1#智能高压进线柜施工图如图 2-26 所示。1#智能低压进线柜施工图如图 2-27 所示。根据图样中的设备清单,明确主要一次设备。

2. 编制技术规范

本任务以智能供配电项目中重要设备真空断路器、框架式断路器为例,编制项目技术规范。

(1) 真空断路器技术规范

1) 真空断路器应采用功能模块化的设计,驱动单元模块(含合闸弹簧)、脱扣器模块和储能电机模块可在现场快速更换,不需复杂调试即可投入运行。

2) 真空灭弧室与型式试验中采用的一致,采用进口真空固封极柱(含进口真空泡)。

3) 真空灭弧室采用陶瓷外壳。

4) 真空灭弧室允许储存期不小于 20 年,出厂时灭弧室真空度大于 1.33×10^3 Pa。在允许储存期内,其真空度满足运行要求。

5) 真空灭弧室在出厂时应做"电压老炼"试验,并附有厂家证明。

6) 用于开合电容器组的断路器必须通过开合电容器组的型式试验,满足 C1 或 C2 级的要求。

7) 断路器两侧采用导轨接地,接地装置需有实验报告。

8) 断路器由内置的机械防跳装置实现防跳功能。

9) 断路器自带机械防跳功能。

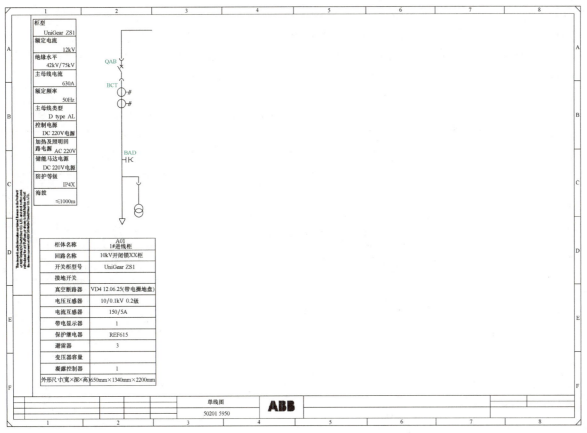

图 2-26　1#智能高压进线柜施工图

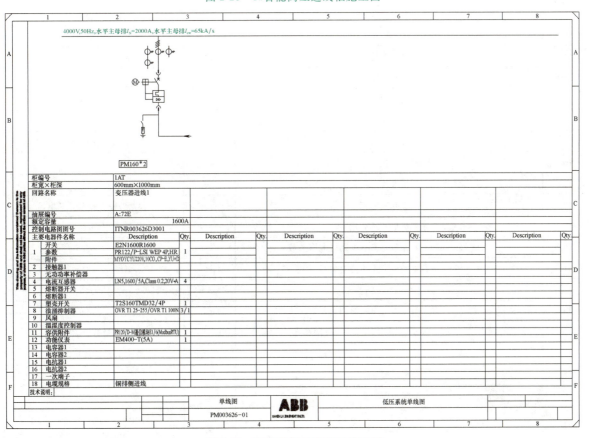

图 2-27　1#智能低压进线柜施工图

10）通过 T30 试验，增强断路器的开断能力。

11）分/合闸线圈允许长期通电，防止线圈烧毁。

12）数字化功能。断路器要实现嵌入式无线测温和机械特性的监测，可以接入云平台和本地监控，实现高压负荷的能效管理、资产健康管理与智慧运维，并可通过 API 与本地系统集成。

13）真空断路器技术参数表见表 2-21。

表 2-21 真空断路器技术参数表

序号	名　称		单位	参　数
1	型式		—	真空断路器
2	额定电压		kV	12
3	额定频率		Hz	50
4	额定电流		A	见技术图样参数
5	主回路电阻			（制造商填写）
6	温升试验		—	$1.1I_r$
7	额定工频 1min 耐受电压	断口	kV	48
		对地	kV	42
	额定雷电冲击耐受电压峰值（1.2/50s）	断口	kV	85
		对地	kV	75
8	额定短路开断电流	交流分量有效值	kA	见技术图样参数
		时间常数	ms	45
		电寿命	次	E2
		首相开断系数	—	1.5
9	额定短路关合电流		kA	63
10	额定短时耐受电流/持续时间		kA/s	25/4
11	额定峰值耐受电流		kA	63
12	开断时间		ms	75
13	合闸弹跳时间		ms	≤2
14	分闸时间		ms	33~60
15	合闸时间		ms	50~80
16	T100 瞬态恢复电压		kV	20.6
17	工频恢复电压		—	12
18	失步开断电流		—	25%额定短路开断电流
19	异相接地开断电流		—	87%额定短路开断电流
20	操作 250~630A 电容器电流不重燃过电压系数		—	<2.5
21	操作 50A 空载电缆电流不重燃过电压系数		—	<2.5
22	真空断路器工频截流		A	≤5
23	重合闸无电流间隙时间		ms	300
24	分/合闸平均速度	分闸速度	m/s	（制造商填写）
		合闸速度		（制造商填写）
25	分闸不同期性		ms	≤2
26	合闸不同期性		ms	≤2
27	机械稳定性		次	30000（…1250A，31.5kA）10000（其余规格）

（续）

序号	名称		单位	参数
28	额定操作顺序		—	馈线：O—0.3s—CO—180s—CO 受电及分段：O—180s—CO—180s—CO
29	辅助和控制回路短时工频耐受电压		kV	2
30	容性电流开合试验（试验室）	试验电流	A	电缆：25 背对背电容器组：400
		试验电压	kV	$1.4 \times 12/\sqrt{3}$
		C1级： CC1：24×O CC2：24×CO BC1：24×O BC2：24×CO C2级： CC1：48×O CC2：24×O 和 24×CO BC1：24×O BC2：80×CO	—	C2级
31		操作机构型式或型号	—	功能模块化
		操作方式	—	三相机械联动
		电动机电压	V	AC 380/220
	合闸操作电源	额定操作电压	V	DC 220/DC 110
		操作电压允许范围	—	85%～110%，30%不得动作
		每相线圈数量	只	1
		每只线圈涌流	A	（制造商填写）
		每只线圈稳态电流	A	DC 220V、2.5A 或 DC 110V、5A
	分闸操作电源	额定操作电压	V	DC 220、DC 110
		操作电压允许范围	—	65%～110%，30%不得动作
		每相线圈数量	只	1
		每只线圈涌流	A	（制造商填写）
		每只线圈稳态电流	A	DC 220V、2.5A 或 DC 110V、5A

（2）框架式断路器技术规范

1）框架式断路器采用电子微处理脱扣器、液晶屏显示，中文菜单操作及参数整定，能显示电流、电压、开关位置信号、电流不平衡保护等数据。

2）框架式断路器应具备带时间的故障事件记录不少于30条且可通过通信上传。

3）框架式断路器应具备故障电流/电压波形采样功能，即标配录波功能。

4）断路器具有额定电流插块，在改变脱扣器额定电流时无须更换电流互感器即可扩展备用或升级框架式断路器。

5）采用三段保护，配置通信模块，支持IEC61850通信协议，可实现"三遥"功能。

6）框架式断路器应为零飞弧，并且满足柜内温升不超过70K的温升试验要求。

7）框架式断路器的一次接线端子可水平或垂直调换，且一次端子全系列为铜镀银材质。

8）框架式断路器应配置通信接口，通信协议为 Modbus。

框架式断路器技术参数表见表 2-22。

表 2-22 框架式断路器技术参数表

参数名称	数 据
额定工作电压/V	690
额定电流/A	1600
额定极限分断能力(415V)/A	66000
额定运行分断能力(415V)/A	66000
额定绝缘电压/V	1000
额定冲击耐受电压/V	12000
机械寿命(免维护)/次	≥20000(2000A 及以下)，≥10000(2500A 及以上)
电气寿命/次	≥10000(2000A 及以下)，≥6000(2500A 及以上)
断路器飞弧距离/mm	0
是否带失电压脱扣器	否

素养提升

人工智能（AI）技术在智能配气领域的应用

人工智能（AI）技术正在深刻改变传统电力系统的运行方式，通过提升效率、增强可靠性、优化能源管理和支持可再生能源接入，为电网的智能化转型提供了关键技术支撑。

ABB Ability™ 数字化配网解决方案

人工智能技术在智能配电领域有广泛应用，举例如下：

1. 基于数据分析的故障诊断

借助大数据分析技术，收集和分析配电网中智能电表、传感器等设备采集到的大量运行数据，通过机器学习算法建立故障诊断模型，能够快速准确地识别出故障的类型和位置。

ABB Ability™ 智慧园区解决方案

2. 智能调度与优化

对于接入配电网的太阳能、风能等分布式能源，利用人工智能算法进行优化调度。强化学习算法可以根据分布式能源的出力特性、电网负荷需求和电价等因素，实时调整分布式能源的发电功率和接入电网的时机，实现能源的高效利用和电网的稳定运行。

3. 设备健康评估

运用机器学习中的聚类算法和关联规则挖掘等技术，对设备的运行数据进行分析，提取设备的健康特征，建立设备健康评估模型，实时评估设备的健康状态，预测设备的剩余使用寿命，为设备的检修和更换提供决策支持。

ABB Ability™ 配电系统设备健康管理解决方案

2.4 项目练习：某数据中心项目设备选型与操作

2.4.1 项目背景

随着社会经济的发展以及智能供配电的普及，客户的需求已经从单纯采购设备转变为需要提供全生命周期服务，包括为客户提供前期设备选型建议、工程实施以及售后运维检修保障。本项目以为某数据中心客户正确配置一台 iVD4 真空断路器、更换一个故障的框架式断路器 YC 线圈、安装一个 S200

微型断路器辅助触头附件为任务开展实训。

2.4.2 项目要求

（1）项目练习任务1：为某数据中心变电站配置一台iVD4真空断路器

某数据中心需要新建变电站，要求其真空断路器额定电压为10kV，额定电流为1600A，额定开断能力为31.5kA，相间距为210mm，采用手车式安装，并且具备断路器健康评估功能，需母线无线温度传感器与全功能版智能监测单元，请结合EP精灵软件选择iVD4系列产品与附件。

（2）项目练习任务2：更换框架式断路器YC线圈

结合工作手册，确认智能供配电集成与运维平台的框架式断路器处于分闸位置，并将断路器摇出至检修位置（也称断开位置），更换断路器的YC线圈。工作完成后，将断路器摇入至试验位置，并能实现断路器分/合闸。

（3）项目练习任务3：安装微型断路器辅助触头附件

结合工作手册，根据S200微型断路器产品安装说明书，安装S200微型断路器的辅助触头附件。

2.4.3 项目步骤

1. 项目练习任务1

1）启动EP精灵软件，在顶部菜单中选择"选型"，在选型界面的公司选项中选择"ABB（中国）有限公司"，在产品选项中选择"iVD4系列12kV智能真空断路器"。

2）根据实训要求，在选型界面中逐步选择额定电压为12kV、额定电流为1600A、额定开断能力为31.5kA、相间距为210mm、安装方式为手车式、功能为断路器健康评估。

3）根据步骤1）和2）得到的选型表确定高压真空断路器的本体型号。

4）根据附加的功能需求，参考表2-8，确定高压真空断路器附件为无线温度传感器、智能监测单元MDC4，结合步骤3）得到具体型号。

2. 项目练习任务2

1）观看框架式断路器附件安装视频，学习框架式断路器的拆卸操作与附件安装操作。

2）手动将框架式断路器分闸，查看框架式断路器的指示器，确认框架式断路器已经分闸。

3）使用机械摇杆将框架式断路器摇出至检修位置（断开位置）。

4）手动更换框架式断路器的YC线圈。

5）使用机械摇杆将框架式断路器摇入至试验位置，查看框架式断路器位置指针，确认框架式断路器已经处于试验位置。

6）检验框架式断路器的分/合闸功能。

3. 项目练习任务3

1）拆卸微型断路器本体上的安装孔挡板。

2）拆卸辅助触头附件上的多余安装柱。

3）确认微型断路器处于分闸状态，将微型断路器本体的安装孔、固定卡槽与辅助触头附件的安装柱、固定卡扣对应安装。

4）微型断路器本体与辅助触头附件安装完成后，根据附件正面的触头标记，使用万用表测试附件触头。测试微型断路器分闸时，11与12触头为接通状态、13与14触头为断开状态；测试完毕后将微型断路器合闸，再测试11与12触头为断开状态、13与14触头为接通状态。测试结果一致即为安装成功。

2.5 项目评价

项目评价表见表 2-23。

表 2-23 项目评价表

考核点	评价内容	分值	评分	备注
知识	请扫描二维码,完成知识测评	20 分		
技能	为某数据中心变电站配置一台 iVD4 真空断路器 更换框架式断路器 YC 线圈 安装微型断路器辅助触头附件	70 分		依据项目练习评价
素质	工位保持清洁,物品整齐 着装规范整洁,佩戴安全帽 操作规范,爱护设备 遵守 6S 管理规范	10 分		
总分				
项目反馈				

项目学习情况:

心得与反思:

学习情境二

智能供配电设计

项目 3　负荷计算及无功功率补偿

项目 4　供配电系统一次设计

项目 5　短路计算及设备选择

项目 6　智能供配电系统二次设计

大人者，不失其赤子之心者也。

——语出《孟子》的《离娄章句下》

项目 ③ 负荷计算及无功功率补偿

项目导入

某设计院接到任务,需对某机场航站楼进行智能供配电系统设计。如何才能设计出合理的智能供配电系统呢?首先需要进行负荷计算。负荷计算是智能供配电系统的基础,必须正确计算负荷,才能设计出合理的供配电系统。现需要对某机场航站楼进行负荷计算,获得供配电系统设计所需的各项负荷数据,用以选择和校验导体、电器、设备、保护装置和补偿装置,计算电压降、电压偏差和电压波动等。

项目目标

知识目标

1) 了解负荷计算的分类及用途。
2) 掌握设备功率的确定方法。
3) 掌握负荷的计算方法及适用场合。
4) 熟悉提高功率因数的措施。

技能目标

1) 能灵活采用各种方法求计算负荷。
2) 能进行无功功率补偿设计。
3) 能进行供配电系统负荷计算。

素质目标

1) 以电气设计界泰斗个人事迹为背景,弘扬劳动光荣、技能宝贵、创造伟大的时代精神。
2) 以用电设备功率确定方法的准确与常用的负荷计算方法为元素,与工匠精神相结合,培养学生严谨的学术品质及工程素养。

3.1 项目知识

知识 3-1 计算负荷的分类及用途

设计中常见的三类计算负荷及用途见表 3-1。

表 3-1 常见的三类计算负荷及用途

序号	负荷名称	用途
1	最大负荷或需要负荷(通称计算负荷)	用于按发热条件选择电器和导体,计算电压偏差、电网损耗、无功补偿容量等,有时用于计算电能消耗量
2	平均负荷	年平均负荷用于计算电能年消耗量,有时用于计算无功补偿容量
3	尖峰电流	用于计算电压波动(或变动),选择和整定保护器件,校验电动机起动条件

知识 3-2 负荷的计算方法及适用场合

负荷的计算方法及适用场合见表 3-2。

表 3-2 负荷的计算方法及适用场合

序号	计算方法名称	特点及适用场合
1	单位指标法	计算过程简便，计算精度低，指标受多种因素的影响，变化范围很大。适用于设备功率不明确的各类项目，如民用建筑中的分布负荷；尤其适用于设计前期的负荷，估算和对计算结果的校核
2	需要系数法	计算过程较简便。计算精度与用电设备台数有关，台数多时较准确，台数少时误差大。适用于设备功率已知的各类项目，尤其是照明、高压系统和初步设计的负荷计算。计算范围内全部用电设备数为五台及以下时，不宜采用需要系数法
3	利用系数法	计算精度高，计算结果比较接近实际；可用于设备台数较少的情况。计算过程较烦琐，尤其是用电设备有效台数的计算。利用系数的实用数据有待积累。适用于设备功率或平均功率已知的各类项目，如工业企业电力负荷计算；通常不用于照明负荷计算

知识 3-3 设备功率的确定

设备的铭牌额定功率 P_N 经过换算至统一规定的工作制下的额定功率，称为设备功率，用 P_e 来表示。进行负荷计算时，需将用电设备按其性质分为不同的用电设备组，然后确定设备功率 P_e。

（1）连续工作制和短时工作制

连续工作制和短时工作制电动机的设备功率等于额定功率，即

$$P_e = P_N \tag{3-1}$$

（2）周期工作制

周期工作制电动机的设备功率是将额定功率一律换算为负荷持续率 100% 的有功功率，即

$$P_e = P_N \sqrt{\varepsilon_N} \tag{3-2}$$

式中，P_N 为电动机额定功率（kW）；ε_N 为电动机额定负荷持续率。

（3）照明设备

1）不用镇流器的照明设备的设备功率指灯头的额定功率，即

$$P_e = P_N$$

2）用镇流器的照明设备（如荧光灯、高压水银灯）的设备功率要包括镇流器中的功率损失，即

$$P_e = K_b P_N \tag{3-3}$$

式中，K_b 为功率换算系数，荧光灯采用普通电感镇流器时取 1.25，采用节能型电感镇流器时取 1.15~1.17，采用电子镇流器时取 1.1；高压钠灯和金属卤化物灯采用普通电感镇流器时取 1.14~1.16，采用节能型电感镇流器时取 1.09~1.1。

3）照明设备的设备功率还可按建筑物的单位面积容量法估算，即

$$P_e = \omega S / 1000 \tag{3-4}$$

式中，ω 为建筑物的单位面积照明容量（W/m²）；S 为建筑物的面积。

知识 3-4 无功功率补偿的意义和原则

1）电力系统中无功电源和无功负荷必须保持平衡，以保证系统稳定运行，维持系统各级电压。发电机的无功功率通常不能满足无功负荷需求，应装设其他无功电源补偿无功功率的不足。

2）无功功率补偿的设计，应按全面规划、合理布局、分层分区补偿、就地平衡的原则确定最优补

偿容量和分布方式。

3）无功功率就地平衡能降低计算负荷的视在功率，从而减小电网各元件的规格，如变压器容量、线路截面等。无功功率就地平衡能减少无功电流在系统中的流动，从而降低电网各元件的电压降、功率损耗和电能损耗。

4）无功功率补偿的设计应首先提高系统的自然功率因数，不足部分再装设人工补偿装置。

5）无功功率补偿装置包括串联补偿装置、同步调相机、并联电抗补偿装置、并联电容补偿装置和静补装置。在110kV及以下用户中，人工补偿主要是装设并联电容补偿装置。

知识 3-5 提高功率因数的措施

用户供电系统在最大负荷时的功率因数应满足当地供电部门的要求，当无明确时，高压用户的功率因数应为0.9以上；低压用户的功率因数应为0.85以上。

在进行人工无功功率补偿装置设计时，应首先采取措施提高用电设备的自然功率因数。配电系统消耗的无功功率中，异步电动机约占70%，变压器约占20%、线路约占10%。

1）合理选择电动机功率，尽量提高其负荷率，避免"大马拉小车"。平均负荷率低于40%的电动机，应予以更换。

2）合理选择变压器容量，负荷率宜在75%～85%，不低于60%，且应计及负荷计算的误差。合理选择变压器台数，适当设置低压联络线，以便切除轻载运行的变压器。

3）优化系统接线和线路设计，减少线路感抗，如采用电缆线路。

4）断续工作的设备如弧焊机，宜带空载切除控制。

5）功率较大、经常恒速运行的机械，应尽量采用同步电动机。

一般用户供电工程的无功功率补偿装置均为并联电容器装置，故本书仅介绍采用并联电容器装置进行无功功率补偿的设计方法。对于采用其他补偿装置进行补偿的设计要求，读者可参阅其他文献。

3.2 项目准备

本项目实训需要的设备和软件如下：
1）1台安装 Windows 10 操作系统的计算机。
2）1套负荷计算 Excel 表。
3）1套负荷计算软件。

本项目在完成负荷的计算方法、设备功率的确定、无功功率补偿等项目知识准备的基础上，借助计算机及相关软件完成如下5个项目实训任务：

任务 3-1　单位指标法求计算负荷。
任务 3-2　需要系数法求计算负荷。
任务 3-3　利用系数法求计算负荷。
任务 3-4　无功功率补偿设计。
任务 3-5　确定供配电系统计算负荷。

3.3 项目实训

任务 3-1　单位指标法求计算负荷

单位指标法求计算负荷见表3-3。

表 3-3　单位指标法求计算负荷

单位面积功率法			综合单位用电指标法			单位产品耗电量法		
负荷密度/(W/m²)	建筑面积/m²	有功计算负荷/kW	综合单位用电指标/(kW/户)	综合单位数量/户	有功计算负荷/kW	单位产品电能消耗量/(kW/t、kW/台)	年产量/(t、台)	有功计算负荷/kW
P_a	A	$P_c = \dfrac{P_a A}{1000}$	P_n	N	$P_c = P_n N$	ω_n	N	$P_c = \dfrac{\omega_n N}{T_{max}}$

例 3-1　某机场值班室建筑面积为 20m^2，单位面积功率为 100W/m^2，单位用电指标为 1500W/人，单位人数为 2 人，请按负荷密度指标法与综合单位指标法计算值班室用电负荷。

解：（1） $P_c = P_a A / 1000$
　　　　　　$= 100 \times 20 / 1000$
　　　　　　$= 2$（kW）

（2） $P_c = P_n N$
　　　　$= 1.5 \times 2$
　　　　$= 3$（kW）

任务 3-2　需要系数法求计算负荷

1）三相用电设备组的计算负荷见表 3-4。

表 3-4　三相用电设备组的计算负荷

设备名称	设备功率/kW	需要系数	功率因数	额定电压/kV	有功计算负荷/kW	无功计算负荷/kvar	视在计算负荷/kV·A	计算电流/A
三相用电设备组	P_e	K_d	$\cos\varphi$	U_n	$P_c = K_d P_e$	$Q_c = P_c \tan\varphi$	$S_c = \sqrt{P_c^2 + Q_c^2}$	$I_c = \dfrac{S_c}{\sqrt{3} U_n}$

注：1. 用电设备的 K_d、$\cos\varphi$ 值请查相关手册。
　　2. 当设备台数为 3 台及以下时，K_d 取 1；当具有 4 台设备时，K_d 取 0.9。

2）多组用电设备（低压配电干线或低压母线）的计算负荷见表 3-5。

表 3-5　多组用电设备的计算负荷

设备名称	有功计算负荷/kW	无功计算负荷/kvar	视在计算负荷/kV·A	计算电流/A
$i = 1 \sim n$	$P_{c.i}$	$Q_{c.i}$		
合计（计入同时系数）对干线 $K_{\Sigma p}=0.80\sim1.0$、$K_{\Sigma q}=0.85\sim1.0$ 对母线 $K_{\Sigma p}=0.75\sim0.90$、$K_{\Sigma q}=0.80\sim0.95$	$P_c = K_{\Sigma p} \sum P_{c.i}$	$Q_c = K_{\Sigma q} \sum Q_{c.i}$	$S_c = \sqrt{P_c^2 + Q_c^2}$	$I_c = \dfrac{S_c}{\sqrt{3} U_n}$

注：1. 通常，用电设备数量越多，同时系数越小。对于较大的多级配电系统，可逐级取同时系数。
　　2. 计算结果应与同类项目的实测数据或经验指标对照。如偏离较大，应找出原因，调整需要系数和同时系数。

例 3-2　某工厂变电站用需要系数法求计算负荷。
需要系数法求计算负荷见表 3-6。

任务 3-3　利用系数法求计算负荷

用利用系数法确定计算负荷时，不论计算范围大小，都必须求出该计算范围内用电设备有效台数及最大系数，然后算出结果。常见的利用系数法求计算负荷见表 3-7，完成项目练习。

表 3-6 需要系数法求计算负荷

用电设备组		需要系数 K_d	$\cos\varphi$	$\tan\varphi$	平均负荷		同时系数 K_Σ	计算负荷		
符合性质	设备功率 /kW				P /kW	Q /kvar		P_c/kW	Q_c /kvar	S_c /kV·A
重工作制机床	173	0.25	0.6	1.33	43.3	57.5				
一般工作制机床	170	0.15	0.5	1.73	25.5	44.1				
风机	298	0.75	0.8	0.75	223.5	167.6				
水泵	36	0.65	0.8	0.75	23.4	17.6				
电阻炉	180	0.7	0.95	0.33	126	41.6				
单头交流弧焊机 30kV·A×2	16.2	0.35	0.35	2.67	5.7	15.1				
多头交流弧焊机 47kV·A×2	51	0.7	0.7	1.02	35.7	36.4				
点焊机 75kV·A×2 100kV·A×1	93	0.35	0.6	1.33	32.6	43.3				
起重机	38	0.25	0.5	1.73	9.5	16.4				
照明	70	0.8	0.7	1.02	56	57.1				
合计					581.2	496.7	0.85	494	422.2	
无功补偿									−180	
总计	1126.1							494	242.2	550.2

注：1. 电焊机的负荷持续率：弧焊变压器和弧焊整流器为 0.6、电焊机为 0.2。直流弧焊整流器为三相，其他电焊机为单相 380V。单相负荷设备功率之和不超过三相负荷功率之和的 15%，不需换算。

2. 起重机的设备功率已换算到 $\varepsilon = 100\%$，需要系数已适当放大。

表 3-7 利用系数法求计算负荷

用电设备组序号	设备功率/kW	（平均）利用系数	功率因数	有功/无功平均负荷/(kW/kvar)	设备有效台数	最大系数	有功、无功、视在计算负荷和电流/(kW、kvar、kV·A、A)
$i = 1-n$	P_{ei}	K_{ui}	$\cos\varphi$	$P_{avi} = K_{ui} P_{ei}$ $Q_{avi} = P_{avi} \tan\varphi$			
合计	$\sum P_{ei}$	$K_{uav} = \dfrac{\sum P_{avi}}{\sum P_{ei}}$	/	$\sum P_{avi}$ $\sum Q_{avi}$	$n_{eq} = \dfrac{(\sum P_{ei})^2}{\sum P_{ei}^2}$	K_m	$P_c = K_m \sum P_{avi}$ $Q_c = K_m \sum Q_{avi}$

注：1. 工厂用电设备的 K_u、$\cos\varphi$ 值及 K_m 请查相关手册。

2. 3 台及以下用电设备的有功计算负荷取设备功率总和；3 台以上用电设备，且有效台数小于 4 时，有功计算负荷取设备功率总和，再乘以系数 0.9。

例 3-3 某工厂变电站利用系数法求计算负荷。

采用同一案例，按利用系数法和需要系数法进行负荷计算，便于对比。采用计算负荷 Excel 表完成计算负荷求取，见表 3-8。

表 3-8 利用系数法计算负荷表

用电设备组	设备功率/kW 单台功率×台数	$\sum P_e$	$\sum P_e^2$	K_u	$\cos\varphi$	$\tan\varphi$	平均负荷 P_{av}/kW	平均负荷 Q_{av}/kvar	K_m	计算负荷 P_c/kW	计算负荷 Q_c/kvar	计算负荷 S_c/kV·A
重工作制机床	57×1 44×1 21×2 15×2	173	6517	0.16	0.55	1.52	27.7	42.1				
一般工作制机床	10×4 7×10 4×15	170	996	0.12	0.5	1.73	20.4	35.3				
风机水泵	75×2 37×2 18.5×4	298	15357	0.55	0.8	0.75	163.9	122.9				
	7.5×4 3×2	36	216	0.55	0.8	0.75	19.8	14.9				
电阻炉	60×2 30×2	180	9000	0.6	0.95	0.33	106	35.6				
30kV·A 单头交流弧焊机	8.1×2	16.2	131	0.25	0.35	2.57	4.1	10.8				
47kV·A 多头直流弧焊机	25.2×2	51	1301	0.5	0.7	1.02	25.5	26				
200、75kV·A 点焊机	53.7×1 20.1×2	93.9	11782	0.25	0.6	1.33	23.5	31.3				
10t、5t 起重机 $\varepsilon=0.25$	15×1 11.5×2	38	490	0.15	0.5	1.73	5.7	9.9				
电力合计	$n_{eq}=24.4$	1056.1	45790	0.38			396.6	328.8	1.11	440.2	365	
照明合计		70		0.8	0.7	1.02				56	57.1	
无功补偿											−180	
总计		1126.1								496.2	242.1	552.1

注:1. 单台设备功率带下划线者为该档设备功率的平均值,如 5.86=170/29 参见《工业与民用供配电设计手册》第 4 版 1.5.2.2。
2. 电焊机的技术数据详见《工业与民用供配电设计手册》表 12.4。弧焊变压器和弧焊整流器 $\varepsilon=0.6$,点焊机 $\varepsilon=0.2$。弧焊整流器为三相,其他电焊机为单相 380V。单相负荷设备功率之和不超过三相负荷设备功率之和的 15%,不需换算。
3. 用电设备有效台数 $n_{eq}=(\sum P_e)^2/\sum P_e^2=(1056.1)^2/45790=24.4$,填入第 2 列。如果用精确法计算,$n_{eq}=24.3$。
4. 总利用系数 $K_{ut}=\sum P_{av}/\sum P_e=396.6/1056.1=0.38$,填入第 5 列。
5. 查《工业与民用供配电设计手册》第 4 版表 1.5-2,取 2h 最大系数。

任务 3-4 无功功率补偿设计

1. 并联电容器补偿容量计算

无功补偿装置具有多种功能,应按全面规划、合理布局、就地平衡的原则,确定最优补偿容量和分布方式。不同的电网条件、补偿目的、功能要求,应采用不同的计算方法,选取不同的计算负荷和功率因数。不宜只给一个计算式或按变压器容量的百分数估算。

最大负荷时无功功率补偿所需的并联电容器装置总容量及分组容量计算见表3-9。

表3-9 并联电容器总容量及分组容量计算

补偿前的有功、无功计算负荷/(kW、kvar)	补偿前功率因数	补偿后功率因数	并联电容器装置总容量	分组组数	每组容量/kvar
$P_c、Q_c$	$\cos\varphi = \dfrac{P_c}{\sqrt{P_c^2+Q_c^2}}$	$\cos\varphi'$	$Q = P_c(\tan\varphi - \tan\varphi')$	n	$q = \dfrac{Q}{n}$

2. 电容器的设置方式、投切方式及调节方式

（1）电容器的设置方式

对于容量较大、负荷平稳且经常使用的用电设备的无功功率，宜单独就地补偿。对电动机采用就地单独补偿时，补偿电容器的额定电流不应超过电动机励磁电流的0.9倍。

补偿基本无功功率的电容器组宜在变（配）电站内集中补偿。

环境正常的低压电容器宜分散补偿。

（2）电容器组的投切方式

对于补偿低压基本无功功率的电容器组、常年稳定的无功功率和投切数较少的高压电容器组，宜采用手动投切。

为避免过补偿或在轻载时电压过高，在采用高、低压自动补偿装置效果相同时，宜采用低压自动补偿装置，循环投切。

（3）无功自动补偿的调节方式

以节能为主进行补偿的，采用无功功率参数调节；当三相负荷平衡时，也可采用功率因数参数调节。

以改善电压偏差为主进行补偿的，应按电压参数调节；无功功率随时间稳定变化时，按时间参数调节；对冲击性负荷、动态变化快的负荷及三相不平衡负荷，可采用晶闸管（电子）开关控制，使其平滑无涌流，动态效果好且可分相控制，有三相平衡效果。

任务3-5 确定供配电系统计算负荷

在进行施工图设计时，变配电所计算负荷的确定，一般采用逐级计算法，由用电设备端逐步向电源进线侧计算。各级计算点的选取，一般为各级配电箱（屏）的出线和进线、变配电所低压出线、变压器低压母线和变压器高压进线等处。确定变配电所的设计负荷时，应计入较长配电干线的功率损耗以及变压器的功率损耗，并且取无功功率补偿后的负荷进行计算。

1. 供电系统的功率损耗计算

电力线路的功率损耗计算见表3-10。

表3-10 电力线路的功率损耗计算

电力线路编号	单位长度电阻值/(Ω/km)	单位长度电抗值/(Ω/km)	线路长度/km	计算电流/A	有功功率损耗/kW	无功功率损耗/kW
WP_i	r	X	l	I_r	$\Delta P_L = 3I_r^2 rl \times 10^{-3}$	$\Delta Q_W = 3I_r^2 Xl \times 10^{-3}$

注：线路的r、X值可根据其结构、导体材质与截面查《工业与民用供配电设计手册》。

电力变压器的功率损耗计算见表3-11。

表 3-11 电力变压器的功率损耗计算

电力变压器编号	负荷系数	空载损耗/kW	短路损耗/kW	空载电流/A	阻抗电压/V	有功功率损耗/kW	无功功率损耗/kW
T_i	$\dfrac{S_c}{S_{c.T}}$	ΔP_0	ΔP_L	$I_0\%$	$U_k\%$	$\Delta P_T \approx \Delta P_0 + \Delta P_k \left(\dfrac{S_c}{S_{c.T}}\right)^2$	$\Delta Q_T \approx S_{c.T}\left[\dfrac{I_0\%}{100}+\dfrac{U_L\%}{100}\left(\dfrac{S_c}{S_{c.T}}\right)^2\right]$

注：变压器的相关技术数据可根据其型号规格查《工业与民用供配电设计手册》；当变压器技术数据不详时，其功率损耗可由简化公式 $\Delta P_T \approx 0.01S$ 和 $\Delta P_T \approx 0.05S$ 估算。

2. 变电所计算负荷的确定

计及系统功率损耗及无功功率后，变电所的计算负荷见表 3-12。

表 3-12 变电所的计算负荷

计算点	有功计算负荷/kW	无功计算负荷/kvar	视在计算负荷/kV·A	计算电流/A	功率因数
配电干线负荷端 $i=1\sim n$	P_{ci}	Q_{ci}			
配电干线功率损耗 $i=1\sim n$	ΔP_{Li}	ΔQ_{Li}			
配电干线电源端 $i=1\sim n$	$P'_{ci}=P_{ci}+\Delta P_{Li}$	$Q'_{ci}=Q_{ci}+\Delta Q_{Li}$			
补偿前低压母线计算负荷	$P_c=K_{\Sigma P}\sum P'_{ci}$	$Q_c=K_{\Sigma Q}\sum Q'_{ci}$	$S_{c2}=\sqrt{P_c^2+Q_c^2}$	$I_{c2}=\dfrac{S_{c2}}{\sqrt{3}U_{n2}}$	$\cos\varphi_2=\dfrac{P_{c2}}{S_{c2}}$
无功补偿装置容量		$-Q$			
补偿后低压母线计算负荷	P_{c2}	$Q'_{c2}=Q_{c2}+\Delta Q$	$S'_{c2}=\sqrt{P_{c2}^2+Q'^2_{c2}}$		$\cos\varphi'_2=\dfrac{P_{c2}}{S'_{c2}}$
变压器功率损耗	ΔP_T	ΔQ_T			
变压器高压侧计算负荷	$P_{c1}=P_{c2}+\Delta P_T$	$Q_{c1}=Q'_{c2}+\Delta Q_T$	$S_{c2}=\sqrt{P_{c2}^2+Q_{c2}^2}$		$\cos\varphi_1=\dfrac{P_{c1}}{S_{c1}}$

在实际工程设计中常常会利用软件进行负荷计算，提高工作效率。本项目采用《工业与民用配电设计手册》第 4 版配套计算软件进行负荷计算。

> **素养提升**

中国电气设计界泰斗——任元会

任元会，1954 年毕业于华中科技大学电力系，多年来主持或参与国家、行业、地方标准的编制，作为主编出版的《工业与民用配电设计手册》（第 3 版）对我国电气工程领域作用巨大，是非常畅销且具影响力的电气专业工具书。

他还撰写研究成果和技术文章近百篇，参加或主持了近百项标准审查和产品鉴定，以及 20 多项工程电气、照明设计方案评审和工程招标评审。在全国 40 多个城市就低压配电系统保护、保护电器选择、应急照明、绿色照明以及建筑标准、电能效益等专题讲课百余次，受到各方欢迎。

3.4 项目练习：机场变电站负荷计算

3.4.1 项目背景

某变电站位于机场内，建筑面积为 $240m^2$，给航管楼、塔台等供电。本项目为变电站的供配电系统、照明系统、防雷接地系统等的设计。航管楼、塔台、变电站的用电负荷属于一级负荷，其中工艺用电设备、消防、应急照明为一级负荷中特别重要的负荷。航管楼立面图如图 3-1 所示。

3.4.2 项目要求

机场航站楼有 220V 单相用电设备（如照明负荷），也有 380V 三相用电设备（如电力设备）；各类负荷中有平时需要运行的用电设备，也有在发生火灾时才需运行的消防用电设备。以上设备均由临近的 10/0.38kV 变电站采用低压三相四线制系统放射式或树干式配电。本项目要求完成机场 10/0.38kV 变电站负荷计算，以便合理选择变压器台数及容量。

3.4.3 项目步骤

1）根据设计院图样，统计机场航站楼、塔台各层用电设备负荷数据。
2）采用需要系数法完成照明负荷 0.38kV 配电干线及支干线计算负荷的确定。计算负荷确定时不计入备用回路负荷及备用设备功率。
3）采用需要系数法完成电力负荷和平时消防负荷 0.38kV 配电干线及支干线计算负荷的确定。计算负荷确定时不计入备用回路负荷及备用设备功率。
4）完成 10/0.38kV 变电站计算负荷的确定，见表 3-13。

表 3-13 变电所的计算负荷

回 路 名 称	额定容量 /kW	需要系数 K_d	功率因数 $\cos\phi$	有功功率 /kW	无功功率 /kvar	视在功率 /kV·A	计算电流 /A
照明回路	91.2	0.70	0.85	63.8	39.6	75.1	114.2
电力回路	679.7	0.93	0.78	628.9	505.3	806.8	1226.3
合计	770.9	0.90	0.79	692.8	544.9	881.4	1339.7
乘以同时系数(0.75/0.80)	770.9	0.67	0.77	519.6	435.9	678.2	1030.9
功率因数补偿					−450		
功率因数补偿后	770.9	0.67	1.00	519.6	16.0	519.8	790.1
变压器损耗				5.2	26.0		
高压侧负荷	770.9	0.67	1.00	524.8	42.0	526.5	30.4
变压器选择 2×1600kV·A						1260	
变压器负荷率						41%	

项目3 负荷计算及无功功率补偿

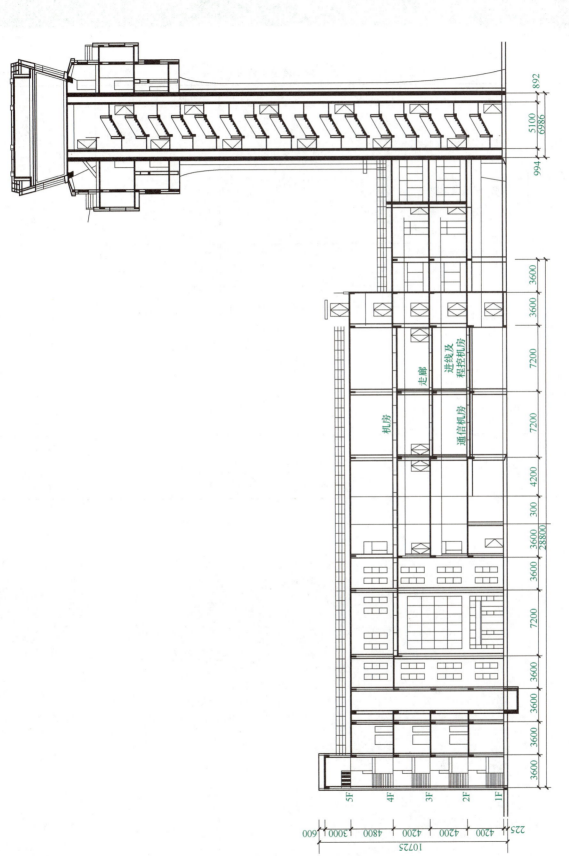

图 3-1 航管楼立面图

3.5 项目评价

项目评价表见表3-14。

表3-14 项目评价表

考核点	评价内容	分值	评分	备注
知识	请扫描二维码,完成知识测评	20分		
技能	照明计算负荷的确定 电力计算负荷的确定 变电站计算负荷的确定	70分		依据项目练习评价
素质	工位保持清洁,物品整齐 着装规范整洁,佩戴安全帽 操作规范,爱护设备 遵守6S管理规范	10分		
总分				
项目反馈				

项目学习情况:

心得与反思:

项目 4

供配电系统一次设计

> **项目导入**

供配电一次系统是供电系统的主体,是用电负荷的载体,其主要特点是高电压或大电流。某设计院接到任务,需对某机场航站楼进行智能供配电系统设计。在项目 3 中,我们已完成负荷计算,现需要合理确定某机场航站楼供配电系统一次方案,正确选择一次系统的结构、线缆和电气设备,保证供电系统正常运行。

> **项目目标**

知识目标

1)了解电力负荷的概念。
2)掌握供配电电压的选择。
3)了解应急电源、变配电所布置、柴油发电机房设计。

技能目标

1)能区分电力负荷级别。
2)能正确选择电力变压器的型号、参数,会根据联结组标号接线。
3)能正确设计变配电所主接线,正确设计高低压配电系统的接线。

素质目标

1)从标准和设计规范出发,了解国家节能减排、双碳目标,以及供配电系统一次设计的原则与发展趋势。

2)"地球一小时"活动倡议的"关一盏灯,点亮希望"与我们倡导的绿色节能、安全可靠供配电系统一次设计不谋而合,通过这些可以培养学生绿色低碳环保意识。

4.1 项目知识

知识 4-1 负荷分级及供电要求

进行供配电系统一次接线设计时,首先应根据规范要求,正确地将电力负荷分级并满足各级负荷的供电要求。

1. 负荷分级原则

电力负荷是指电能用户的用电设备在某一时刻向电力系统取用的电功率的总和。按 GB 50052—2009《供配电系统设计规范》规定,电力负荷应根据对供电可靠性的要求,以及中断供电对人身安全、经济上所造成的损失影响程度进行分级,一般分为一级负荷、二级负荷和三级负荷,见表 4-1。

2. 负荷分级示例

由于各行业的一级负荷、二级负荷很多,规范只能对负荷分级做原则性规定,具体划分需在行业标准中规定。机械工厂的负荷分级见表 4-2。

表 4-1 并联电容器补偿容量计算

负荷分级	分级原则
一级负荷	1) 中断供电将造成人身伤害时 2) 中断供电将在经济上造成重大损失时 3) 中断供电将影响重要用电单位的正常工作时
二级负荷	1) 中断供电将在经济上造成较大损失时 2) 中断供电将影响较重要用电单位的正常工作时
三级负荷	不属于一级和二级负荷者应为三级负荷

注：本表根据 GB 50052—2009《供配电系统设计规范》编制。

表 4-2 机械工厂的负荷分级

序号	建筑物名称	电力负荷名称	负荷级别
1	炼钢车间	容量为 100t 及以上的平炉加料起重机、浇铸起重机、倾动装置及水冷却系统的用电设备	一级
		容量为 100t 及以下的平炉加料起重机、浇铸起重机、倾动装置及水冷却系统的用电设备	二级
		平炉鼓风机平炉用其他用电设备，5t 以上电弧炼钢炉的电极升降机构、倾炉机构及浇筑起重机	二级
		总安装容量为 30MV·A 以上，停电会造成重大经济损失的多台大型电热装置（包括电弧炉、矿热炉、感应炉等）	一级
2	铸铁车间	30t 及以上浇筑起重机、重点企业冲天炉和鼓风机	二级
3	热处理车间	井式炉专用淬火起重机、井式炉油槽抽油泵	二级
4	锻压车间	锻造专用起重机、水压机、高压水泵、抽油机	二级
5	金属加工车间	价格昂贵、作用重大、稀有的大型数控机床停电会造成设备损坏，如自动跟踪数控仿形铣床、强力磨床等设备	一级
		价格贵、作用大、数量多的数控机床工部	二级
6	电镀车间	大型电镀工部的整流设备、自动流水作业生产线	二级
7	实验站	单机容量为 200MW 以上的大型电机试验、主机及辅助系统、动平衡试验的润滑油系统	一级
		单机容量为 200MW 及以下的大型电机试验、主机及辅机系统、动平衡试验的润滑油系统	一级
		采用高位油箱的动平衡试验润滑油系统	二级
8	层压制品车间	压机及供热锅炉	二级
9	线缆车间	熔炼炉的冷却水泵、鼓风机，连铸机的冷却水泵，连轧机的水泵及润滑泵；压铅机、压铝机的熔化炉、高压水泵、水压机；交联聚乙烯加工设备的挤压交联冷却、收线用电设备，漆包机的传动机构、鼓风机、漆泵；干燥浸油缸的连续电加热、真空泵、液压泵	一级
10	模具成型车间	隧道窑鼓风机、卷扬机构	二级
11	油漆树脂车间	2500L 及以上的反应釜及其供热锅炉	二级
12	熔烧车间	隧道窑鼓风机、排风机、窑车推进机、窑门关闭机构、油加热器、油泵及其供热锅炉	二级
13	热煤气站	煤气加压机、加压油泵及煤气发生炉鼓风机	一级
		有煤气罐的煤气加压机、有高位油箱的加压油泵	二级
		煤气发生炉加煤机及传动机构	二级

(续)

序号	建筑物名称	电力负荷名称	负荷级别
14	冷煤气站	放风机、排送机、冷却通风机、发生炉传动机构、高压整流器等	二级
15	锅炉房	中压及以上锅炉的给水泵	一级
		有气动水泵时,中压及以上锅炉的给水泵	二级
		单台容量为20t/h及以上锅炉的鼓风机、引风机、二次风机及炉排电机	二级
16	水泵房	供一级负荷用电设备的水泵	一级
		供二级负荷用电设备的水泵	二级
17	空压站	重点企业单台容量为 $60m^3/min$ 及以上空压站的空气压缩机、独立励磁机	二级
		离心式压缩机润滑油泵	一级
		有高位油箱的离心式压缩机润滑油泵	二级
18	制氧站	重点企业中的氧压机、空压机冷却水泵、润滑油泵(带高位油箱)	二级
19	计算中心	大中型计算机系统电源(自带UPS电源)	二级
20	理化计量楼	主要实验室、要求高精度恒温的计量室的恒温装置电源	二级
21	刚玉、碳化冶炼车间	冶炼炉及其配套的低压用电设备	二级
22	涂装车间	电泳涂装的循环搅拌、超滤系统的用电设备	二级

3. 各级负荷供电要求

各级负荷供电要求依据 GB 50052—2009《供配电系统设计规范》,见表4-3。

表4-3 各级负荷供电要求

负荷等级	供电要求
一级负荷	1)一级负荷应由双重电源供电,当一个电源发生故障时,另一个电源不应同时受到损坏 2)一级负荷中特别重要负荷的供电,应符合下列要求 ①除应由双重电源供电外,应增设应急电源,并严禁将其他负荷接入应急供电系统 ②设备的供电电源切换时间,应满足设备允许中断供电的要求 3)下列电源可作为应急电源 ①独立于正常电源的柴油发电机组 ②供电网络中独立于正常电源的专用馈电线路 ③蓄电池 ④干电池
二级负荷	二级负荷的供电系统,宜由两回线路供电。在负荷较小或地区供电条件困难时,二级负荷可由一回6kV及以上专用的架空线路供电 ①由于二级负荷停电造成的损失较大,且二级负荷包括的范围比一级负荷广,影响还是比较大的,故应由两回线路供电。两回线路与双重电源略有不同,两者都要求线路有两个独立部分,而后者还强调电源的相对独立 ②只有当负荷较小或地区供电条件困难时,才允许由一回6kV及以上的专用架空线路供电,这点主要考虑电缆发生故障后检查故障点和修复需时较长,而一般架空线路修复方便(此点和电缆的故障率无关)。当线路自配电站引出采用电缆线路时,应采用两回线路
三级负荷	三级负荷为不重要的一般性负荷,对电源无特殊要求,对供电可靠性要求不高,只需一路电源供电

注:本表依据 GB 50052—2009《供配电系统设计规范》编制。

知识4-2 供配电电压选择与电能质量

为使供配电系统安全可靠、经济合理运行,必须合理选择供配电电压。同时,还应采取措施,确保系统电能质量满足国家标准要求。

1. 三相交流电网和电力设备的额定电压

按照国家标准 GB/T 156—2017《标准电压》的规定，我国三相交流电网和电力设备的额定电压见表 4-4。表 4-4 中电力变压器一、二次绕组额定电压是依据我国生产的电力变压器标准产品规格确定的。

表 4-4 我国三相交流电网和电力设备的额定电压

分类	电网和用电设备额定电压/kV	发电机额定电压/kV	电力变压器额定电压/kV	
			一次绕组	二次绕组
低压	0.38	0.40	0.38	0.40
	0.66	0.69	0.66	0.69
高压	3	3.15	3,3.15	3.15,3.3
	6	6.3	6,6.3	6.3,6.6
	10	10.5	10,10.5	10.5,11
	—	13.8,15.75,18,20,22,24,26	13.8,15.75,18,20,22,24,26	—
	35	—	35	38.5
	66	—	66	72.5
	110	—	110	121
	220	—	220	242
	330	—	330	363
	500	—	500	550
	750	—	750	825（800）
	1000	—	1000	1100

（1）电网（线路）的额定电压

电网的额定电压等级是国家根据国民经济发展的需要和电力工业发展的水平，经全面的技术经济分析后确定的。它是确定各类电力设备额定电压的基本依据。

（2）用电设备的额定电压

由于电力线路在有电流通过时要产生电压降，所以线路上各点的电压都略有不同，如图 4-1 虚线所示。但是成批生产的用电设备不可能按使用处线路的实际电压来制造，而只能按线路首端与末端的平均电压，即线路（电网）的额定电压 U_N 来制造。因此用电设备的额定电压一般规定与同级电网的额定电压相同。

在此必须指出：GB/T 11022—2020《高压交流开关设备和控制设备标准的共同技术要求》规定，高压开关设备和控制设备的额定电压按其允许的最高工作电压来标注，其额定电压不得小于其所在系统可能出现的最高电压，见表 4-5。近年生产的高压设备额定电压已按此规定标注。

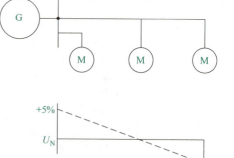

图 4-1 用电设备和发电机的额定电压说明

表 4-5 系统的额定电压、最高电压和高压设备的额定电压（单位：kV）

系统的额定电压	3	6	10	35
系统的最高电压	3.5	6.9	11.5	40.5
高压开关、互感器及支柱绝缘子的额定电压	3.6	7.2	12	40.5
穿墙套管的额定电压	—	6.9	11.5	40.5
熔断器的额定电压	3.5	6.9	12	40.5

（3）发电机的额定电压

由于电力线路允许的电压偏差一般为±5%，即整个线路允许有10%的电压损耗，因此为了使线路的平均电压维持在额定值，线路首端（电源端）的电压宜较线路额定电压高5%，而线路末端的电压则较线路额定电压低5%，如图4-1所示。所以发电机的额定电压规定高于同级电网额定电压5%。

（4）电力变压器的额定电压

电力变压器的一次绕组额定电压分两种情况：一是当变压器直接与发电机相连时，如图4-2中的变压器T1，其一次绕组额定电压应与发电机额定电压相同，都高于同级电网额定电压5%。二是当变压器不与发电机相连而是连接在线路上时，如图4-2中的变压器T2，则可看作是线路的用电设备，因此其一次绕组额定电压应与电网额定电压相同。

图4-2 电力变压器一、二次绕组额定电压说明图

电力变压器的二次绕组额定电压也分两种情况：一是当变压器二次侧供电线路较长（如为较大的高压电网）时，如图4-2中的变压器T1，其二次绕组额定电压应比相连电网额定电压高10%，其中有5%用于补偿变压器满载运行时绕组本身约5%的电压降，因为变压器二次绕组的额定电压是指变压器一次绕组加额定电压而二次绕组开路时的电压；此外，变压器满载时二次绕组输出电压还要高于同级电网额定电压5%，以补偿线路上的电压降，所以变压器二次绕组额定电压总的要高于电网额定电压10%。二是当变压器二次侧供电线路不长（如为低压电网或直接供电给高低压用电设备）时，如图4-2中的变压器T2，其二次绕组额定电压只需高于电网额定电压5%，仅考虑补偿变压器满载运行时绕组本身的5%电压降。

2. 电压高低的划分

关于电力系统电压高低的划分，我国现在统一规定：低压指电压等级在1000V以下者；高压指电压等级在1000V及以上者。表4-4就是以1000V为界限来划分的。此外尚有按下列标准划分电压高低的：50V及以下为交流特低压；1000V以下为低压；1000V~35kV为中压；35~220kV为高压；220~800kV为超高压；800kV及以上为特高压。不过这种划分并无明确的统一标准，因此划分界限不是十分明确。

3. 电压选择

1）用电单位的供电电压应从用电容量、用电设备特性、供电距离、供电线路的回路数、用电单位的远景规划、当地公共电网现状及其发展规划以及经济合理等因素考虑决定。

2）1~220kV交流三相系统的标称电压及电气设备最高电压见表4-6。各级电压线路送电能力见表4-7。

表4-6 1~220kV交流三相系统的标称电压及电气设备最高电压

系统标称电压 U_n	3(3.3)	6	10	20	35	66	110
设备最高电压 U_m	3.6	7.2	12	24	40.5	72.5	126

表4-7 各级电压线路送电能力

标称电压/kV	线路种类	送电容量/MW	供电距离/km
6	架空线	0.1~1.2	4~15
6	电缆	3	3以下
10	架空线	0.2~2	6~20

(续)

标称电压/kV	线路种类	送电容量/MW	供电距离/km
10	电缆	5	6以下
20	架空线	0.4~4	10~40
20	电缆	10	12以下
35	架空线	2~8	20~50
35	电缆	15	20以下
66	架空线	3.5~10	30~100
66	电缆		
110	架空线	10~50	50~150
110	电缆		

注：1. 架空线及 6~20kV 电缆芯截面按 240mm², 35~110kV 电缆线芯截面按 400mm², 电压损失≤5%。
  2. 导线的实际工作温度 θ：架空线为 55℃、6~10kV；XLPE 电缆为 90℃、20~110kV。
  3. 导线间的几何间距：6~20kV 为 1.25m, 35~110kV 为 3m, 功率因数 $\cos\varphi=0.85$。

3）需要两回电源线路的用电单位，宜采用同级电压供电。但根据各级负荷的不同需要及地区供电条件，也可采用不同级电压供电。

4）配电电压的高低取决于供电电压、用电设备的电压以及供电范围、负荷大小和分布情况等。供电电压为 35kV 及以上用电单位的配电电压应采用 20kV 或 10kV，如 6kV 用电设备（主要指高压电动机）的总容量较大时，选用 6kV 在技术经济上合理时，则宜采用 6kV；当使用 3kV 电动机时，应配专用降压变压器，不推荐以 3kV 作为配电电压。低压配电电压宜采用 220V 或 380V，工矿企业也可采用 660V。当安全需要时，也采用小于 50V 电压。

5）供电电压为 35kV 及以上，用电负荷均为低压又较集中，当减少配电级数经济合理时，配电电压宜采用 35kV 或相应等级电压。

4. 电能质量

电能质量主要是指电压质量，即电压幅值、频率和波形的质量，其主要内容包括电压偏差、频率偏差、三相电压不平衡、电压波动与闪变、电压暂降与短时电压中断、供电中断、波形畸变、暂时和瞬态过电压等。主要电能质量现象、起因及其特性参数见表 4-8。理想的电能质量是恒定频率、恒定幅值的正弦波电压与连续供电。电能质量问题可能对用户尤其是敏感用户造成巨大损失。

表 4-8 主要电能质量现象、起因及其特性参数

电能质量现象	起因	典型持续时间	典型电压幅值
电压偏差	无功功率不平衡	>1min	0.8p.u.~0.9p.u. 1.1p.u.~1.2p.u.
频率偏差	有功功率不平衡	<10s	
三相电压不平衡	负荷三相不平衡或电力系统元件参数不对称	稳态	0.5%~2%
电压波动与闪变	功率波动性或间歇性负荷	间歇频率<25Hz	0.1%~7%
电压暂降	系统故障、重负荷或大型电机起动	10ms~1min	0.1p.u.~0.9p.u.
短时电压中断	伴随自动重合闸和备用电源自动投切装置动作	1~10min	<0.1p.u.
供电中断	系统检修、线路或设备永久故障、供需不平衡	>1min	0.0p.u.

(续)

电能质量现象	起因	典型持续时间	典型电压幅值
波形畸变	非线性负荷和系统的非线性电气元件	稳态	0%~20%
暂时过电压	接地故障、甩负荷、参数谐振和铁磁谐振	1min~10min	1.1p.u.~1.8p.u.
瞬态过电压	弧光接地、线路及设备的投切操作、雷电等	5μs~50ms	0p.u.~8p.u.

（1）减小电压偏差的措施

1）合理选择变压器的电压比和分接头。必要时采用有载调压变压器。

2）合理地减少变压器及线路的阻抗。如，减少系统的变压级数，合理增大导线或电缆的横截面积，采用多回路并联供电，尽量使高压线路深入负荷中心，减少低压配电距离。

3）采取无功功率补偿措施。

4）宜使三相负荷平衡。

（2）减少电压波动和闪变的措施

1）大容量的冲击性负荷和对电压波动和闪变敏感的负荷应由不同变压器供电。

2）较大容量的冲击性负荷宜由变电所低压柜处采用专用回路供电。

3）当较小容量的冲击性负荷与其他负荷共用回路时，宜采用加大导线截面或降低共有线路阻抗的措施。

4）采用静止无功功率补偿装置（SVC）减少无功功率引起的电压波动。

（3）抑制谐波的措施

控制各类非线性用电设备所产生的谐波引起的电网电压正弦波形畸变率，各类大功率非线性用电设备变压器由短路容量较大的电网供电。

对大功率静止变流器，采取下列措施：

1）提高整流变压器二次侧的相数和增加变流器的波形脉动数。

2）多台相数相同的整流装置，使整流变压器的二次侧有适当的相差角。

3）按谐波次数装设滤波器。

4）选用 Dyn11 联结组标号的三相配电变压器。

知识 4-3　电力变压器的选择

电力变压器是变电所中最关键的一次设备，故又称为主变压器。变压器将电力系统的电压升高或降低，以利于电能的合理输送、分配和使用。供配电系统设计时，应经济、合理地选择变压器的型式、台数及容量，并使所选变压器的总费用最小。

1. 变压器的型式选择

变压器的型式选择是指确定变压器的相数、绕组型式、绝缘及冷却方式、联结组标号、调压方式等，并应优先选用技术先进、高效节能、免维护的新产品，见表 4-9。

表 4-9　变压器的型式选择

序号	类型		适用范围	备注
1	相数	三相	一般工业与民用供配电工程	
		单相	单台单相负荷较大的场所宜选用	
2	绕组型式	双绕组	一般工业与民用供配电工程	
		三绕组	用于有三种电压的变电所中，通过主变压器各侧绕组的功率均达到变压器容量15%以上时	

(续)

序号	类型		适用范围	备注
3	绝缘及冷却方式	油浸式	一般正常环境的变电所	S11、S15 等型
			在具有化学腐蚀性气体、蒸气或具有导电及可燃粉尘、纤维会影响变压器安全运行的场所,应选择密封式	S11-M.R 等型
		干式	用于防火要求较高或潮湿环境的变电所,多层或高层主体建筑内的变电所	SCB10 环氧树脂浇注式、SGB10 非包封线圈式
4	联结组标号	Yyn0	低压中性线电流(含 $3n$ 次谐波电流)不超过相绕组额定电流的 25%,且一相负荷电流在满载时不超过额定电流时	10(6)/0.4kV 变压器
		Yzn11	用于多雷区及土壤电阻率较高的山区	10(6)/0.4kV 变压器
		Dyn11	1)在 TN 及 TT 系统接地型式的低压电网中,单相负荷不平衡时 2)电压配电系统中 $3n$ 次谐波电流较大时 3)需要提高低压侧单相接地故障保护灵敏度时	10(6)/0.4kV 变压器
		Yd11	用于 35kV 总降压变电所	35/10.5(6.3)kV 变压器
5	调压方式	无载调压	一般工业与民用供配电工程	10(6)/0.4kV 变压器
		有载调压	35kV 变电所的主变压器 用户对电压要求严格的 10kV 及以下配电变压器	电网电压偏差不能满足要求时采用

2. 变压器的台数和容量选择

变压器的台数和容量一般根据负荷等级、用电容量和经济运行等条件综合考虑确定。变压器的台数选择见表 4-10,容量选择见表 4-11。

表 4-10 变压器的台数选择

变压器台数	适用范围
一台	负荷容量较小的三级负荷变电所,或变电所仅有少量二级负荷,而且低压侧有足够容量的联络电源作为备用
两台及以上	有大量一级或二级负荷的变电所;或季节性负荷变化较大,利于变压器经济运行;或集中负荷容量较大的三级负荷
专用变压器	1)当照明负荷容量较大,或动力和照明采用共用变压器供电会严重影响照明质量及灯泡寿命时,可设专用变压器 2)单台变压器负荷容量较大时,宜设单相变压器 3)冲击性负荷(如试验设备、电焊机群及大型电焊设备、大型 X 射线机等)较大,严重影响电能质量时,可设专用变压器 4)在 IT 系统的低压电网中,照明负荷应设专用变压器 5)当季节性负荷容量较大时(如大型民用建筑中空调冷冻机),可设专用变压器

表 4-11 变压器的容量选择

序号	选择条件	备注		
1	变压器的容量 $S_{r.T}$ 首先应保证在计算负荷 S_c 下变压器能长期可靠运行。且在一台变压器故障时,也应满足全部一、二级负荷 $S_{c(I+II)}$ 的需要 当需要三台以上变压器时,可参照两台变压器选择方法确定变压器容量	正常一台运行		$S_{r.T} > S_c$
		两台运行	等容量	$S_{r.T} = 0.6 \sim 0.7 S_c$ 且 $S_{r.T} \geq S_{c(I+II)}$
			不等容量	$S_{r.T1} + S_{r.T2} > S_c$ 且 $S_{r.T1} \geq S_{c(I+II)}$,$S_{r.T2} \geq S_{c(I+II)}$
2	变压器的容量应满足大型电动机及其他冲击负荷的起动要求			
3	单台变压器容量不宜大于 1600kV·A	当用电设备容量较大,技术经济合理时,不受此限		
4	以近期为主,适当考虑负荷发展	变压器的负荷率一般取 70%~85%		

知识 4-4 变配电所主接线设计

工厂变配电所的电气主接线是指变电所中各种开关设备、电力变压器、母线、电流互感器以及电压互感器等主要电气设备按照一定的工作顺序和规程要求连接变、配电设备的一种电路形式。主接线图又称为一次电路图、主电路图或一次接线图。主接线图中的主要电气设备应采用国家规定的图文符号来表示,由于电力系统为三相对称系统,所以电气主接线图通常以单线图来表示,使其简单、清晰,它对电气设备选择、配电装置布置等均有较大影响,是运维人员进行各种倒闸操作、事故处理的重要依据。主接线设计的原则及一般要求详见表 4-12。

表 4-12 主接线设计的原则及一般要求

序号	原则	一般要求
1	安全性	符合国家标准和有关技术规范的要求,能充分保证人身和设备的安全。如,接在母线上的避雷器和电压互感器可合用一组隔离开关;对接在变压器引出线上的避雷器,不宜装设隔离开关
2	可靠性	1)应根据负荷的等级,满足负荷在各种运行方式下对供配电可靠性的要求 2)当 35~110kV 有两回路以上出线时,宜采用单母线或分段单母线接线。当 110kV 线路为 6 回以上、35~66kV 线路为 8 回及以上时,宜采用双母线接线 3)变电站装有两台以上主变压器时,6~20kV 侧电气主接线宜采用分段单母线,分段方式应满足当其中一台变压器停运时,有利于其他主变压器的负荷分配
3	灵活性	1)能适应系统所需要运行的各种运行方式,操作维护简便。在系统故障和设备检修时,应能保证非故障和非检修回路继续供电,能适应负荷的发展,要考虑最终接线的实现以及在场地和施工等方面的可行性 2)变电站有两回路电源进线和两台主变压器时,主接线宜采用桥形接线。当电源线路较长时,宜采用内桥接线,为了提高可靠性和灵活性,可增设带隔离开关的跨条。当电源线路较短,需经常切除变压器或桥上有穿越功率时,应采用外桥接线
4	经济性	1)在满足以上要求的前提下,除尽量使主接线简单、投资少、运行费用低外,对主接线的选择,还应考虑受电容量和受电地点短路容量的大小、用电负荷的重要程度、对电能计量(如高压侧还是低压侧计量、动力机照明分别计费等)及运行操作技术的需要等因素。如,需高压侧计量电能的,则应配置高压侧电压互感器和电流互感器(或计量柜);受电容量大、用电负荷重要的或对运行操作要求快速的用户,则应配自动开关机及相应的电气系统操作装置;受电容量虽小,但受电地点短路容量大的,则应考虑保护装置开断短路电流的能力,如采用真空断路器等;一般容量小且不重要的用电负荷,可以配置跌落式熔断器来控制和保护 2)由地区电网供电的变配电所电源进线处,应装设供计量用的专用电压、电流互感器。用户计量方式确定时应符合下列规定: ①受电变压器容量在 630kV·A 以上的电力用户,应采用高供高计方式 ②受电变压器容量在 315~500kV·A 的电力用户,宜采用高供高计方式 ③受电变压器容量在 315kV·A 以下的电力用户,应采用高供低计方式 ④单电源装设两台及以上变压器的电力用户,应采用高供高计方式

1. 总降压变电所的主接线

(1) 线路-变压器组接线

变电所只有一路电源进线,只设一台变压器且变电所没有高压负荷和转送负荷的情况下,常常用线路-变压器组接线。其主要特点是变压器高压侧无母线,低压侧通过开关接成单母线接线供配电。

在变电所高侧,即变压器高压侧,可根据进线距离和系统短路容量的大小装设隔离开关 QS、高压熔断器 FU 或高压断路器 QF,如图 4-3 所示。

(2) 桥式接线

为保证对一、二级负荷可靠供配电,总降压变电所广泛采用由两回路电源供配电,设两台变压器桥式接线。

桥式接线可分为内桥式接线和外桥式接线两种。图 4-4 所示为采用内桥式接线的主接线图,图 4-5 所示为采用外桥式接线的主接线图。

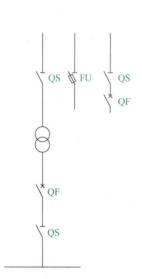

图 4-3 采用线路-变压器组接线的主接线图

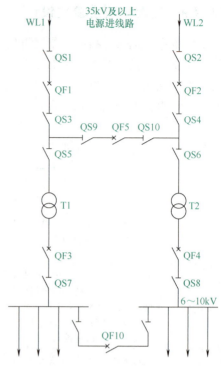

图 4-4 采用内桥式接线的主接线图

1）内桥式接线。内桥式接线的"桥"断路器 QF5 装设在两回路进线断路器 QF1 和 QF2 的内侧，如桥一样将两回路进线连接在一起。正常时，断路器 QF5 处于断开状态。

这种接线方式的运行灵活性好，供配电可靠性高，适用于一、二级负荷的工厂。如果某线路电源进线侧 WL1 停电检修或发生故障时，WL2 经 QF5 对变压器 T1 供配电。因此，这种接线方式适用于线路长、故障率高和变压器不需经常投切的总降压变电所。

2）外桥式接线。在这种接线方式中，一次侧的"桥"断路器 QF5 装设在两回路进线断路器 QF1 和 QF2 的外侧，此种接线方式运行的灵活性和供配电的可靠性也较好，但与内桥式接线适用的场合不同。外桥式接线对变压器回路操作方便，如需切除变压器 T1 时，可断开 QF1，合上 QS4，对其低压负荷供配电，再合上 QF5，可使两条进线都继续运行。因此，外桥式接线适用于供配电线路较短，工厂用电负荷变化较大，变压器需经常切换，具有一、二级负荷的变电所。

（3）单母线和单母线分段

母线也称汇流排，即汇集和分配电能的硬导线。母线采用色标法表示，A 相为黄色；B 相为绿色；C 相为红色。母线的排列规律：从上到下为 A→B→C；对着来电方向，从左到右为 A→B→C。设置母线可以方便地把电源进线和多路引出线通过开关电器连接在一起，以保证供配电的可靠性和灵活性。

单母线接线如图 4-6 所示，每路进线和出线中都配置有一组开关电器。断路器用于切断和闭合正常的负荷电流，并能切断短路电流。隔离开关有两种作用：靠近母线侧的称为母线隔离开关，用于隔离母线电源和检修断路器；靠近线路侧的称为线路侧

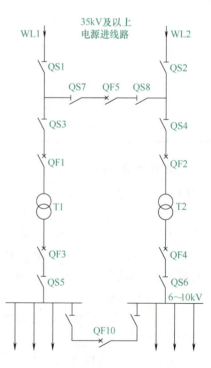

图 4-5 常见外桥式接线的主接线图

隔离开关，用于防止在检修断路器时从用户端反送电和防止雷击过电压沿线路侵入，保护维修人员安全。单母线接线简单、使用设备少、配电装置投资少，但可靠性、灵活性较差。当母线或母线隔离开关故障或检修时，必须断开所有回路，造成全部用户停电。这种接线适用于单电源进线的一般中、小型容量的用户，电压为6~10kV。

单母线分段接线如图4-7所示。为了提高单母线接线的供配电可靠性，当变电所有两个或两个以上电源进线或馈出线较多时，将电源进线和引出线分别接在两段母线上，这两段母线之间用断路器或隔离开关连接。

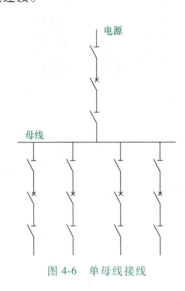

图4-6 单母线接线

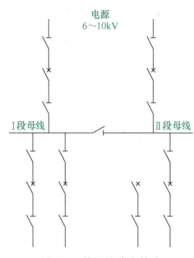

图4-7 单母线分段接线

这种接线方式运行灵活，母线可以分段运行，也可以不分段运行，供配电可靠性明显得到提高。分段运行时，各段母线互不干扰，当任一段母线故障或需检修时，仅停止对本段负荷的供配电，减少了停电范围。当任一电源线路故障或需检修时，都可闭合母线分段开关，使两段母线均不致停电。

（4）双母线

单母线和单母线分段有一个缺点是母线本身发生故障或需检修时，将使该母线中断供配电。对供配电可靠性要求很高、进线回路多的大型工厂总降压变电所的35~110kV母线和有重要负荷或有自备电厂的6~10kV母线而言，当单母线分段不能满足供配电可靠性要求时，可采用双母线接线方式。双母线接线如图4-8所示。

2. 车间变电所的一次接线

车间变电所是将6~10kV的电压降为220V/380V的电压，直接供给用电设备的终端变电所，如图4-9所示。

1）高压侧装隔离开关-熔断器或跌落式熔断器的变电所主接线如图4-10所示。这种主接线结构简单、经济，供配电可靠性不高，一般只用于500kV·A及以下容量的变电所，对不重要的三级负荷供配电。

2）高压侧装负荷开关-熔断器的变电所主接线如图4-11所示。这种主接线结构简单、经济，供配电可靠性仍不高，但操作比图4-10方案要简便、灵活，适用于不重要的三级负荷。

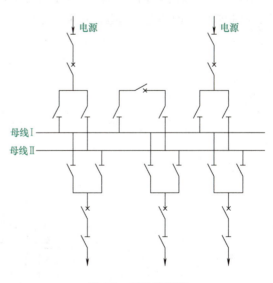

图4-8 双母线接线

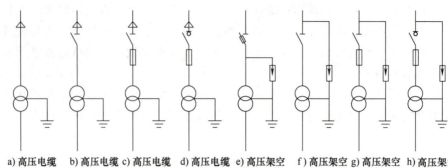

图 4-9 车间变电所的一次接线

a) 高压电缆进线,无开关　b) 高压电缆进线,装隔离开关　c) 高压电缆进线,装隔离开关-熔断器　d) 高压电缆进线,装负荷开关-熔断器　e) 高压架空进线,装跌落式熔断器和避雷器　f) 高压架空进线,装隔离开关和避雷器　g) 高压架空进线,装隔离开关、熔断器和避雷器　h) 高压架空进线,装负荷开关、熔断器和避雷器

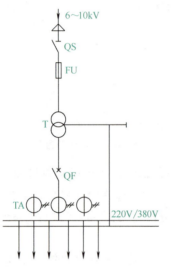

图 4-10 高压侧装隔离开关-熔断器或跌落式熔断器的变电所主接线

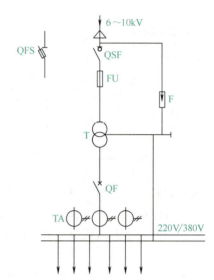

图 4-11 高压侧装负荷开关-熔断器的变电所主接线

3) 高压侧采用隔离开关-断路器控制的变电所主接线如图 4-12 所示。这种主接线由于采用了断路器,因此变电所的停电、送电操作灵活方便。

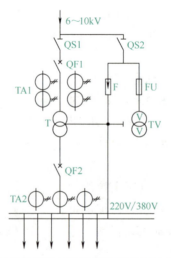

图 4-12 高压侧采用隔离开关-断路器控制的变电所主接线

4）两路进线、两台主变压器、高压侧无母线、低压侧单母线分段的变电所主接线如图 4-13 所示。这种主接线的供配电可靠性较高，可用于一、二级负荷。

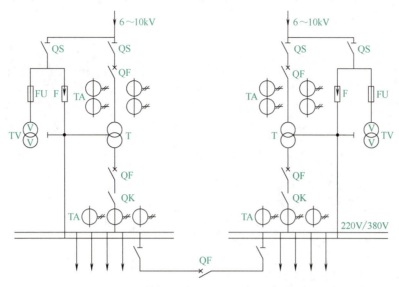

图 4-13　两路进线、两台主变压器、高压侧无母线、低压侧单母线分段的变电所主接线

5）一路进线、两台主变压器、高压侧无母线、低压侧单母线分段的变电所主接线如图 4-14 所示。这种主接线的供配电可靠性也较高，可用于二、三级负荷，如果有低压或高压联络线时，可用于一、二级负荷。

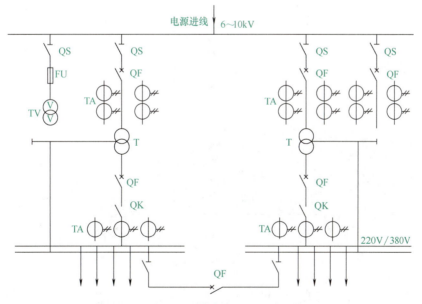

图 4-14　一路进线、两台主变压器、高压侧无母线、低压侧单母线分段的变电所主接线

6）两路进线、两台主变压器、高压侧和低压侧均为单母线分段的变电所主接线如图 4-15 所示。这种主接线的供配电可靠性高，可用于一、二级负荷。

3. 配电装置式主接线图

按照电能输送和分配的顺序用规定的符号和文字来表示设备的相互连接关系的主接线图称为原理

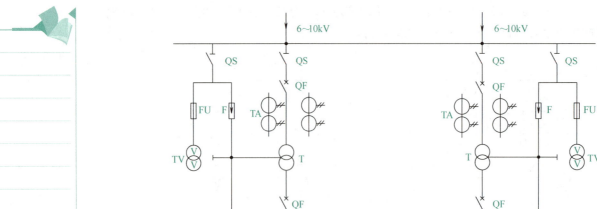

图 4-15 两路进线、两台主变压器、高压侧和低压侧均为单母线分段的变电所主接线

式主接线图，如图 4-16 所示。在工程设计的施工阶段，通常需要把主接线图转换成另外一种形式，根据高压或低压配电装置之间的相互连接和排列位置而画出的主接线图，如图 4-17 所示。这样才能便于成套配电装置的订货采购和安装施工。

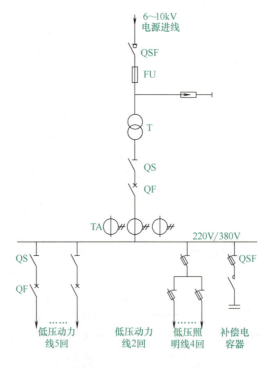

图 4-16 原理式主接线图

知识 4-5 高压配电系统设计

工厂企业内部电力线路按电压高低分为高压配电网络（1kV 以上的线路）和低压配电网络（1kV 以下的线路）。高压配电网络的作用是从总降压变电所向各车间变电所或高压用电设备供配电，低压配

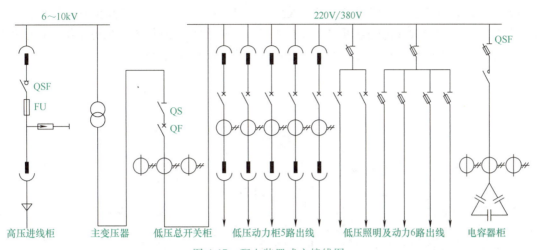

图 4-17　配电装置式主接线图

电网络的作用是从车间变电所向各用电设备供配电。高压配电网络的接线方式通常有放射式、树干式和环形三种类型。

1. 放射式接线

(1) 单回路放射式接线

所谓单回路放射式接线，就是由企业总降压变电所（或总配电所）6～10kV 母线上引出的每一条回路，直接向一个车间变电所或车间高压用电设备配电，沿线不分支接其他负荷，各车间变电所之间也无联系，如图 4-18 所示。

这种接线的优点是线路敷设简单，操作维护方便，保护简单，便于实现自动化；其缺点是总降压变电所的出线多，有色金属的消耗大，需用高压设备（开关柜）数量多，投资大，架空出线困难。

(2) 双回路放射式接线

按电源数目，双回路放射式接线又可分为单电源双回路放射式接线和双电源双回路放射式接线两种。

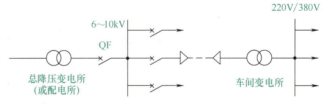

图 4-18　单回路放射式接线

1) 单电源双回路放射式接线。如图 4-19 所示，当一条线路发生故障或需检修时，另一条线路可以继续运行，保证了供配电，可适用于二级负荷。在故障情况下，这种接线从切除故障线路到再投入非故障线路恢复供配电的时间一般不超过 30min。对于允许极短停电时间，且容量较小的一级负荷，正常情况下，只投入一条线路，如果两回路均投入，一旦事故发生还需要检查是哪一根电缆故障；对于某些停电时间不允许过长的三级负荷也可采用这种接线。

2) 双电源双回路放射式接线。如图 4-20 所示，两条放射式线路连接在不同电源的母线上，当任一线路发生故障时，或任一电源发生故障时，该种接线方式均能保证供配电的不中断。

双电源双回路放射式接线从电源到负载都是双套设备投入工作，并且互为备用，其供配电可靠性较高，适用于容量较大的一、二级负荷，但这种接线投资大，出线和维护都更为困难、复杂。

另外，为提高单回路放射式接线系统的供配电可靠性，各车间变电所之间也可采用具有低压联络线的接线方式，如图 4-21 所示。此接线方式中的电压联络开关可采用自动投入装置，使两车间变电所通过联络线互为备用，供配电可靠性大大提高，确保各车间变电所一级负荷不停电。

(3) 带公共备用线的放射式接线

图 4-22 所示为具有公共备用线的放射式接线系统图，正常时备用线路不投入运行，当任何一回路

发生故障或检修时，可切除故障线路投入备用线路，"倒闸操作"后，可将其负荷切换到公共的备用线上恢复供配电。这种接线其供配电可靠性虽有所提高，但因投入公共备用线的操作过程中仍需短时停电，所以不能保证供配电的连续性。另外，这种接线的投资和有色金属消耗量也较大。

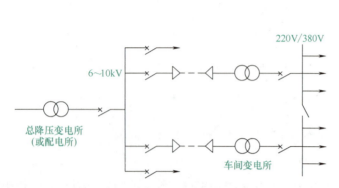

图 4-19 单电源双回路放射式接线

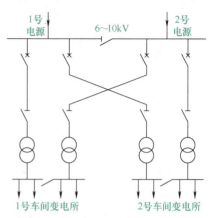

图 4-20 双电源双回路放射式接线

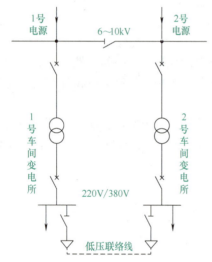

图 4-21 低压联络线的单回路放射式接线

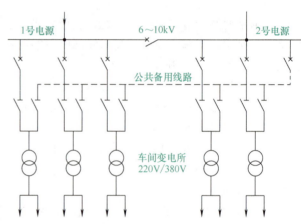

图 4-22 具有公共备用线的放射式接线系统图

2. 树干式接线

树干式接线可分为直接型树干式接线和链串型树干式接线两种。树干式接线的特点与放射式接线相反，一般情况下，树干式接线采用的开关设备较少，有色金属消耗量也较少；但当线路发生故障时，影响范围较大，因此供电可靠性较低。

（1）直接型树干式接线

由总降压变电所（或配电所）引出的每路高压配电干线，沿各车间厂房架空敷设，从干线上直接接出分支线引入车间变电所，称为直接型树干式接线，如图4-23a所示。

这种接线的优点是总降压变电所6~10kV的高压配电装置数量少，投资相应减少，出线简单，敷设方便，可节省有色金属，降低线路损耗。缺点是供配电可靠性差，任一处发生故障时，均将导致该干线上的所有车间变电所全部停电。因此，要求每回路高压线路直接引接的分支线路数目不宜太多，一般限制在5个回路以内，每条支线上的配电变压器的容量不宜超过315kV·A，这种接线方式只适用三级负荷。

（2）链串型树干式接线

在直接型树干式接线基础上，为提高供配电可靠性，可以采用链串型树干式接线，其特点是干线要引入到每个车间变电所的高压母线上，然后再引出，干线进出侧均安装隔离开关，如图 4-23b 所示。这种接线可以缩小断电范围。当图中 N 点发生故障时，干线始端总断路器 QF 跳闸，找出故障点后，只要拉开隔离开关 QS4，再合上 QF，便能很快恢复对 1 号和 2 号车间变电所供配电，从而缩小了停电范围，提高了供配电可靠性。

为了进一步提高树干式配电线路的供配电可靠性，可以采用以下改进措施：

1) 单侧供配电的双回路树干式接线。车间变电所从两条干线上同时引入电源，互为备用，如图 4-24 所示。供配电可靠性稍低于双回路放射式接线，但其节省投资；供配电可靠性较单回路树干式接线高，可供二、三级负荷。

2) 具有公共备用干线的树干式接线。如图 4-25 所示，当干线中的任一干线发生故障或检修时，可将该干线的负荷手动或自动切换到备用干线，恢复供配电，这种接线一般用于二、三级负荷供配电。

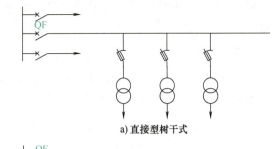
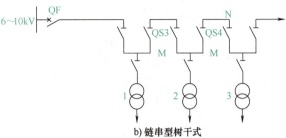

图 4-23 树干式接线

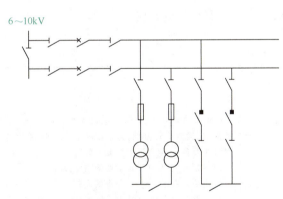

图 4-24 单侧供配电的双回路树干式接线

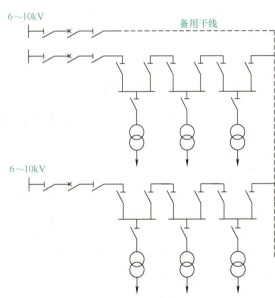

图 4-25 具有公共备用干线的树干式接线

3) 双侧供配电的单回路树干式接线。如图 4-26 所示，系统正常运行时可由一侧供配电，另一侧作为备用电源，最好在树干式接线中间负荷分界处（功率分点）断开，两侧分开供配电，以减少能耗，简化保护系统。当发生故障时，切除故障线段，恢复对其他负荷供配电。

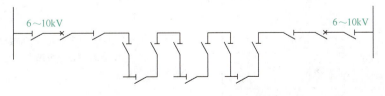

图 4-26 双侧供配电的单回路树干式接线

4)双侧供配电的双回路树干式接线。如图4-27所示,这种接线可靠性更高,主要向二级负荷供配电。

3. 环形接线

环形接线实质上是由两条链串型树干式接线的末端连接起来构成的,如图4-28所示。这种接线的优点是运行灵活、供配电可靠性高,适用于一、二级负荷的供配电系统。

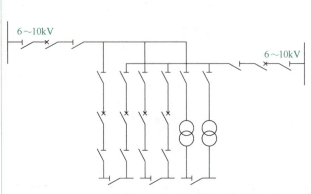

图 4-27 双侧供配电的双回路树干式接线

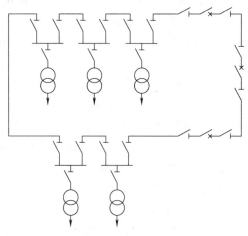

图 4-28 环形接线

高压环形接线实质上是两端供电的树干式接线,这种接线在现代城市电网中应用很广。为了避免线路发生故障时影响整个网络,也为了便于实现线路保护的选择性,环形接线中有一段断开,采用负荷开关,供电可靠性较高。在一段线路发生故障时,不致造成供电中断,但易发生误操作。

知识 4-6　低压配电系统设计

工厂低压配电系统与厂区高压配电线路的接线方式一样,也有放射式、树干式和环形等方式,见表4-13。

表 4-13　低压配电系统接线方式

放射式	配电线故障互不影响,供电可靠性较高。配电设备集中,检修比较方便,但系统灵活性较差,有色金属消耗较多,一般在下列情况下采用: 1)容量大、负荷集中或重要的用电设备 2)需要集中连锁起动、停车的设备 3)有腐蚀性介质和爆炸危险等环境,不宜将用电及保护起动设备放在现场者
树干式	配电设备及有色金属消耗较少,系统灵活性好,但干线故障时影响范围大

(续)

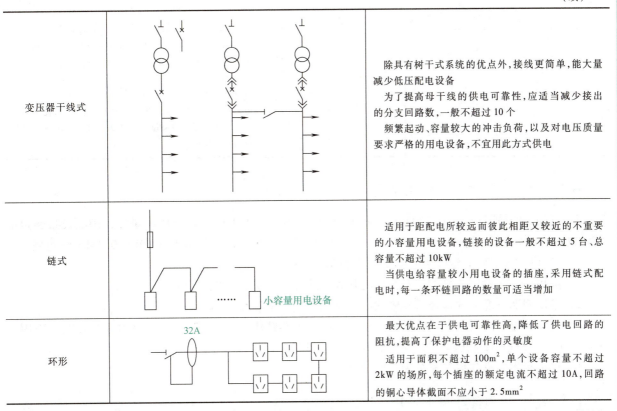

变压器干线式		除具有树干式系统的优点外,接线更简单,能大量减少低压配电设备 为了提高母干线的供电可靠性,应适当减少接出的分支回路数,一般不超过10个 频繁起动、容量较大的冲击负荷,以及对电压质量要求严格的用电设备,不宜用此方式供电
链式		适用于距配电所较远而彼此相距又较近的不重要的小容量用电设备,链接的设备一般不超过5台、总容量不超过10kW 当供电给容量较小用电设备的插座,采用链式配电时,每一条环链回路的数量可适当增加
环形		最大优点在于供电可靠性高,降低了供电回路的阻抗,提高了保护电器动作的灵敏度 适用于面积不超过100m²,单个设备容量不超过2kW的场所,每个插座的额定电流不超过10A,回路的铜心导体截面不应小于2.5mm²

4.2 项目准备

本项目实训需要的设备和软件如下:
1) 1台安装Windows 10操作系统的计算机。
2) 1套AutoCAD软件。

本项目在完成负荷分级及供电要求,供配电电压选择与电能质量,电力变压器选择,变配电所主接线设计,高、低压配电系统设计等项目知识准备的基础上,借助计算机及相关软件完成如下4个项目实训任务:

任务4-1 电压选择和电能质量。
任务4-2 电力变压器的选择。
任务4-3 高低压配电设计。
任务4-4 低压配电干线系统设计。

4.3 项目实训

"星城时代"居民小区为普通商品房,小区内负荷主要为三级负荷。工程概况见表4-14。

表4-14 工程概况

项 目		参 数	备 注
新建小区概况	住宅建筑面积/m²	60~120	"星城时代"住宅小区本期共建2栋住宅楼,均为18层,每栋住宅楼均为2个单元,共计住户288户,规划建筑总面积约30058m²
	住户数/套	288	

— 81 —

(续)

项 目		参 数	备 注
住宅用电负荷容量/(kW/户)		8	依据用户提供的资料,核算后本住宅区用电负荷为2304kW。根据供电方案要求,用电电源由110kV广胜变电站新建10kV广18晓达线路提供
电能计量	计量设备	单相智能电能表5(60)A	居民用电采用一表一户,电能表安装在每层电井内,便于集中管理。考核计量用电流互感器准确等级为0.2级。所有计量装置必须具备防窃电功能
	设备数目/台	292	

任务 4-1 电压选择和电能质量

本工程的总有功负荷只有 2304kW,故采用 10kV 供电。本工程为高层居民建筑,用电设备额定电压为 220V/380V,低压配电距离最长不大于 150m。所以,本工程只新建 1 座 10kV/0.38kV 配电室。

本工程将采取下列措施以使电能质量满足规范要求:

1)选用 Dyn11 联结组别的三相配电变压器,采用+5%无励磁调压分接头。
2)采用铜芯电缆,选择合适导体截面,将电压损失限制在 5%以内。
3)气体放电灯采用低谐波电子镇流器或节能型电感镇流器,并就地无功功率补偿,使其功率因数不小于 0.9。在配电室低压侧采用集中补偿,自动投切。
4)将单相用电设备均匀分布于三相配电系统中。

任务 4-2 电力变压器的选择

本工程变压器按配置系数等于 0.5 进行容量选择,即变压器容量 $S_L \geqslant 2304 \times 0.5 = 1152(kV \cdot A)$ 即满足要求,为保证工程供电可靠性,采用两台变压器,单台变压器容量为 630kV·A。

本工程为一般高层居民建筑,采用 SCB10 型三相双绕组干式变压器,联结组标号 Dyn11,无励磁调压,电压比为 10(+5%)kV/0.4kV。变压器外壳防护等级选用 IP2X。SCB10 型干式变压器符合 GB 20052—2020《电力变压器能效限定值及能效等级》的要求。无功功率补偿按大于等于变压器容量的 30%配备,即单台变压器配备 200kvar 无功功率补偿,其中 160kvar 三相补偿、40kvar 单相补偿。

"星城时代"居民小区的电气主接线如图 4-29 所示。

电源 T 接新建 10kV 广 18 晓达线 25#杆,采用 ZC-YJV22-8.7/15-3×95 型电力电缆,沿小区新建电缆通道辐射至居民配电室高压进线柜,长度约 305m。

任务 4-3 高低压配电设计

本工程配电室内安装有 CCFF 户内环网柜 4 台,SCB10-630kV·A 干式电力变压器 2 台,固定式低压开关柜 7 面。配电室高压

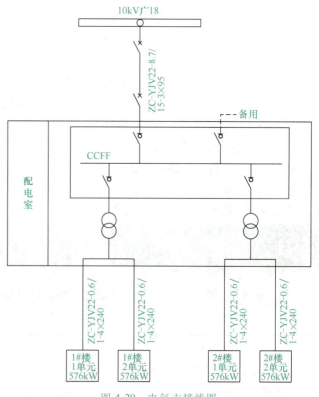

图 4-29 电气主接线图

10kV系统配置图如图4-30所示，低压0.4kV系统配置图如图4-31所示，电气平面布置如图4-32所示。

高压开关柜型号	SF6气体全绝缘负荷开关柜(CCFF)			
一次主接线 电压等级:10kV 主母线:TMY-40×8				
编号	G1	G2	G3	G4
额定电压	12kV	12kV	12kV	12kV
间隔名称	10kV电源进线	备用	1#变压器630kV·A	2#变压器630kV·A
负荷开关	630A,20kV	630A,20kV	125A,20kV	125A,20kV
熔断器			63A,3只	63A,3只
避雷器 YH5WS-17/45	1组	1组	1组	1组
电流互感器 LZZBJ9-10	200/5,0.5级	200/5,0.5级	75/5,0.5级	75/5,0.5级
带电显示器 DXN1B-12	1只	1只	1只	1只

图4-30 配电室高压10kV系统配置图

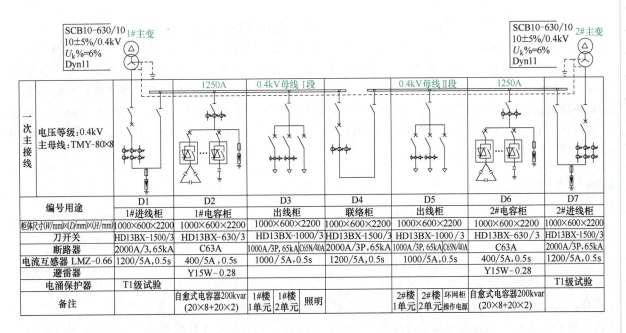

编号用途	D1	D2	D3	D4	D5	D6	D7
	1#进线柜	1#电容柜	出线柜	联络柜	出线柜	2#电容柜	2#进线柜
柜体尺寸(W/mm)×(D/mm)×(H/mm)	1000×600×2200	1000×600×2200	1000×600×2200	1000×600×2200	1000×600×2200	1000×600×2200	1000×600×2200
刀开关	HD13BX-1500/3	HD13BX-630/3	HD13BX-1000/3	HD13BX-1500/3	HD13BX-1000/3	HD13BX-630/3	HD13BX-1500/3
断路器	2000A/3,65kA	C63A	1000A/3P,65kA	C65N/40A	2000A/3,65kA	1000A/3P,65kA	C65N/40A	C63A	2000A/3P,65kA
电流互感器 LMZ-0.66	1200/5A,0.5s	400/5A,0.5s	1000/5A,0.5s		1200/5A,0.5s	1000/5A,0.5s	400/5A,0.5s	1200/5A,0.5s
避雷器		Y15W-0.28					Y15W-0.28
电涌保护器	T1级试验						T1级试验
备注		自愈式电容器200kvar (20×8+20×2)	1#楼 1单元	1#楼 2单元	照明	2#楼 1单元	2#楼 2单元	环网柜 操作电源	自愈式电容器200kvar (20×8+20×2)

图4-31 低压0.4kV系统配置图

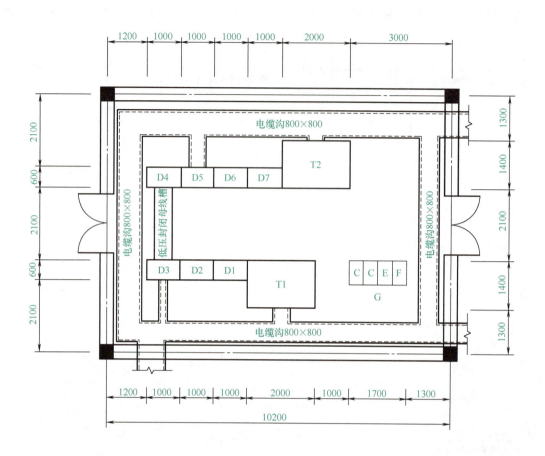

图 4-32 电气平面布置图

任务 4-4 低压配电干线系统设计

本工程低压电缆采用电缆沟方式敷设，从配电室通过低压柜后，通过电缆沟至各楼层强电井内始端箱，再通过插接电缆 WDZC-YJY-0.6/1-4×35 从密集母线的插接箱接至电表箱，电表箱选用耐腐蚀、耐高温、环保、可回收再生塑料聚碳酸酯和耐受外力强的工程塑料，厚度≥4mm。箱体由箱底和箱盖组成。在箱体上应设计有铅封、塑封和挂锁位置，以满足不同的防窃电器具的安装和管理。箱体要求有对流通风口，箱体空间为通透结构，应配进线电缆进线接入端子，满足塑壳式断路器（100A）和分线盒的合理安装。1#楼 1 单元、2 单元和 2#楼 1 单元、2 单元的电力负荷配电干线图分别如图 4-33a～d 所示，层间配电箱系统图如图 4-34 所示。

> **素养提升**

著名工业与民用建筑电气技术专家——王厚余

王厚余是我国著名工业与民用建筑电气技术专家，国际电工委员会 IEC/TCC4 中国归口委员会及全国建筑物电气装置标准化技术委员会顾问。他一直致力于低压电气装置国际电工标准宣传推广工作，足迹遍布 28 个省市，为提高我国建筑物电气装置技术水平做出了卓越贡献。

他参与编制《供配电系统设计规范》《低压配电设计规范》《飞机库设计防火规范》等国家标准，并参与编写《工业与民用配电设计手册》。

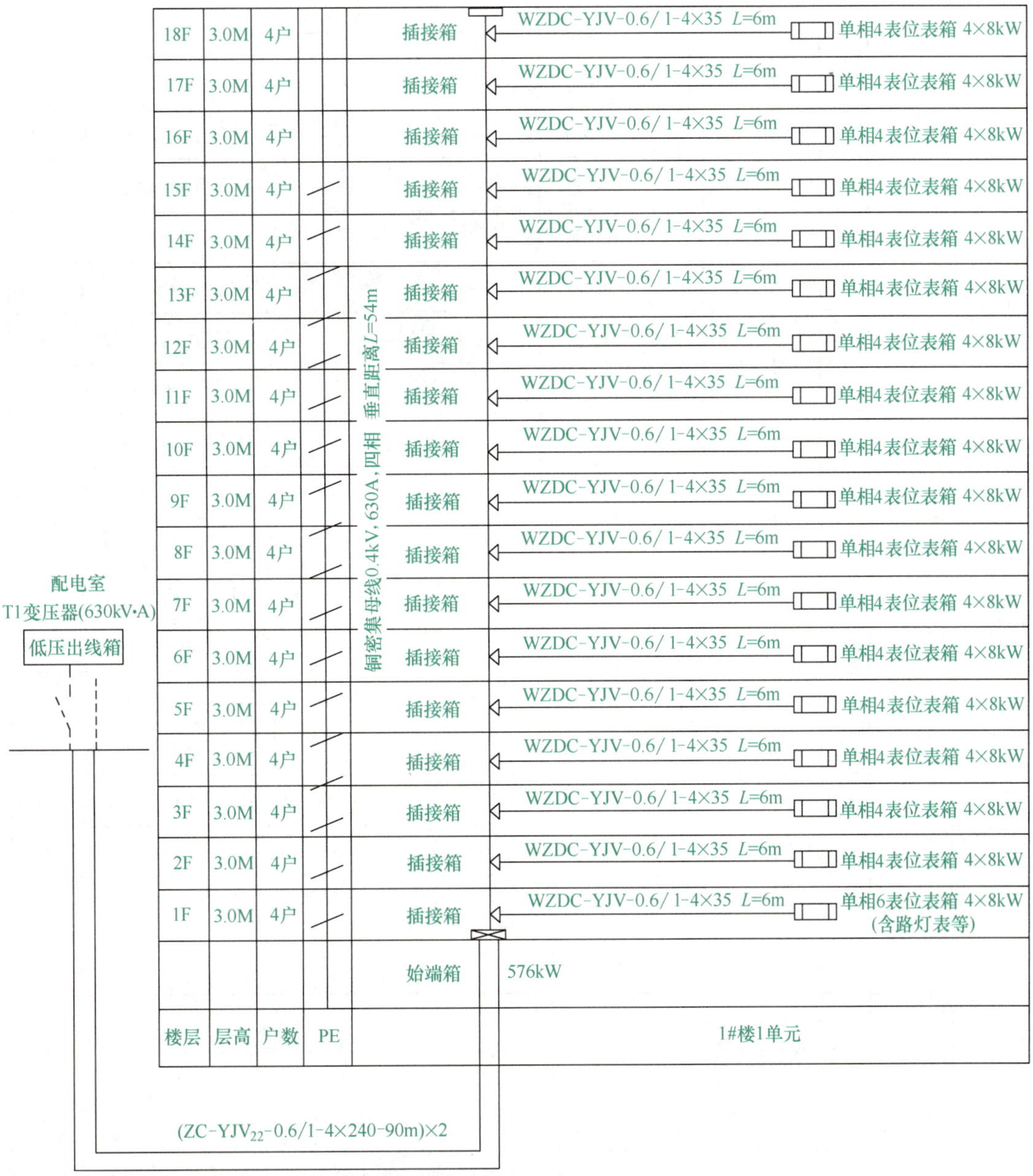

楼层	层高	户数	PE				
18F	3.0M	4户		插接箱	WZDC-YJV-0.6/1-4×35 L=6m	单相4表位表箱 4×8kW
17F	3.0M	4户		插接箱	WZDC-YJV-0.6/1-4×35 L=6m	单相4表位表箱 4×8kW
16F	3.0M	4户		插接箱	WZDC-YJV-0.6/1-4×35 L=6m	单相4表位表箱 4×8kW
15F	3.0M	4户		插接箱	WZDC-YJV-0.6/1-4×35 L=6m	单相4表位表箱 4×8kW
14F	3.0M	4户		插接箱	WZDC-YJV-0.6/1-4×35 L=6m	单相4表位表箱 4×8kW
13F	3.0M	4户		插接箱	WZDC-YJV-0.6/1-4×35 L=6m	单相4表位表箱 4×8kW
12F	3.0M	4户		插接箱	WZDC-YJV-0.6/1-4×35 L=6m	单相4表位表箱 4×8kW
11F	3.0M	4户		插接箱	WZDC-YJV-0.6/1-4×35 L=6m	单相4表位表箱 4×8kW
10F	3.0M	4户		插接箱	WZDC-YJV-0.6/1-4×35 L=6m	单相4表位表箱 4×8kW
9F	3.0M	4户		插接箱	WZDC-YJV-0.6/1-4×35 L=6m	单相4表位表箱 4×8kW
8F	3.0M	4户		插接箱	WZDC-YJV-0.6/1-4×35 L=6m	单相4表位表箱 4×8kW
7F	3.0M	4户		插接箱	WZDC-YJV-0.6/1-4×35 L=6m	单相4表位表箱 4×8kW
6F	3.0M	4户		插接箱	WZDC-YJV-0.6/1-4×35 L=6m	单相4表位表箱 4×8kW
5F	3.0M	4户		插接箱	WZDC-YJV-0.6/1-4×35 L=6m	单相4表位表箱 4×8kW
4F	3.0M	4户		插接箱	WZDC-YJV-0.6/1-4×35 L=6m	单相4表位表箱 4×8kW
3F	3.0M	4户		插接箱	WZDC-YJV-0.6/1-4×35 L=6m	单相4表位表箱 4×8kW
2F	3.0M	4户		插接箱	WZDC-YJV-0.6/1-4×35 L=6m	单相4表位表箱 4×8kW
1F	3.0M	4户		插接箱	WZDC-YJV-0.6/1-4×35 L=6m	单相6表位表箱 4×8kW（含路灯表等）
				始端箱	576kW	
楼层	层高	户数	PE		1#楼1单元	

铜密集母线0.4kV, 630A, 四相，垂直距离L=54m

配电室 T1变压器(630kV·A) 低压出线箱

(ZC-YJV$_{22}$-0.6/1-4×240-90m)×2

a) 1#楼1单元的电力负荷配电干线图

图4-33 电力负荷配电干线图

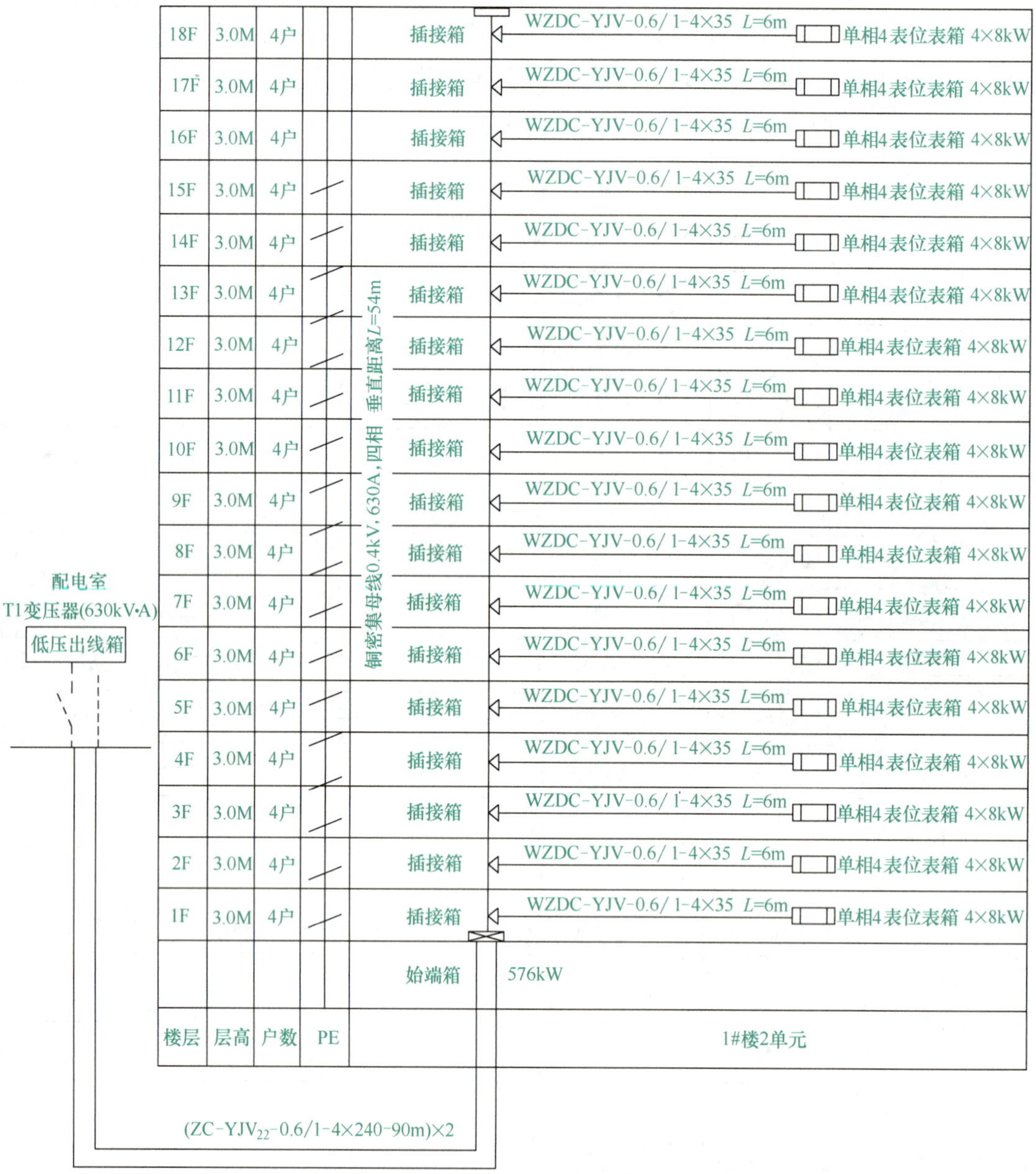

楼层	层高	户数	PE			
18F	3.0M	4户		插接箱	WZDC-YJV-0.6/1-4×35 L=6m	单相4表位表箱 4×8kW
17F	3.0M	4户		插接箱	WZDC-YJV-0.6/1-4×35 L=6m	单相4表位表箱 4×8kW
16F	3.0M	4户		插接箱	WZDC-YJV-0.6/1-4×35 L=6m	单相4表位表箱 4×8kW
15F	3.0M	4户		插接箱	WZDC-YJV-0.6/1-4×35 L=6m	单相4表位表箱 4×8kW
14F	3.0M	4户		插接箱	WZDC-YJV-0.6/1-4×35 L=6m	单相4表位表箱 4×8kW
13F	3.0M	4户	铜密集母线0.4kV、630A，四相 垂直距离L=54m	插接箱	WZDC-YJV-0.6/1-4×35 L=6m	单相4表位表箱 4×8kW
12F	3.0M	4户		插接箱	WZDC-YJV-0.6/1-4×35 L=6m	单相4表位表箱 4×8kW
11F	3.0M	4户		插接箱	WZDC-YJV-0.6/1-4×35 L=6m	单相4表位表箱 4×8kW
10F	3.0M	4户		插接箱	WZDC-YJV-0.6/1-4×35 L=6m	单相4表位表箱 4×8kW
9F	3.0M	4户		插接箱	WZDC-YJV-0.6/1-4×35 L=6m	单相4表位表箱 4×8kW
8F	3.0M	4户		插接箱	WZDC-YJV-0.6/1-4×35 L=6m	单相4表位表箱 4×8kW
7F	3.0M	4户		插接箱	WZDC-YJV-0.6/1-4×35 L=6m	单相4表位表箱 4×8kW
6F	3.0M	4户		插接箱	WZDC-YJV-0.6/1-4×35 L=6m	单相4表位表箱 4×8kW
5F	3.0M	4户		插接箱	WZDC-YJV-0.6/1-4×35 L=6m	单相4表位表箱 4×8kW
4F	3.0M	4户		插接箱	WZDC-YJV-0.6/1-4×35 L=6m	单相4表位表箱 4×8kW
3F	3.0M	4户		插接箱	WZDC-YJV-0.6/1-4×35 L=6m	单相4表位表箱 4×8kW
2F	3.0M	4户		插接箱	WZDC-YJV-0.6/1-4×35 L=6m	单相4表位表箱 4×8kW
1F	3.0M	4户		插接箱	WZDC-YJV-0.6/1-4×35 L=6m	单相4表位表箱 4×8kW
				始端箱	576kW	
楼层	层高	户数	PE		1#楼2单元	

配电室 T1变压器(630kV·A) 低压出线箱

(ZC-YJV$_{22}$-0.6/1-4×240-90m)×2

b) 1#楼2单元的电力负荷配电干线图

图4-33 电力负荷配电干线图（续）

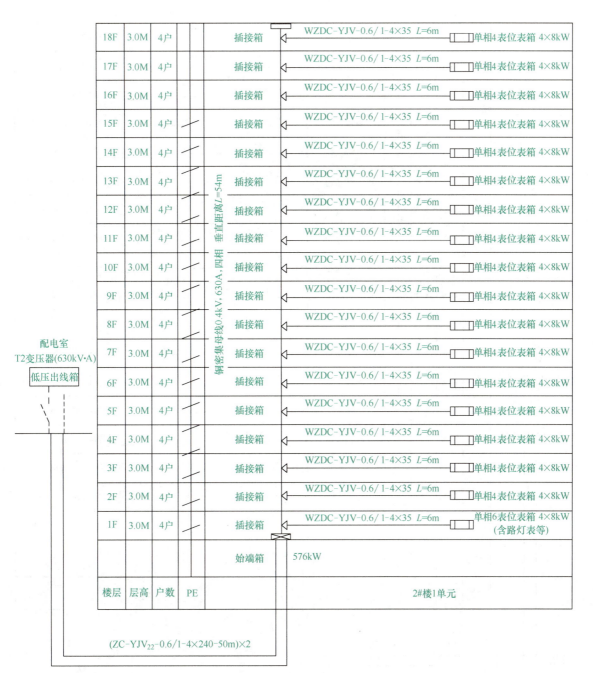

c) 2#楼1单元的电力负荷配电干线图

图 4-33 电力负荷配电干线图（续）

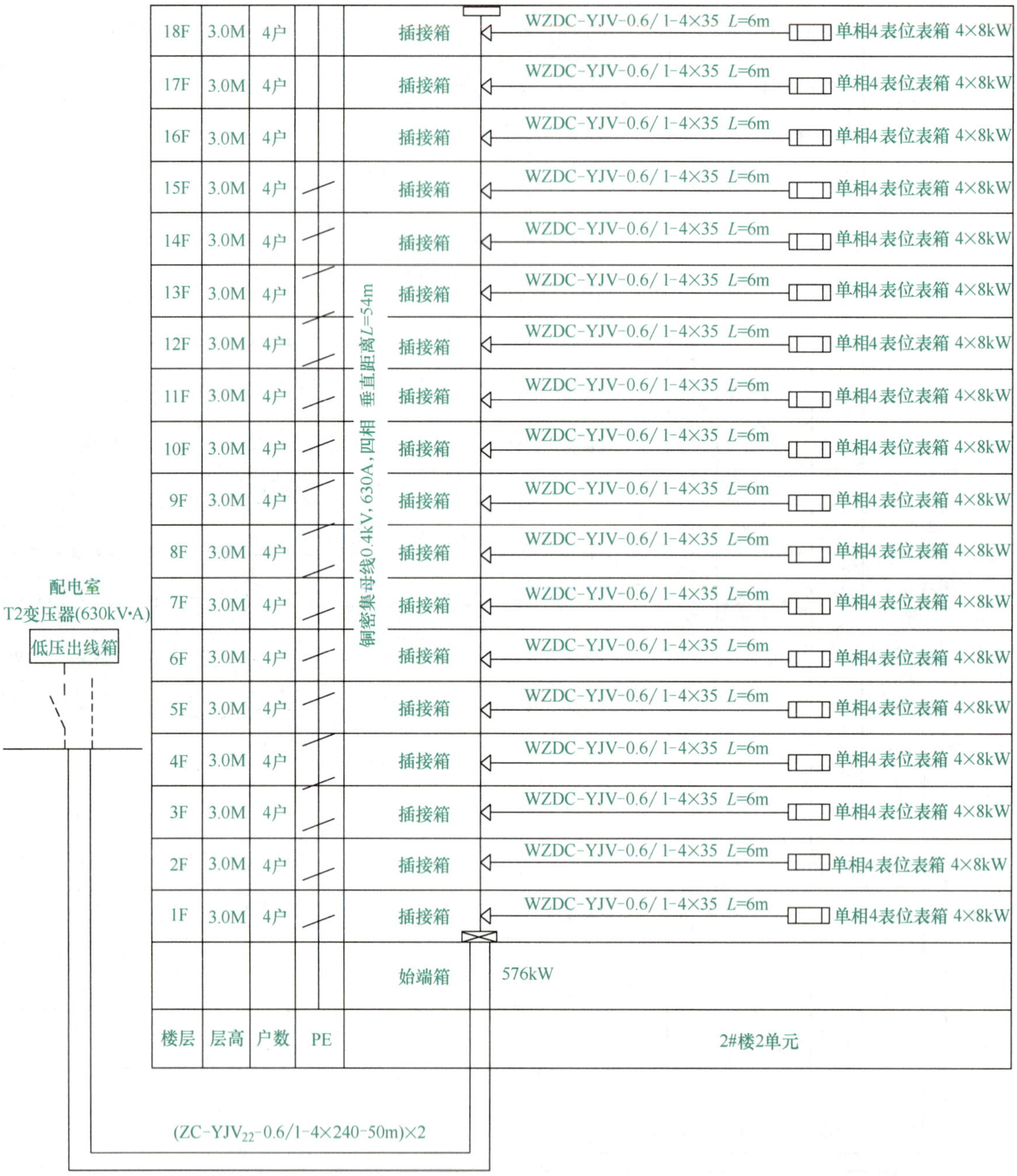

楼层	层高	户数	PE			
18F	3.0M	4户		插接箱 ◁	WZDC-YJV-0.6/1-4×35 L=6m	单相4表位表箱 4×8kW
17F	3.0M	4户		插接箱 ◁	WZDC-YJV-0.6/1-4×35 L=6m	单相4表位表箱 4×8kW
16F	3.0M	4户		插接箱 ◁	WZDC-YJV-0.6/1-4×35 L=6m	单相4表位表箱 4×8kW
15F	3.0M	4户		插接箱 ◁	WZDC-YJV-0.6/1-4×35 L=6m	单相4表位表箱 4×8kW
14F	3.0M	4户		插接箱 ◁	WZDC-YJV-0.6/1-4×35 L=6m	单相4表位表箱 4×8kW
13F	3.0M	4户		插接箱 ◁	WZDC-YJV-0.6/1-4×35 L=6m	单相4表位表箱 4×8kW
12F	3.0M	4户		插接箱 ◁	WZDC-YJV-0.6/1-4×35 L=6m	单相4表位表箱 4×8kW
11F	3.0M	4户		插接箱 ◁	WZDC-YJV-0.6/1-4×35 L=6m	单相4表位表箱 4×8kW
10F	3.0M	4户		插接箱 ◁	WZDC-YJV-0.6/1-4×35 L=6m	单相4表位表箱 4×8kW
9F	3.0M	4户		插接箱 ◁	WZDC-YJV-0.6/1-4×35 L=6m	单相4表位表箱 4×8kW
8F	3.0M	4户		插接箱 ◁	WZDC-YJV-0.6/1-4×35 L=6m	单相4表位表箱 4×8kW
7F	3.0M	4户		插接箱 ◁	WZDC-YJV-0.6/1-4×35 L=6m	单相4表位表箱 4×8kW
6F	3.0M	4户		插接箱 ◁	WZDC-YJV-0.6/1-4×35 L=6m	单相4表位表箱 4×8kW
5F	3.0M	4户		插接箱 ◁	WZDC-YJV-0.6/1-4×35 L=6m	单相4表位表箱 4×8kW
4F	3.0M	4户		插接箱 ◁	WZDC-YJV-0.6/1-4×35 L=6m	单相4表位表箱 4×8kW
3F	3.0M	4户		插接箱 ◁	WZDC-YJV-0.6/1-4×35 L=6m	单相4表位表箱 4×8kW
2F	3.0M	4户		插接箱 ◁	WZDC-YJV-0.6/1-4×35 L=6m	单相4表位表箱 4×8kW
1F	3.0M	4户		插接箱 ◁	WZDC-YJV-0.6/1-4×35 L=6m	单相4表位表箱 4×8kW
				始端箱	576kW	2#楼2单元

铜密集母线0.4kV, 630A, 四相 垂直距离 $L=54\text{m}$

配电室 T2变压器(630kV·A) 低压出线箱

$(ZC\text{-}YJV_{22}\text{-}0.6/1\text{-}4\times240\text{-}50\text{m})\times 2$

d) 2#楼2单元的电力负荷配电干线图

图 4-33 电力负荷配电干线图（续）

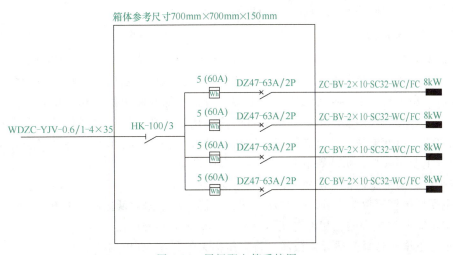

图 4-34　层间配电箱系统图

4.4 项目练习：机场供配电系统一次设计

4.4.1 项目背景

某设计院接到任务，需对某机场航站楼进行智能供配电系统设计。本阶段完成供配电电压选择、电力变压器选择、变配电所主接线设计和高低压配电系统设计。工程概况见项目3中的3.4.1，负荷计算结果见表3-13。

4.4.2 项目要求

从全局出发，统筹兼顾，按照负荷性质、用电容量、工程特点和地区供电条件，合理设计机场变电站一次方案。主要设计内容包括如下几点：
1）负荷等级及供电电源选择。
2）电压选择与电能质量。
3）电力变压器选择。
4）电气主接线设计。
5）低压配电干线系统设计。

4.4.3 项目步骤

1. 负荷等级及供电电源选择

（1）负荷等级及容量

根据相关设计规范规定，本工程航管楼、塔台、变电站的用电负荷属于一级负荷，其中工艺用电设备、消防、应急照明为一级负荷中特别重要的负荷。

根据项目3的负荷计算结果可知，本工程装机容量674kW，计算有功功率556kW，其中特别重要负荷容量为400kW，计算负荷为374kW。

（2）供电电源

本工程二路高压10kV电源分别引自机场新建的35kV中心变电站的不同母排，进线电缆直埋入户，电压等级10kV。对于特别重要的负荷，另设置一台柴油发电机组，作为二路市电断电时的应急电源。对于工艺设备，还设置不间断电源UPS，两组四套容量为120kV·A的不间断电源UPS，两两并联冗余，电池持续供电时间30min，以保证这些系统的可靠运行。

2. 电压选择与电能质量

本工程的总有功负荷只有674kW，故采用10kV供电。航管楼用电均由新建变电站提供，用电设备额定电压为220V/380V。低压配电形式以放射式为主。在主楼一层门卫室设一只配电箱，供一层的照明和动力用电；在主楼二至四层各设楼层配电间，放置照明和动力配电箱，供各楼层照明和动力用电；在塔台一层配电间内设照明配电箱，供塔台的照明用电，在塔台休息层设动力配电箱，供塔台的动力用电。配电线路由变电站直埋进航管楼后穿桥架敷设至各楼层配电箱。工艺设备、消防、应急疏散照明等均设双电源切换柜，由两路电源供电至末端后自动切换。

本工程将采取下列措施以使电能质量满足规范要求：

1）在变电所低压侧采取集中补偿，自动投切，补偿后功率因数低压侧达0.92。

2）选用Dyn11联结组别的三相配电变压器，采用±5%无励磁调压分接头。

3）采用铜芯电缆，选择合适导体截面，将电压损失限制在5%以内。

4）气体放电灯采用低谐波电子镇流器或节能型电感镇流器，并就地无功功率补偿使其功率因数不小于0.9。

5）将单相用电设备均匀分布于三相配电系统中。

6）照明与电力配电回路分开。对较大容量的电力设备如电梯、空调机组、水泵等采用专线供电。

3. 电力变压器选择

（1）变压器型式及台数

本工程变电所位于单体建筑室内，故采用SCB13型三相双绕组干式变压器，联结组标号Dyn11无励磁调压，电压比10±2×2.5%/0.4kV。考虑到与开关柜布置在同一房间内，变压器外壳防护等级选用IP2X。SCB13型干式变压器符合GB 20052—2020《电力变压器能效限定值及能效等级》中二级能效标准。

因本工程具有较大容量的一级负荷，故采用两台及以上变压器。

（2）变压器容量选择

本工程总视在计算负荷为556kV·A（$\cos\varphi = 0.92$）。选择两台等容量变压器，每台变压器容量按不小于556kV·A要求选择，为630kV·A。正常运行时，高压侧电源同时供电，分别运行，不设母联，低压侧单母线分段运行，两台变压器同时运行，互为备用，当一路电源发生故障时，低压联络开关自动合闸，另一台变压器可带全部负荷。当一台变压器供全部负荷时，单台变压器负载率为88%。变压器负荷计算及补偿装置选择见项目3。

4. 电气主接线设计

（1）电气主接线形式及运行方式

本工程变电站的两路10kV外供电源可同时供电，并设有两台变压器。因此，高压侧电气主接线有两种方案供选。

1）采用双回路线路-变压器组接线形式，运行方式如下：

正常运行时，由10kV电源A和电源B同时供电，两个电源各承担一半负荷。当任一电源故障或检修时，由另一电源承担全部负荷。此方案供电可靠性高、经济性好，灵活性好。

2）采用单母线分段接线形式，运行方式如下：

正常运行时，由10kV电源A和电源B同时供电，母线联络断路器（简称母联断路器）断开，两个电源各承担一半负荷。当电源B故障或检修时，闭合母联断路器，由电源A承担全部负荷；当电源A故障或检修时，闭合母联断路器，由电源B承担全部负荷。此方案的供电可靠性高、灵活性好，但经济性稍差。

综上分析，本工程变电站高压侧电气主接线采用方案一，即采用双回路线路-变压器组接线形式。

两路高压电源同时供电，分别运行，不设母联。

（2）开关柜型式及配置

因本工程变压器容量较大，故主开关采用真空断路器，高压开关柜采用 ZS1 型金属铠装中置式手车柜。电源进线第一台柜为进线断路器柜，第二台柜为电压互感器柜，第三台为变压器柜。高压柜的操作电源为交流操作系统。

（3）电气主接线图绘制

本工程变电站施工阶段的高压侧电气主接线图如图 4-35 所示。

根据《建筑工程设计文件编制深度规定》（2016 版）的要求，图中注明了母线的型号、规格；标明断路器、互感器、熔断器、避雷器等型号、规格。图下方表格标注了开关柜编号与型号、回路编号、设备容量、计算电流、导体型号及规格、继电保护方案、用途、开关柜尺寸等。

绘制电气主接线图时，应注意使图中高压开关相的排列与平面布置图中操作方向正视图保持一致。

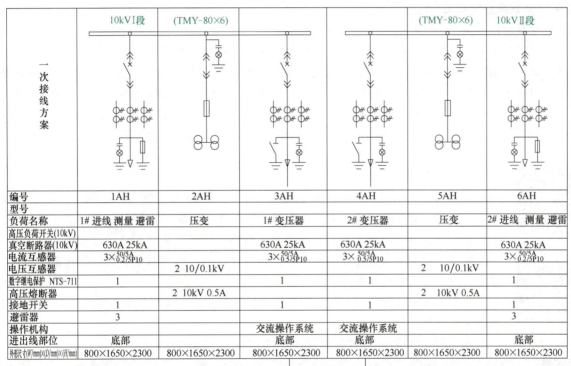

图 4-35 变电站施工阶段的高压侧电气主接线图

5. 低压配电干线系统设计

（1）电气主接线形式及运行方式

变电所设有两台变压器，因此，低压配电系统电气主接线也采用单母线分段形式。

运行方式如下：正常运行时，两台变压器同时运行，互为备用。当任一台变压器故障或检修时，低压联络开关自动合闸，另一台变压器可带全部负荷。

柴油发电机机房内设一台常载功率为 440kW、备载功率为 550kV·A 的柴油发电机，当二路电源发生故障时，发电机供特别重要负荷用电，并带自动检测和气动功能，要求在市电断电后 15s 内起动并带负荷运行。

（2）开关柜型式及配置

低压进线断路器、母联断路器及大容量出线断路器采用框架式断路器，低压出线断路器采用塑壳式断路器，低压配电屏采用 MNS3.0 型抽出式开关柜。MNS3.0-0.4K 开关柜抽屉层的抽出组件规格有 8E/4、8EZ2、4E、8E、12E、16E、20E、24E 等，根据出线回路的负荷及开关配置相应选择。

开关柜配置要求如下：

1）所有自动开关均应在柜面上能直接操作（不需打开柜门）。

2）当进线柜中任一路电源失电时，进线开关应有失压保护。

3）当Ⅰ段或Ⅱ段母排的任一路进线开关分闸时，为保证进线可靠分段，母联柜的联络开关延时 0.1s 自动合闸，要求进线开关中本身所带辅助触头与联络开关联锁。进线开关与联络开关互投不自复。

4）联络柜应有防止重合闸功能。当电源故障排除后，要求手动恢复，进线开关应在联络开关可靠分断后才合上。进线开关与联络开关之间做好电气联锁。

5）除配电柜 2EAT~4EAT、9AT~11AT 的出线回路外，其他回路均带分励脱扣。当火灾发生时，由消防报警系统控制相关回路分断。

6）所有出线开关柜 IM300 配网络电力仪表。

7）进线开关采用三段式保护，除单相负荷外，所有出线开关均为四极。

8）柴油发电机控制柜要求如下功能：①柴油发电机与市电之间采用 ATS 开关，并要求同时具有手/自动切换功能。②柴油发电机控制柜具有自动检测功能，当检测到Ⅲ段母排（重要负荷）失电时，15s 内起动，柴油发电机与市电之间的自动转换开关延时接通柴油发电机侧，由柴油发电机供重要负荷用电。当电源故障排除后，要求手动恢复。③在开关切换过程中的间隙断电，由 UPS 保证工艺设备用电。

低压系统图 1

低压系统图 2

（3）电气主接线图绘制

根据《建设工程设计文件编制深度规定》（2016 版）的要求，图中注明了母线的型号、规格；标明断路器、电流互感器、熔断器、熔断器式开关、接触器、热继电器、电容器、避雷器（电涌保护器）等型号、规格。图下方表格标注了开关柜编号与型号、回路编号、设备容量、计算电流、导体型号及规格、电气测量方案、用途及配电范围、小室高度、开关柜尺寸等。

绘制电气主接线图时，应注意使图中低压开关柜的排列与平面布置图中操作方向正视图保持一致。

本工程变电所施工阶段的低压侧电气主接线图可扫码查看。

4.5 项目评价

项目评价表见表 4-15。

表 4-15 项目评价表

考核点	评价内容	分值	评分	备注
知识	请扫描二维码,完成知识测评	10 分		
技能	负荷等级及供电电源	80 分		依据项目练习评价
	电压选择与电能质量			
	电力变压器选择			
	变电站电气主接线设计			
	低压配电干线系统设计			

（续）

考核点	评价内容	分值	评分	备注
素质	工位保持清洁，物品整齐	10分		
	着装规范整洁，佩戴安全帽			
	操作规范，爱护设备			
	遵守6S管理规范			
总分				
项目反馈				

项目学习情况：

心得与反思：

项目 5

短路计算及设备选择

> **项目导入**

某设计院接到任务,需对某机场航站楼进行智能供配电系统设计。在项目3和项目4中,我们已完成负荷计算、供配电系统一次设计,现需要进行短路计算,正确选择和校验电气设备,准确地整定供配电系统的保护装置,避免在短路电流作用下损坏电气设备,确保供配电系统中出现短路时,保护装置能可靠工作。

> **项目目标**

知识目标

1)了解短路的定义、原因、类型及危害。
2)了解标幺值及电力系统各主要元件的电抗标幺值。
3)熟悉供配电系统相关电气设备和选用方法。

技能目标

1)能进行短路电流计算。
2)能进行高低压开关电器选型。

素质目标

1)学习电力系统继电保护专家杨奇逊回国任教、潜心研究的事迹,弘扬技能宝贵、技能报国、创造伟大的时代精神。

2)继电保护的动作特性与中国传统未雨绸缪思想结合,在计算保护参数时需要留有裕度,理论联系实际,培养学生学以致用的能力。

5.1 项目知识

知识 5-1 高压网络短路计算

1. 短路的定义、原因、类型及危害

(1)短路的定义

电力系统中的故障,大多是由于短路造成的。短路是指三相系统中相与相之间或相与地之间(非有效接地系统)通过电弧或其他小阻抗形成的非正常连接。

(2)短路的原因

电力系统中,产生短路的原因很多,归纳起来主要有以下几个方面。

1)电气设备载流部分的绝缘损坏。造成电气设备或装置绝缘损坏的主要原因是设计有缺陷、安装不合格或维护不当等。如,电气设备的预防性试验没能按照规定时间如期进行,不能及时发现绝缘隐患,可能会在运行中由于绝缘损坏而造成短路事故。

2)外界原因造成电气装置或电气设备的绝缘损坏。如架空输电线断线和倒杆事故或挖沟时损伤电缆而引起短路事故。

3）运行人员不遵守安全工作规程和运行规程而造成的误操作。如带负荷拉开或合上隔离开关、带地线（接地开关）合闸以及误将挂地线的设备投入运行造成短路事故。

4）其他意外原因。如鸟兽跨接于裸露的导体之间，造成短路事故。

（3）短路的类型

电力系统中的短路的基本类型有三相短路、两相短路、两相接地短路和单相短路等。短路的基本类型和符号如图 5-1 所示。

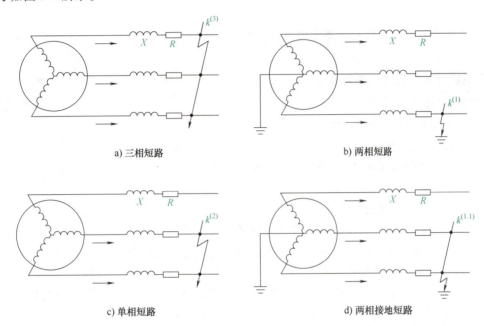

图 5-1　短路的基本类型和符号

三相短路时，三相系统仍然保持对称，故称为对称短路。除三相短路外，以其他几种形式短路时，三相系统的对称性遭到破坏，所以这些类型的短路也就称为不对称短路。

运行经验表明，在中性点直接接地系统中，以单相短路故障为最多。根据电力系统有关资料统计，单相短路故障发生的概率在 85% 以上，而三相短路发生的概率只有约 5%。虽然各种相间短路所占比例较小，但造成的后果比较严重，尤其是三相短路。本项目主要分析三相短路时的短路电流计算，而不对称短路时的短路电流计算是在三相短路电流计算的基础上进行的。

（4）短路的危害

短路对电力系统的危害主要有以下几方面。

1）电力系统发生短路时，短路回路的电流急剧增大。急剧增大的短路电流可能达到正常负荷电流的十几倍甚至几十倍，数值可能达到几万 A 甚至几十万 A。巨大的短路电流通过导体时，一方面会使导体严重发热，造成导体过热甚至熔化，进一步损坏设备绝缘；另一方面，巨大的短路电流还会产生很大的电动力作用于导体，使导体遭到机械方面的损坏，造成设备变形甚至破裂。

2）短路时往往伴随有电弧的产生。能量极大、温度极高的电弧不仅可能烧坏故障元件本身，还可能烧坏周围设备或危及人身安全。

3）电力系统发生短路时，由于短路电流来势迅猛，电路中的阻抗主要是感性的，因此，短路电流基本上是感性的。它所产生的去磁的电枢反应，使发电机的端电压下降。同时巨大的短路电流会增大电力系统中各元件的电压损失，使系统电压大幅度下降，严重时可能造成电力系统电压崩溃甚至系统瓦解，出现大面积停电的严重事故。

4）短路时，电力系统中功率分布的突然变化和电压严重下降，可能破坏各发电机并列运行的稳定性，使整个系统被分裂成不同步运行的几个部分。这时某些发电机可能过负荷，因此必须切除部分负荷，另一些发电机可能由于功率送不出去而被迫减少出力。短路时，电压下降得越大、持续时间越长，系统运行的稳定性受到破坏的可能性就越大。

5) 不对称短路将产生负序电流和负序电压。汽轮发电机长期运行允许的负序电压一般不得超过发电机额定电压的 8%~10%，异步电动机长期运行允许的负序电压一般不得超过其额定电压的 2%~5%。过大的负序电压将严重影响汽轮发电机和异步电动机的安全运行和使用寿命。

6) 某些类型的不对称短路，非故障相的电压将超过额定值，引起过电压，从而增大系统的过电压水平。

7) 不对称接地短路故障将产生零序电流，会在邻近的通信线路内产生感应电动势，对通信线路和信号系统产生干扰。

2. 短路电流计算的目的及基本假设

（1）短路电流计算的目的

1) 电气主接线方案的比较和选择。
2) 电气设备和载流导体的选择。
3) 继电保护装置的选择和整定计算。
4) 接地装置的设计。
5) 系统运行和故障情况的分析等。

选择电气设备时，只需近似计算出通过所选设备的可能最大三相短路电流值。设计继电保护和系统故障分析时，要对各种短路情况下各支路中的电流和各点电压进行计算。在现代电力系统的实际情况下，要进行准确的短路计算是相当复杂的，同时，对解决大部分实际工程问题，并不要求极准确的计算结果。为了简化和便于计算，实际中多采用近似计算方法。这种近似计算方法是建立在一系列基本假设条件基础上的，计算结果有些误差，但不超过实际工程的允许范围。

（2）短路电流实用计算的基本假设

1) 电力系统在短路前正常运行时，三相是对称的。
2) 电力系统中所有发电机电动势的相位在短路过程中都相同，频率与正常运行时相同。
3) 电力系统在短路过程中，各元件的磁路不饱和，也就是各元件的电抗值与所流过的电流的大小无关，因此，在计算中可以应用叠加原理。
4) 在高压电路中，电力系统中各元件的电阻都略去不计。但是，在计算短路电流非周期分量衰减的时间常数时，应计及电阻的作用。此外，在计算低压网络的短路电流时，也应计及元件的电阻，但可以不计算复阻抗，而是用阻抗的绝对值进行计算。
5) 变压器的励磁电流略去不计，相当于励磁回路开路，以简化变压器的等值电路。
6) 输电线路的分布电容忽略不计。

实际上，当发生短路时，由于短路前后电路的阻抗突然变化，各发电机输出的功率也随之变化，从而引起与输入的机械功率不平衡。有些发电机的转子将加速，频率升高；有些发电机的转子将减速，频率降低；并使各发电机电势间的相位差加大，它们之间的电流交换也随之增大，使电力系统电压下降，导致所供短路电流减少。现假设所有发电机的相位和频率都相同，发电机间几乎没有电流交换，故实用计算法计算所得短路电流要比实际值大。

短路电流计算的一般步骤如下：首先根据已知条件和计算目的拟定计算电路图，做出等值电路图，然后化简电路，最后计算短路电流。在高压电路的短路计算中，一般采用标幺制，这样可使计算简便，尤其在有多级电压网络的计算中，具有更大的方便性。

3. 标幺制

标幺制是一种相对单位制。短路电流计算中常用到的电压、电流、电抗和视在功率等物理量，都是用标幺值来表示的。

（1）标幺值

标幺值是一个物理量的实际有名值与一个预先选定的具有相同量纲的基准值的比值。一般表达式为

$$标幺值 = \frac{实际有名值}{基准值}$$

标幺值是无单位的数值，当选取的基准值不同时，同一有名值的标幺值也不相等。一般说来，基准值是任意选取的。当提到某个物理量的标幺值时，必须首先说明它的基准值，否则没有意义。

（2）基准值的选择

在三相系统的短路电流计算中，常用的电气量有线电压 U、相电流 I、相电抗 X、三相功率 S。这四个电气量之间，应满足下列两个基本关系式，即

欧姆定律 $\qquad\qquad\qquad\qquad U = \sqrt{3} IX \qquad\qquad\qquad\qquad$ (5-1)

功率方程式 $\qquad\qquad\qquad\qquad S = \sqrt{3} IU \qquad\qquad\qquad\qquad$ (5-2)

这四个电气量对于选定的基准值的标幺值为

$$U_j^* = \frac{U}{U_j} \qquad I_j^* = \frac{I}{I_j} \qquad X_j^* = \frac{X}{X_j} \qquad S_j^* = \frac{S}{S_j}$$

用标幺值计算时，必须首先选取四个电气量的基准值。一般来说，四个电气量基准值可以任意选取，分别称为基准电压 U_j、基准电流 I_j、基准电抗 X_j 和基准功率 S_j（基准容量）。选取 U_j、I_j、X_j、S_j 时，应满足欧姆定律和功率方程式，即

$$U_j = \sqrt{3} I_j X_j \qquad\qquad (5\text{-}3)$$

$$S_j = \sqrt{3} I_j U_j \qquad\qquad (5\text{-}4)$$

这样选取基准值的好处在于，将式（5-1）除以式（5-3），式（5-2）除以式（5-4）除，可得

$$U_j^* = I_j^* X_j^* \qquad\qquad (5\text{-}5)$$

$$S_j^* = I_j^* U_j^* \qquad\qquad (5\text{-}6)$$

由式（5-5）和式（5-6）可知，当选取的四个基准值满足欧姆定律和功率方程式时，在标幺制中，三相电路线电压和三相功率的计算公式，与单相电路电压和功率的计算公式完全一样。如果基准值不按上述原则选取，各电气量标幺值之间的关系式会变得复杂。

按上述原则选取基准值时，式（5-3）和式（5-4）中的四个基准值，只可以任意选取其中的两个，另外两个必须由式（5-3）和式（5-4）确定。为了计算方便，通常任意选取基准容量 S_j 和基准电压 U_j。基准电流 I_j 和基准电抗 X_j 由式（5-3）和式（5-4）求得。则

$$I_j = \frac{S_j}{\sqrt{3} U_j} \qquad\qquad (5\text{-}7)$$

$$X_j = \frac{U_j}{\sqrt{3} I_j} = \frac{U_j^2}{S_j} \qquad\qquad (5\text{-}8)$$

根据标幺值的定义和选定的基准值，便可求得各电气量的标幺值。电抗的标幺值可以利用公式 $X_j^* = \frac{X}{X_j}$ 求得，也可以利用公式 $X_j^* = \frac{\sqrt{3} I_j X}{U_j}$ 或 $X_j^* = \frac{S_j X}{U_j^2}$ 求得。

以上各式中电气量的单位：电压为 kV（千伏）、电流为 kA（千安）、电抗为 Ω（欧姆）、功率为 MV·A（兆伏·安）。

按上述原则选择各电气量的基准值，用标幺值对对称三相系统进行计算时，相电压和线电压的标幺值相等，三相功率和单相功率的标幺值相等，对称三相电路完全可以按单相电路的公式进行计算。

当选取基准电压使 $U_j^* = 1$ 时，则 $S_j^* = I_j^* = \dfrac{1}{X_j^*}$，这样可使计算大大简化。

（3）不同基准值的标幺值间的换算

由标幺值的定义可知，基准值不同时，同一有名值的标幺值大小也不等。在短路电流计算中，发电机、变压器和电抗器等元件的电抗，生产厂给出的都是以额定参数为基准值的标幺值（或百分值），但在计算中整个电路必须选取统一的基准值。因此，必须把以额定参数为基准值的标幺值换算成统一选取的基准值的标幺值。不同基准值的标幺值换算原则是不论基准值如何改变，标幺值如何不同，但电气量的有名值总是一定的。如以额定电压 U_N 和额定功率 S_N 为基准值时，某元件的电抗标幺值为

$$X_N^* = X \dfrac{S_N}{U_N^2} \tag{5-9}$$

则

$$X = X_N^* \dfrac{U_N^2}{S_N} \tag{5-10}$$

现将 X_N^* 换算为以基准电压 U_j 和基准功率 S_j 的标幺值，有

$$X_j^* = \dfrac{S_j X}{U_j^2} = X_N^* \dfrac{U_N^2}{S_N} \cdot \dfrac{S_j}{U_j^2} = X_N^* \dfrac{S_j}{S_N}\left(\dfrac{U_N}{U_j}\right)^2 = X_N^* \dfrac{I_j}{I_N} \dfrac{U_N}{U_j} \tag{5-11}$$

（4）标幺值换算为有名值

标幺值在短路电流计算中仅作为一种工具，它没有单位。不论是选择电气设备，还是其他计算，需要得到的结果都必须是有名值。所以，最后必须把标幺值换算成有名值，这种换算很简单，根据标幺值的定义便可得到，即

$$I = I_j^* I_j = I_j^* \dfrac{S_j}{\sqrt{3}\, U_j} \quad (\text{kA}) \tag{5-12}$$

$$U = U_j^* U_j \quad (\text{kV}) \tag{5-13}$$

$$X = X_j^* X_j = X_j^* \dfrac{U_j^2}{S_j} \quad (\Omega) \tag{5-14}$$

$$S = S_j^* S_j \quad (\text{MV} \cdot \text{A}) \tag{5-15}$$

（5）标幺值与百分值的换算

百分值和标幺值一样，都是相对值，但在短路电流计算中不用百分值，应将百分值转换为标幺值。标幺值与百分值之间的关系是

$$\text{百分值} = \text{标幺值} \times 100$$

所以在计算中如遇百分值，应把百分值除以 100 转换为标幺值。

4. 电力系统各主要元件的电抗与等值电路的化简

短路电流计算中，对于 1000V 以上的高压电路，一般只考虑各主要元件的电抗，如发电机、电力变压器、电抗器、架空线路及电缆线路。而配电装置中的母线、不长的连接导线、断路器和电流互感器等元件的阻抗，由于对短路电流的影响很小，则不予考虑。一个元件的等值电抗往往随短路的类型不同也有所不同。下面介绍三相短路时各元件的等值电路和电抗。

（1）发电机

发电机的等值电路可用相应的电动势和电抗串联起来表示。图 5-2 所示为发电机及其等值电路。在三相短路电流的实用计算中，发电机电动势用次暂态电动势 E'' 表示，发电机的电抗用短路起始瞬间电抗，即纵轴次暂态电抗 X_d'' 表示。

各类发电机的次暂态电抗的平均值可由产品目录中查得，见

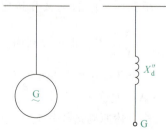

图 5-2　发电机及其等值电路

表 5-1。这些参数是以发电机的额定参数为基准值的标幺额定值，实际计算中要换算成标幺基准值，当取 $U_j = U_{av}$ 时，可忽略 U_N 与 U_{av} 的差别，即

$$X_{dj}''^{*} = X_d'' \frac{S_j}{S_N} \quad (5-16)$$

表 5-1　各类同步发电机 X_d'' 的平均值

序号	类型	X_d''	序号	类型	X_d''
1	无阻尼绕组的水轮发电机	0.29	5	200MW 的汽轮发电机	0.145
2	有阻尼绕组的水轮发电机	0.21	6	300MW 的汽轮发电机	0.167
3	50MW 及以下的汽轮发电机	0.145	7	同步调相机	0.16
4	100MW 及 125MW 的汽轮发电机	0.175	8	同步电动机	0.15

（2）电力变压器

变压器的励磁电流较小，一般为额定电流的 5% 左右，短路计算时常忽略不计。双绕组变压器及其等值电路如图 5-3 所示。

双绕组变压器产品目录中给出的短路电压百分值 $U_k\%$，是变压器通过额定电流时的电压降对额定电压的比值的百分数，所以变压器以额定参数为基准值的电抗标幺值为

$$X_{TN}^{*} = \frac{U_k\%}{100} \quad (5-17)$$

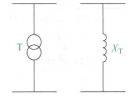

换算为选定基准值下的电抗标幺值为

$$X_{Tj}^{*} = \frac{U_k\%}{100} \frac{S_j}{S_N} \quad (5-18)$$

图 5-3　双绕组变压器及其等值电路

三绕组变压器和自耦变压器的等值电路如图 5-4 所示。各绕组间的短路电压百分值分别用 $U_{kI-II}\%$、$U_{kII-III}\%$、$U_{kIII-I}\%$ 表示，下标 Ⅰ、Ⅱ、Ⅲ 分别表示高压、中压和低压。

等值电路中各绕组电抗 X_I、X_{II}、X_{III} 的标幺值计算公式为

$$X_I^{*} = \frac{1}{200}(U_{kI-II}\% + U_{kIII-I}\% - U_{kII-III}\%) \quad (5-19)$$

$$X_{II}^{*} = \frac{1}{200}(U_{kII-III}\% + U_{kI-II}\% - U_{kIII-I}\%) \quad (5-20)$$

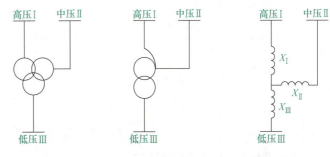

图 5-4　三绕组变压器和自耦变压器的等值电路

$$X_{III}^{*} = \frac{1}{200}(U_{kIII-I}\% + U_{kII-III}\% - U_{kI-II}\%) \quad (5-21)$$

换算为选定基准下的电抗标幺值为

$$X_{Ij}^{*} = \frac{1}{200}(U_{kI-II}\% + U_{kIII-I}\% - U_{kII-III}\%) \frac{S_j}{S_N} \quad (5-22)$$

$$X_{IIj}^{*} = \frac{1}{200}(U_{kII-III}\% + U_{kI-II}\% - U_{kIII-I}\%) \frac{S_j}{S_N} \quad (5-23)$$

$$X_{IIIj}^{*} = \frac{1}{200}(U_{kIII-I}\% + U_{kII-III}\% - U_{kI-II}\%) \frac{S_j}{S_N} \quad (5-24)$$

(3) 电抗器

电抗器是用来限制短路电流的电器,等值电路用其电抗来表示。产品目录中给出的电抗器电抗百分值($X_L\%$)一般约为 3%~10%。由于电抗器的电抗值很大,不能忽略额定电压与平均电压之间的差别,所以电抗器选定基准下的电抗标幺值为

$$X_{Lj}^* = \frac{X_L\%}{100} \frac{U_N}{\sqrt{3} I_N} \frac{S_j}{U_{av}^2} = \frac{X_L\%}{100} \frac{U_N}{\sqrt{3} I_N} \frac{S_j}{U_j^2} \tag{5-25}$$

式中,U_{av} 为电抗器所在电压等级的平均额定电压。

(4) 架空线路和电缆线路

架空线路和电缆线路的等值电路也是用它们的电抗表示。在短路电流实用计算中,通常采用表 5-2 中的数值进行计算。

表 5-2 架空线路和电缆线路的电抗   单位:Ω/km

类别	10kV	35kV	63kV	110kV	220kV	330kV	500kV
架空线路	0.38	0.42	0.42	0.43	0.31(0.44)	0.32	0.30
电缆	0.08	0.12					

注:1. 架空线路的正序等值电抗与负序等值电抗相等,零序等值电抗 $X_0 = 3.5 X_1$。
  2. 括号中 0.44 为双分裂导线。

架空线路和电缆线路选定基准下的电抗标幺值为

$$X_j^* = X \frac{S_j}{U_{av}^2} = X \frac{S_j}{U_j^2} \tag{5-26}$$

式中,U_{av} 为架空线路和电缆线路所在电压等级的平均额定电压。

高压短路回路各元件的电抗标幺值见表 5-3。

表 5-3 高压短路回路各元件的电抗标幺值

序号	元件名称	电抗标幺值计算公式	备注
1	发电机 调相机 电动机	$X_d''^* = X_d'' \dfrac{S_j}{S_N}$	三绕组变压器和自耦变压器标幺值计算公式 $X_{Ij}^* = \dfrac{1}{200}(U_{kI-II}\% + U_{kI-III}\% - U_{kII-III}\%) \dfrac{S_j}{S_N}$ $X_{IIj}^* = \dfrac{1}{200}(U_{kII-III}\% + U_{kI-II}\% - U_{kI-III}\%) \dfrac{S_j}{S_N}$ $X_{IIIj}^* = \dfrac{1}{200}(U_{kI-III}\% + U_{kII-III}\% - U_{kI-II}\%) \dfrac{S_j}{S_N}$
2	变压器	$X_{Tj}^* = \dfrac{U_k\%}{100} \dfrac{S_j}{S_N}$	
3	电抗器	$X_{Lj}^* = \dfrac{X_L\%}{100} \dfrac{U_N}{\sqrt{3} I_N} \dfrac{S_j}{U_j^2}$	
4	线路	$X_j^* = X \dfrac{S_j}{U_{av}^2} = X \dfrac{S_j}{U_j^2}$	

5. 三相短路电流和短路容量计算

三相短路电流与短路容量的计算见表 5-4。

表 5-4 高压三相短路电流与短路容量的计算

序号	物理量名称/单位	计算公式	说明
1	三相对称短路电流初始值/kA	$I_{k3}'' = I_d / X_\Sigma^*$	K_p 为峰值系数,$K_p = 1 + e^{-\pi R_\Sigma / X_\Sigma}$,对高压电路,$R_\Sigma < (1/3) X_\Sigma$,可取 $K_p 1.8$,则 $i_{p3} = 2.55 I_{k3}''$ U_n 为短路计算点所在电网的标称电压(kV) c 为短路计算电压系统,取平均值 1.05
2	三相对称开断电流(有效值)/kA	$I_{b3} = I_{k3}''$	
3	三相短路电流峰值/kA	$i_{p3} = \sqrt{2} K_p I_{k3}''$	
4	三相稳态短路电流(有效值)/kA	$I_{k3} = I_{k3}''$	
5	对称短路容量初始值/MV·A	$S_{k3}'' = \sqrt{3} c U_n I_{k3}''$	

知识 5-2　低压网络短路计算

1. 低压电网短路电流计算的特点

在计算三相短路电流时，阻抗指的是元件的相阻抗，即相正序阻抗。由于假定系统对称，不需要特别提出序阻抗。但在计算单相短路（包括单相接地故障）电流时，必须提出序阻抗和相保阻抗的概念。在低压网络中发生不对称短路时，由于短路点远离发电机，因而可以认为所有元件的负序阻抗等于正序阻抗，即等于相阻抗。

由于配电变压器容量远远小于电力系统的容量，因此变压器一次侧可以作为无穷大容量电源系统来考虑。在低压电网短路计算中，低压回路中各元件的电阻与电抗相比已不能忽略，所以计算时需用阻抗值。低压电网中的电压一般只有一级，且元件的电阻多以毫欧（mΩ）为单位，所以采用有名值法计算较为方便，也由于短路计算中的阻抗都采用单位 Ω，所以有名值法又称为欧姆法。

2. 各元件阻抗计算

（1）高压侧系统阻抗

在计算 220V/380V 网络短路电流时，变压器高压侧系统阻抗需要计入。若已知高压侧系统短路容量为 S''_{k3}，则归算到变压器低压侧的高压系统阻抗为

$$Z_S = \frac{(cU_n)^2}{S''_{k3}} \times 10^3 \tag{5-27}$$

如不知道其电阻 R_S 和电抗 X_S 的确切值，则可认为

$$R_S = 0.1 X_S \qquad X_S = 0.995 Z_S \tag{5-28}$$

式中，U_n 为变压器低压侧标称电压，取 0.38kV；c 为电压系数，三相短路时取 1.05；R_S、X_S 和 Z_S 为变压器低压侧的高压系统电阻、电抗和阻抗（mΩ）。

（2）10/0.4kV 三相双绕组配电变压器阻抗

10/0.4kV 三相双绕组配电变压器阻抗为

$$\begin{cases} R_T = \dfrac{\Delta P_k U_n^2}{S_T^2} \\[2mm] Z_T = \dfrac{U_k\%}{100} \dfrac{U_n^2}{S_T} \\[2mm] X_T = \sqrt{Z_T^2 - R_T^2} \end{cases} \tag{5-29}$$

变压器的负序阻抗等于正序阻抗，Yyn0 联结变压器的零序阻抗比正序阻抗大得多；Dyn11 联结的变压器的零序阻抗如果没有测试数据时，可取其值等正序阻抗。常见变压器的各序阻抗和相保阻抗可查阅相关技术手册。

（3）低压配电线路的阻抗

下面只对线路的零序阻抗和相保阻抗的计算方法进行介绍。

1）线路的零序阻抗。

$$|\dot{Z}_{(0)}| = |\dot{Z}_{(0)ph} + 3\dot{Z}_{(0)p}| = \sqrt{[R_{(0)ph} + 3R_{(0)p}]^2 + [X_{(0)ph} + 3X_{(0)p}]^2} \tag{5-30}$$

式中，$\dot{Z}_{(0)ph}$ 是相线的零序阻抗；$\dot{Z}_{(0)p}$ 是保护线的零序阻抗；$R_{(0)ph}$ 和 $X_{(0)ph}$ 分别是相线的零序阻抗和电抗；$R_{(0)p}$ 和 $X_{(0)p}$ 分别是保护线的零序阻抗和电抗。

2）线路的相保阻抗。单相接地短路电路中任一元件（配电变压器、线路等）的相保阻抗 $Z_{ph.p}$ 的计算公式为

$$Z_{ph.p} = \sqrt{R_{ph.p}^2 + X_{ph.p}^2} \tag{5-31}$$

式中，$R_{\text{ph.p}}$ 为元件的相保电阻，$R_{\text{ph.p}} = \frac{1}{3}(R_{(1)}+R_{(2)}+R_{(0)})$；$X_{\text{ph.p}}$ 为元件的相保电抗，$X_{\text{ph.p}} = \frac{1}{3}(X_{(1)}+X_{(2)}+X_{(0)})$。$R_{(1)}$、$R_{(2)}$、$R_{(0)}$ 和 $X_{(1)}$、$X_{(2)}$、$X_{(0)}$ 分别为元件的正序、负序、零序电阻和正序、负序、零序电抗。

（4）母线的阻抗

电阻
$$R_{\text{W}} = \frac{l}{\gamma A} \times 10^3 \, (\text{m}\Omega)$$

电抗
$$X_{\text{W}} = 0.145 l \lg \frac{4s_{\text{av}}}{b} \, (\text{m}\Omega)$$

式中，γ 为母线材料的电导率 [m/($\Omega \cdot$mm^2)]；A 为母线截面积（mm^2）；l 为母线长度（m）；b 为母线宽度（mm）；s_{av} 为母线的相间几何均距（mm）。

在实际应用计算中，可应用简化公式来进行计算。

当母线截面积在 500mm^2 以下时，$X_{\text{W}} = 0.17l$（mΩ）。

当母线截面积在 500mm^2 以上时，$X_{\text{W}} = 0.13l$（mΩ）。

（5）其他元件阻抗

低压断路器过电流线圈的阻抗、低压断路器及刀开关触头的接触电阻、电流互感器次线圈的阻抗及电缆的阻抗等可从有关技术手册查得，低压短路回路各元件的阻抗值见表 5-5，低压三相和两相短路电流的计算见表 5-6。

表 5-5　低压短路回路各元件的阻抗值

序号	系统名称	计算公式			符号说明
		阻抗	电阻	电抗	
1	高压系统	$Z_{\text{S}} = \frac{(cU_{\text{n}}^2)}{S_{\text{k3}}''} \times 10^{-3}$	$R_{\text{S}} = 0.1X_{\text{S}}$	$X_{\text{S}} = 0.995Z_{\text{S}}$	S_{k3}'' 为配电变压器高压侧短路容量 U_{n} 为低压电网的额定电压 ΔP_{k} 为配电变压器的短路损耗(kW)，可查厂家产品样本 $S_{\text{r.T}}$ 为配电变压器的额定容量(kV·A) r、X 为母线、配电线路单位长度的电阻和电抗(mΩ/m) l 为母线、配电线路的长度
2	配电变压器	$Z_{\text{T}} = \frac{U_{\text{k}}\%(cU_{\text{n}})^2}{100S_{\text{r.T}}}$	$R_{\text{T}} = \frac{\Delta P_{\text{k}}(cU_{\text{n}})^2}{S_{\text{r.T}}^2}$	$X_{\text{T}} = \sqrt{Z_{\text{T}}^2 - R_{\text{T}}^2}$	
3	配电母线	$Z_{\text{WB}} = \sqrt{R_{\text{WB}}^2 + X_{\text{WB}}^2}$	$R_{\text{WB}} = rl$	$X_{\text{WB}} = Xl$	
4	配电线路	$Z_{\text{WP}} = \sqrt{R_{\text{WP}}^2 + X_{\text{WP}}^2}$	$R_{\text{WP}} = rl$	$X_{\text{WP}} = Xl$	

表 5-6　低压三相和两相短路电流的计算

序号	物理量名称	计算公式	说明
1	三相对称短路电流初始值/kA	$I_{\text{k3}}'' = \frac{cU_{\text{n}}}{\sqrt{3}\sqrt{(R_{\Sigma}^2 + X_{\Sigma}^2)}}$	U_{n} 为短路计算点所在电网的标称电压(380V) K_{p} 为峰值系数，$K_{\text{p}} = 1 + e^{-\pi R_{\Sigma}/X_{\Sigma}}$
2	三相对称开断电流(有效值)/kA	对远距离发电机端短路，$I_{\text{k3}} = I_{\text{k3}}''$	
3	三相短路电流峰值/kA	$i_{\text{p3}} = \sqrt{2}K_{\text{p}}I_{\text{k3}}''$	
4	三相稳态短路电流(有效值)/kA	对远距离发电机端短路，$I_{\text{k3}} = I_{\text{k3}}''$	
5	两相稳态短路电流(有效值)/kA	对远离发电机端短路，$I_{\text{k2}} = 0.866I_{\text{k3}}$	

知识 5-3　高压电器的选择

为保证高压电器安全可靠运行，选择高压电器的一般要求见表 5-7。

表 5-7　选择高压电器的一般要求

序号	选择项目	一　般　要　求
1	正常工作条件	应满足电压、电流、频率、机械荷载等方面的要求；对一些开断电流的电器，如熔断器、断路器和负荷开关等，还有开断电流能力的要求
2	短路条件	按最大可能的短路故障条件校验高压电器的动稳定性和热稳定性（对熔断器，不需校验）。对断路器还需校验额定闭合电流，对熔断器、断路器校验开断短路电流的能力
3	环境条件	选择高压电器结构类型时，应考虑电器的使用场所（户内或户外）、环境温度、海拔、防尘、防腐、防火、防爆等要求，以及湿热或干热地区的特点。另外，还需考虑高压电器工作时产生的噪声和电磁干扰等
4	承受过电压能力及绝缘水平	应满足额定短时工频过电压及雷电冲击过电压下的绝缘配合要求
5	其他条件	按所选高压电器的不同特点进行选择，包括开关电器的操作性能、熔断器的保护特性配合、互感器的负载及准确度等级等选择

知识 5-4　低压电器的选择

1. 一般要求

低压配电设计所选用的电器，应符合国家现行的标准，选择低压电器的一般要求见表 5-8。

表 5-8　选择低压电器的一般要求

序号	选择项目	一　般　要　求
1	正常工作条件	1）电器的额定频率应与所在回路的频率相适应 2）电器的额定电压应与所在回路标称电压相适应 3）电器的额定电流不应小于回路的计算电流（对变压器回路，取变压器额定电流；对电容器回路，取电容器额定电流的 1.35 倍）
2	短路条件	1）可能通过短路电流的电器（如隔离开关、熔断器式刀开关、接触器等），应满足在短路条件下短时和峰值耐受电流的要求 2）断开短路电流的保护电器（如熔断器、低压断路器），应满足在短路条件下分断能力要求 3）用接通和分断时安装处预期短路电流验算电器在短路条件下的接通能力和分断能力，当短路点附近所接电动机额定电流之和超过短路电流的 1% 时，应计入电动机反馈电流的影响
3	环境条件	电器应适应所在场所的环境条件，考虑是否为特色环境，如多尘环境、化工腐蚀环境、高原环境、热带地区、爆炸和火灾危险环境等
4	其他条件	低压保护电器还应按保护特性选择；双电源自动切换开关电器按动作特性选择

2. 断路器保护参数

（1）过载保护 L 参数

断路器特性曲线中的 "L" 区域被称为过载保护 L 参数整定曲线，如图 5-5a 所示。

断路器的热延时过载脱扣器整定值为 L 反时限参数。L 反时限参数可在一定电流范围内加以整定，有时也可能采用固定值。L 反时限参数确定了热延时过载脱扣器的特性曲线。

GB/T 14048.1—2012、GB/T 14048.2—2020 和 GB/T 14048.4—2020 中对配电用断路器的过电流断开脱扣器反时限动作特性做了规定，见表 5-9~表 5-11。

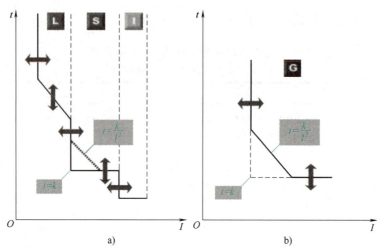

图 5-5 断路器特性曲线

表 5-9 反时限过电流断开脱扣器在基准温度下的断开动作特性

所有相极通电		约定时间/h
约定不脱扣电流	约定脱扣电流	
1.05 倍整定电流	1.30 倍整定电流	2(I_n>63A) 1(I_n≤63A)

表 5-10 GB/T 14048.4—2020 中用于直接起动电动机的断路器的反时限动作特性

过载脱扣器	整定电流倍数				周围空气温度
	A	B	C	D	
热磁和电磁式 无周围空气温度补偿	1.0	1.2	1.5	7.2	40℃
热磁式,有空气温度补偿	1.05	1.2	1.5	7.2	20℃

注:1. 在 A 倍整定电流时,从冷态开始在 2h 内不动作;当电流接着上升到 B 倍整定电流时,应在 2h 内动作。
2. 脱扣级别为 10A 的过载脱扣器在整定电流下达到热平衡后通以 C 倍整定电流,应在 2min 内动作。
3. 对于脱扣器级别为 10、20 和 30 级的过载脱扣器在整定电流下达到热平衡后通以 C 倍整定电流值,应当分别在 4min、8min 和 12min 动作脱扣。
4. 从冷态开始,脱扣器在 D 倍整定电流下应当按表 5-11 给出的极限值内脱扣。

表 5-11 热、电磁式固态过载继电器的脱扣级别和脱扣时间对照表

级别	规定条件下的脱扣时间 t_n/s	级别	规定条件下的脱扣时间 t_n/s
10A	2<t_n≤10	20	6<t_n≤20
10	4<t_n≤10	30	9<t_n≤30

断路器的脱扣器电流参数的设定范围见表 5-12。

表 5-12 断路器的脱扣器电流参数的设定范围

脱扣器类型	过 载 保 护	短 路 保 护
热磁式	固定值:$I_{r1}=I_n$	固定值:$I_2=(7\sim10)I_n$
	可整定范围:$0.7I_n≤I_{r1}<I_n$	整定范围: 低整定值为(2~5)I_n 标准整定值为(5~10)I_n
电子式	长延时整定范围: $0.4I_n≤I_{r1}<I_n$	短延时可整定范围:$1.5I_{r1}≤I_{r2}<10I_{r1}$ 瞬时固定范围:$I_{r3}=(12\sim15)I_{r1}$

(2) 短路短延时保护 S 参数

断路器特性曲线的"S"区域称为短路短延时保护 S 参数整定曲线。

S 区域曲线中流过的电流为短路电流。S 区域的保护参数可设定为定时限（$t=k$）或反时限（允通能量曲线 $I^2t=k$）。在定时限方式下，只要短路电流超过给定值，则立即发生保护脱扣动作，而反时限方式下则延迟一段时间才发生保护脱扣动作。

(3) 瞬时短路保护 I 参数

断路器特性曲线的"I"区域称为短路瞬时保护 I 参数整定曲线。

I 区域中的低压系统发生了严重的短路故障，流经断路器的短路电流超过线路允许的最大允许值，断路器必须立即分断，所以 I 区域的脱扣过程必须在瞬间完成。

(4) 接地故障保护 G 参数

断路器特性曲线的"G"区域称为接地故障保护 G 参数整定曲线，如图 5-5b 所示。

G 曲线与 S 曲线相同，也可将保护方式设定为定时限（$t=k$）或反时限（允通能量曲线 $I^2t=k$）。在定时限方式下，只要接地故障电流超过给定值，则立即发生保护脱扣动作，而反时限方式下则延迟一段时间才发生保护脱扣动作。

单相接地故障保护 G 通常与三段保护合并为四段保护。

5.2 项目准备

供配电系统短路计算和设备选型是供电系统的重要组成部分，可以对系统的电气量进行实时监测，当出现非正常的运行状态时，能及时将故障切除，以达到保护系统的目的。

本项目实训需要的设备和软件如下：

1) 1 台安装 Windows 10 操作系统的计算机。

2) 1 套低压断路器保护参数测试软件。

本项目借助计算机及相关软件资源完成如下 4 个项目实训任务：

任务 5-1　无限大容量系统供电电路内三相短路的短路计算。

任务 5-2　低压电网三相短路电流计算。

任务 5-3　高压电器的选择。

任务 5-4　低压电器的选择。

5.3 项目实训

任务 5-1　无限大容量系统供电电路内三相短路的短路计算

1. 无限大容量系统概念

无限大容量系统（或称无限大容量电源）是指当该电源供电的电路内发生三相短路时，电源的端电压在短路时恒定不变，频率也恒定不变，即认定该系统的容量为无穷大，记作 $S=\infty$，电源的内阻抗 $Z=0$。

实际上，真正的无限大容量系统并不存在，只是一个相对的概念。因为无论系统多大，其容量总是一个有限值，并且总是有一定的内阻抗，短路时电压和频率总会发生变化。但是，当短路发生在距电源较远的支路上时，总阻抗远大于系统的内阻抗，此时电源的电压几乎不变，向这个短路支路提供短路电流的电源便可认为是无限大容量电源。一般认为，当电源或系统的内阻抗小于短路回路总阻抗的 10% 时，就可以认为这个电源或系统为无限大容量系统（电源）。

2. 短路电流的变化规律

以图 5-6 所示的电路为例，分析无限大容量电源供电的电路内发生三相短路时短路电流的变化规律。

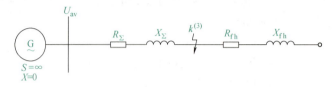

图 5-6　由无限大容量电源供电的电路发生三相短路

电源为无限大容量电源，电源母线电压为相应的平均额定电压 U_{av}，在短路过程中保持恒定不变。假设在 $k^{(3)}$ 点发生三相短路，R_Σ 和 X_Σ 为电源至短路点间各元件的总电阻和总电抗，R_{fh} 和 X_{fh} 为负荷的电阻和电抗。

正常运行时，电路中的电流取决于电源母线电压 U_{av}、阻抗 Z_Σ 和 Z_{fh} 之和。当 $k^{(3)}$ 点突然发生三相短路时，整个电路被短路点分割成为左右两个单独的部分：右半部分的回路没有电源，通过短路点构成短路回路，相当于 RL 串联电路换路时的零输入响应情况，此回路中电流将逐渐衰减至零；左半部分的回路与电源连接，构成短路回路，相当于 RL 串联电路换路时的全响应情况，电源将向短路点提供短路电流。由于短路回路中的阻抗 $Z_\Sigma < (Z_\Sigma + Z_{fh})$，电路中又有电感存在，短路回路中的电流将由正常运行时的工作电流，经过一个暂态过程，逐步过渡到短路电流的稳态值。图 5-7 所示为无限大容量电源供电电路内三相短路电流的变化曲线。因为三相短路是对称短路，可以只分析三相中的任何一相，图 5-7 所示的短路电流变化曲线假设是 U 相的情况。

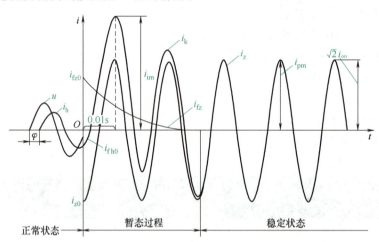

图 5-7　无限大容量电源供电电路内三相短路电流的变化曲线

设在 $t=0$ 时刻发生三相短路，正弦交流激励作用下 RL 串联电路换路时的全响应可分解为两个分量：稳态分量和暂态分量。稳态分量又称为周期分量，暂态分量也称为非周期分量。于是，短路的全电流 $i_k^{(3)}$ 为周期分量 $i_z^{(3)}$ 与非周期分量 $i_{fz}^{(3)}$ 之和，即

$$i_k^{(3)} = i_z^{(3)} + i_{fz}^{(3)} \tag{5-32}$$

从短路开始到非周期分量衰减至零止，是短路的暂态过程。暂态过程结束以后，短路进入稳态。由于非周期分量的存在，在暂态过程中短路的全电流与横轴不对称，并出现最大的瞬时值 i_{im}，这个最大的瞬时值 i_{im} 称为短路冲击电流。

由于本项目分析的短路均为三相对称短路，为了方便，在下面的讨论中将表示三相短路的符号 $^{(3)}$ 去掉。

3. 短路电流各物理量的计算

（1）周期分量

周期分量又称为稳态分量，取决于电源的母线电压 U_{av} 和短路回路总阻抗 X_Σ。当母线电压保持不变，又忽略短路回路的电阻时，周期分量的有效值为

$$I_z = \frac{U_{av}}{\sqrt{3} X_\Sigma} \tag{5-33}$$

因为无限大系统的母线电压 U_{av} 不变，所以在以任一时刻为中心的一个周期内，周期分量的有效值应相等，即

$$I_z = I_{zt} = I_\infty \tag{5-34}$$

式中，I_{zt} 为时间为 t 时，周期分量的有效值；I_∞ 为当 $t = \infty$，短路进入稳态时周期分量的有效值，又称为稳态短路电流。

用标幺值计算时，取 $U_j = U_{av}$，则

$$I_z^* = \frac{1}{X_\Sigma^*} \tag{5-35}$$

则有名值

$$I_z = I_z^* I_j \tag{5-36}$$

（2）非周期分量

在感性电路中发生短路时，由于感性电路的电流不会发生突变，所以短路电流不但含有周期分量，还含有非周期分量。非周期分量又称为过渡分量或自由分量。非周期分量的表达式为

$$i_{fz} = i_{fz0} e^{-\frac{\omega t}{T_a}} \tag{5-37}$$

式中，ω 为角频率，$\omega = 2\pi f(\text{rad/s})$；$T_a$ 为衰减时间常数，$T_a = \frac{X_\Sigma}{R_\Sigma}$（rad）；$i_{fz0}$ 为 $t = 0$ 时，非周期分量的起始值。

由于在发生短路的瞬间，电路中的电流不能突变，故短路全电流 $t = 0$ 时的瞬时值应等于短路前 $t = 0$ 时负荷电流的瞬时值 i_{fh0}，可得

$$i_{fz0} = i_{fh0} - i_{z0} \tag{5-38}$$

一般高压电路中，$X_\Sigma \gg R_\Sigma$，当电阻忽略不计时，$Z_\Sigma \approx X_\Sigma$，阻抗角 $\varphi_d \approx 90°$。如在发生短路的瞬间，电压的初相位为零，而且短路前线路是空载的，$i_{fh} = 0$，这是最严重的短路条件，此时非周期分量的起始值为

$$i_{fz0} = -i_{z0} \tag{5-39}$$

$t = 0$ 时，周期分量的起始有效值为 I_z，按最严重短路条件则起始值 i_{z0} 的大小为 $\sqrt{2} I_z$，即

$$i_{fz0} = -\sqrt{2} I_z \tag{5-40}$$

时间为 t 时的非周期分量的瞬时值为

$$i_{fzt} = -\sqrt{2} I_z e^{-\frac{\omega t}{T_a}} \tag{5-41}$$

非周期分量的衰减时间常数 T_a，决定着非周期分量衰减的快慢。T_a 越大，非周期分量衰减得越慢；T_a 越小，则非周期分量衰减得越快。

（3）短路冲击电流

短路冲击电流 i_{im}，出现在短路后半个周期，即 $t = 0.01$ s 时刻。它是短路全电流中最大的瞬时值，当 i_{im} 通过导体和电器时，会产生很大的电动力使导体和电器遭受破坏。由图 5-7 可见，短路冲击电流为：

$$i_{\text{im}} = \sqrt{2}I_z + \sqrt{2}I_z e^{-\frac{0.01\omega}{T_a}} = \sqrt{2}I_z(1+e^{-\frac{0.01\omega}{T_a}}) = K_{\text{im}}\sqrt{2}I_z \qquad (5\text{-}42)$$

式中，K_{im} 为冲击系数，$K_{\text{im}} = 1 + e^{-\frac{0.01\omega}{T_a}}$。 (5-43)

冲击系数 K_{im} 表示短路冲击电流为周期分量的倍数，它由 T_a 确定。如果电路中 $R_\Sigma = 0$，即短路回路中仅有电抗，则 $T_a = \infty$，$K_{\text{im}} = 2$，非周期分量不会衰减；如果电路中 $X_\Sigma = 0$，即短路回路中仅有电阻，则 $T_a = 0$，$K_{\text{im}} = 1$，短路电流就不含有非周期分量。实际电路中，$1 < K_{\text{im}} < 2$。

在由无限大容量电源供电的高压电路中，一般取 $K_{\text{im}} = 1.8$，则冲击短路电流为

$$i_{\text{im}} = 1.8 \times \sqrt{2}I_z = 2.55 I_z \qquad (5\text{-}44)$$

应该指出的是，由于三相电路中各相电压的相位差为 120°，所以发生三相短路时，各相的短路电流周期分量和非周期分量的初始值不同。因此，$i_{\text{im}} = 2.55 I_z$ 的冲击电流仅在一相中出现，其他两相均比此值小。

（4）母线剩余电压

在继电保护的整定计算中，有时需要计算出在短路点前的某一母线的剩余电压。三相短路时短路点的电压为零，系统中距短路点电抗为 X 的某点剩余电压，在数值上就等于短路电流通过该电抗时的电压降。剩余电压又称为残余电压。

短路进入稳态后，如某一母线至短路点的电抗为 X，则该母线的剩余电压为

$$U_{\text{rem}} = \sqrt{3}I_\infty X \qquad (5\text{-}45)$$

用标幺值计算时有

$$U_{\text{rem}}^* = I_\infty^* X^* \qquad (5\text{-}46)$$

例 5-1 如图 5-8a 所示，计算：

1）当 k1 点三相短路时的稳态短路电流、冲击短路电流及短路进入稳态时变压器 110kV 侧母线的剩余电压。

2）当 k2 点三相短路时，流过架空线的稳态短路电流和流过电抗器的短路冲击电流。

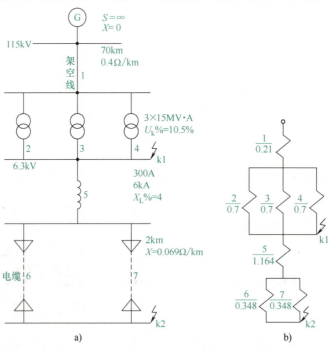

图 5-8 例 5-1 图

解：取基准值 $S_j = 100\text{MV}\cdot\text{A}$，$U_j = U_{av}$。
各元件等值电抗的标幺值为

架空线 $$X_1^* = X\frac{S_j}{U_{av}^2} = 0.4\times 70\times \frac{100}{115^2} = 0.21$$

变压器 $$X_2^* = X_3^* = X_4^* = \frac{U_k\%}{100}\frac{S_j}{S_N} = \frac{10.5}{100}\times \frac{100}{15} = 0.7$$

电抗器 $$X_5^* = \frac{X_L\%}{100}\frac{U_N}{\sqrt{3}I_N}\frac{S_j}{U_{av}^2} = \frac{4}{100}\times \frac{6}{\sqrt{3}\times 0.3}\times \frac{100}{6.3^2} = 1.164$$

电缆 $$X_6^* = X_7^* = X\frac{S_j}{U_{av}^2} = 2\times 0.069\times \frac{100}{6.3^2} = 0.348$$

等值电路如图 5-8b 所示。
① 当 k1 点三相短路时有

短路回路总电抗 $$X_{\Sigma 1}^* = X_1^* + \frac{X_2^*}{3} = 0.21 + \frac{0.7}{3} = 0.443$$

稳态短路电流的标幺值为 $$I_{\infty 1}^* = \frac{1}{X_{\Sigma 1}^*} = \frac{1}{0.433} = 2.257$$

稳态短路电流为 $$I_{\infty 1} = I_{\infty 1}^* I_j = 2.257\times \frac{100}{\sqrt{3}\times 6.3}\text{kA} = 20.684\text{kA}$$

短路冲击电流为 $$i_{im} = 2.55 I_z = 2.55\times 20.684\text{kA} = 52.744\text{kA}$$

110kV 侧母线的剩余电压为 $$U_{rem} = U_{rem}^* U_j = I_\infty^* X^* U_j = 2.257\times \frac{0.7}{3}\times 115\text{kV} = 60.563\text{kV}$$

② 当 k2 点三相短路时有

短路回路总电抗 $$X_{\Sigma 2}^* = X_1^* + \frac{X_2^*}{3} + X_5^* + \frac{X_6^*}{2} = 0.21 + \frac{0.7}{3} + 1.164 + \frac{0.348}{2} = 1.78$$

稳态短路电流的标幺值为 $$I_{\infty 2}^* = \frac{1}{X_{\Sigma 2}^*} = \frac{1}{1.78} = 0.56$$

通过架空线的稳态电流为 $$I_{\infty 2} = I_{\infty 2}^* I_j = 0.56\times \frac{100}{\sqrt{3}\times 115}\text{kA} = 0.28\text{kA}$$

流过电抗器的短路冲击电流为 $$i_{im} = 2.55 I_z = 2.55 I_{\infty 2}^* I_j = 2.55\times 0.56\times \frac{100}{\sqrt{3}\times 6.3}\text{kA} = 13.087\text{kA}$$

任务 5-2 低压电网三相短路电流计算

1. 三相短路电流有效值

$$I_k^{(3)} = \frac{U_c}{\sqrt{3}\sqrt{R_\Sigma^2 + X_\Sigma^2}} \tag{5-47}$$

式中，R_Σ 和 X_Σ 为短路回路的总电阻和总电抗（mΩ）；U_c 为低压侧平均线电压，取 400V。

注意：
如果只在一相或两相装设电流互感器，应选择没有电流互感器的那一相的短路回路总阻抗进行计算。

2. 短路冲击电流

$$i_{sh} = \sqrt{2} K_{sh} I_k^{(3)} \tag{5-48}$$

式中，K_{sh} 为短路电流冲击系数，可根据短路回路中 X_Σ / R_Σ 的比值从图 5-9 中查得。

3. 冲击电流有效值的计算

当 $K_{sh} > 1.3$ 时，$I_{sh} = I_k^{(3)} \sqrt{1+2(K_{sh}-1)^2}$；当 $K_{sh} \leq 1.3$ 时，$I_{sh} = I_k^{(3)} \sqrt{1+\dfrac{T_k}{0.02}}$。其中 $T_k = \dfrac{X_\Sigma}{314 R_\Sigma}$ 为短路回路的时间常数。

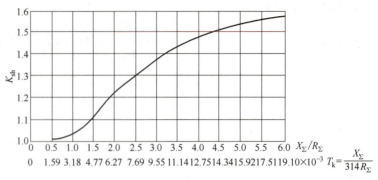

图 5-9 K_{sh} 与 X_Σ/R_Σ 的关系

任务 5-3 高压电器的选择

1. 高压断路器的选择

高压断路器是电力系统中的主要开关电器。高压断路器选择直接影响到电力系统的正常工作。高压隔离开关不选择额定短路开断电流，其他与高压断路器的选择相同，见表 5-13。

表 5-13 高压断路器的选择项目及条件

序号	选择项目	具体条件
1	额定电压与最高工作电压	额定电压 U_N 与所在线路的标称电压 U_n 相符；允许最高工作电压不应低于所在线路的最高运行电压 U_m
2	额定电流	额定电流 I_N 应大于该回路在各种合理运行方式下的最大持续工作电流 I_{max}
3	额定频率	等于电网工频 50Hz
4	水平机械荷载	对 10kV 及以下高压系统，高压断路器接线端子所承受的水平最大作用力不大于 250N
5	额定短路开断电流	在远离发电机端处，额定短路开断电流 I_b 应大于安装地点（断路器出线端子处）的最大三相对称开断电流（有效值）$I_k^{(3)}$
6	额定电缆充电开断电流	使用高压断路器开断电缆线路时，断路器能断开的最大电缆充电电流。对 10kV 高压系统，断路器额定电缆充电开断电流为 25A
7	额定峰值耐受电流	额定峰值耐受电流 i_{max} 不应小于安装地点的最大三相短路电流峰值 $i_p^{(3)}$
8	额定短时（4s）耐受电流	应满足条件 $I_t^2 t \geq Q_t$，对远离发电机端处，短路电流热效应为 $$Q_t = I_{k3}''^2(t_k + 0.05)$$ 式中，I_t 和 t 为断路器额定短时耐受电流（kA）和时间（4s）；$I_{k3}''^2$ 为安装地点的最大三相对称短路电流初始值（kA）；t_k 为短路持续时间（s），$t_k = t_p + t_b$，t_p 宜取后备保护动作时间（s），t_b 为断路器全分断时间（s），对高速断路器取 0.1s；当 $t_k > 1s$ 时，$Q_t = I_{k3}''^2$
9	额定短路闭合电流	额定短路闭合电流应不小于安装地点的最大三相短路电流峰值 $i_p^{(3)}$
10	环境条件	一般断路器按正常使用环境条件制造，当使用地点的环境条件特殊时，应由断路器制造厂家按特殊要求生产
11	承受过电压能力及绝缘水平	额定电压/kV | 雷电冲击耐受电压/kV | 短时（1min）工频耐受电压（有效值）/kV
		6 | 60（有效接地系统 40） | 30（有效接地系统 20）
		10 | 75（有效接地系统 60） | 42（有效接地系统 28）
12	其他条件	根据使用场所对机械寿命和电寿命的要求相应选择不同操作性能级别的高压断路器；用于快速自动重合闸的断路器应选用分—0.3s—合分—3min—合分的额定操作顺序

2. 高压熔断器的选择

熔断器是最简单的保护电器，它串联在电路中，用来保护电气设备免受过载及短路电流的危害。高压熔断器的选择项目及条件见表 5-14。

表 5-14　高压熔断器的选择项目及条件

序号	选择项目	具 体 条 件
1	额定电压与最高工作电压	额定电压 U_N 与所在线路的标称电压 U_n 相符；允许最高工作电压不应低于所在线路的最高运行电压 U_m
2	额定频率	等于电网工频 50Hz
3	熔断器额定电流	熔断器（支持件）额定电流 I 不小于所安装的熔体额定电流 I_t
4	熔体额定电流	保护电力变压器的熔体额定电流可按变压器一次额定电流的 1.5~2 倍选择。实际工程中宜按制造厂家提供的熔体额定电流与变压器容量配合表选择，应保证在变压器励磁涌流（$10I_{1r,T}$~$12I_{1r,T}$）持续时间（取 0.1s）内不熔断
		保护电力线路的熔体额定电流可按线路最大工作电流的 1.1~1.3 倍选择
		保护并联电容器的熔体额定电流按电容器回路额定电流的 1.5~2 倍（保护单台电容器）或 1.43~1.55 倍（保护一组电容器）选择
		保护电压互感器的熔体额定电流一般为 0.5A 或 1A，并应能承受电压互感器的励磁冲击电流
5	额定开断电流	对限流型熔断器，最大额定开断电流 I_b 应大于安装地点（熔断器出线端子处）的最大三相对称短路电流初始值 I''_{k3}
		对于后备熔断器除校验最大额定开断电流外，还应满足最小短路电流大于最小额定开断电流的要求
6	环境条件	一般熔断器按正常使用条件制造，当使用地点的环境条件特殊时，应由熔断器制造厂家按特殊要求生产
7	其他条件	校验熔断器保护的选择性配合

3. 互感器的选择

电流互感器的选择项目及条件见表 5-15。

表 5-15　电流互感器的选择项目及条件

序号	选择项目	具 体 条 件
1	额定电压	额定电压 U_N 与所在线路的标称电压 U_n 相符
2	额定频率	等于电网工频 50Hz
3	额定一次电流	对测量、计量用电流互感器，额定一次电流 I_{1r} 按线路正常负荷电流 I_e 的 1.25 倍选择
		对保护用电流互感器，当与测量共用时，只能选用相同的一次额定电流
		单独用于保护回路时，I_{1r} 宜按不小于线路最大负荷电流选择
		若继电保护采用 GL 型过电流继电器，电流互感器的一次额定电流 I_{1r} 的选择还考虑 GL 型过电流继电器的触点容量及瞬时动作电流整定限值要求
4	额定二次电流	电流互感器二次额定电流 I_{2r} 一般为 5A（也可为 1A）
5	准确级	对 110kV 及以下 P 类保护用电流互感器，标准准确级有 5P 和 10P 级，供过电流保护装置选用，并校验稳态短路情况下的准确限值系数能否满足保护要求
		对测量、计量用电流互感器，按仪表对准确级的要求。一般测量用电流互感器选用 0.5 级，计量用电流互感器选用 0.2 级（对负荷变化范围较大时，宜选用 S 型），并校验实际二次负荷 S_2 是否小于对应于该准确级的额定值 S_{2r}
6	额定动稳定电流	额定动稳定电流 i_{max} 不应小于使用地点的最大三相短路电流峰值 $i_p^{(3)}$

(续)

序号	选择项目	具体条件
7	额定短时(1s)热稳定电流	应满足条件 $I_1^2 t \geq Q_t$。短路电流热效应 Q_t 按保护电器(断路器或熔断器)的不同分别计算
8	环境条件	一般互感器按正常使用条件制造,当使用地点的环境条件特殊时,应由互感器制造厂家按特殊要求生产
9	其他条件	电流互感器二次侧的接线方式根据用途应选择单相式、两相不完全星形联结、三角形联结等

电压互感器的选择项目及条件见表 5-16。

表 5-16 电压互感器的选择项目及条件

序号	选择项目	具体条件
1	额定一次电压	普通双绕组电压互感器额定一次电压 U_N 与所在线路的标称电压 U_n 相符,用于一次系统绝缘检测的三绕组电压互感器一次绕组额定电压 $U_N = U_n/\sqrt{3}$
2	额定频率	等于电网工频 50Hz
3	额定二次电压	普通双绕组电压互感器二次侧额定电压 U_{2N} 一般为 100V;用于一次系统绝缘检测的三绕组电压互感器主二次绕组额定电压 $U_{2N1} = 100V/\sqrt{3}$,辅二次绕组额定电压 $U_{2N2} = 100V/3$
4	准确级及容量	对测量、计量用及保护用电压互感器,按仪表、保护装置及自动装置对准确级及容量的要求选择。一般测量和保护用电压互感器选用 0.5～1 级,计量用电压互感器选用 0.2 级,并校验实际二次负荷容量 S_2 是否小于对应于该准确级的额定容量 S_{2r} (注:用户变电所电压互感器的二次负荷较小,一般能满足要求,可不校验)
5	环境条件	一般互感器按正常使用条件制造,当使用地点的环境条件特殊时,应由互感器制造厂家按特殊需求生产
6	其他条件	电压互感器的接线方式根据用途相应选择一只单相电压互感器接线、两只单相电压互感器结成两相不完全星形联结、一个三相五柱式三绕组电压互感器或三只单相三绕组电压互感器接成 Ynd 联结等

任务 5-4　低压电器的选择

1. 低压电器的初步选择

低压保护电器有低压熔断器、低压断路器和剩余电流动作保护电器等。除满足低压电器的一般要求外,低压熔断器和低压断路器的初步选择要求见表 5-17。

表 5-17 低压熔断器和低压断路器的初步选择要求

序号	选择项目	具体要求	
		低压熔断器	低压断路器
1	类别选择	(1)按使用人员选择结构型式 1)在工业场所选择专职人员使用的熔断器,主要有刀型触头熔断器、螺栓连接型熔断器、圆筒帽型熔断器及偏置刀型熔断器 2)家用和类似用途场所选用非熟练人员使用的熔断器 (2)按分断范围要求选择 1)要求全范围分断时,选择"G"熔断体 2)只要求部分范围分断时,选择"A"熔断体 (3)按保护对象选择使用类别 1)一般用途,即保护配电线路,选择"G"类熔断体 2)保护电动机主电路选择"M"类熔断体 3)保护变压器选择"Tr"类熔断体	1)按选择性要求选择使用类别:A 类为非选择型(短路保护瞬时脱扣),具有单段保护和二段保护功能;B 类为选择型(短路保护短延时脱扣),具有二段保护、三段保护和四段保护功能 2)按电流等级及用途设计型式:大电流进线和联络开关或大电流出线开关可选择框架式断路器;中小电流出线开关可选择塑壳式断路器 3)按是否需要隔离要求选择:需要兼作隔离电器使用时,应选择在断开位置时符合隔离功能安全要求的断路器 4)按保护对象选择:选择配电线路保护用断路器、电动机保护用断路器、照明保护用断路器和剩余电流动作保护用断路器

（续）

序号	选择项目	具体要求	
		低压熔断器	低压断路器
2	极数选择	中性线上不允许安装熔断器	TN-C-S、TN-S系统，无双电源转换和剩余电流保护器不动作仅报警的单电源干线不宜设置四级开关，双电源转换开关前的保护或隔离开关可选用三级开关
3	额定电流选择	熔断器额定电流I_n不应小于所选择的熔断体额定电流I_r(I_r大于线路计算电流I_c)	断路器壳架额定电流I_u不应小于所选择的过电流脱扣器额定电流I_n(I_n大于线路计算电流I_c)
4	分断能力选择	熔断器的分断能力I_b应大于安装处预期三相短路电流有效值I_{k3}	断路器的额定运行分断能力I_{cs}应大于安装处预期三相短路电流有效值I_{k3}
5	附件选择	需要时选择辅助触头及熔断器监视器等	选择操作方式（采用电操时，需注明电源）；需要时选失电压脱扣器、分励脱扣器、辅助触头及报警触头等

2. 断路器的参数设定

（1）断路器的过载保护L参数设定方法

配电型断路器保护的对象就是馈电电缆。馈电电缆允许过载的倍数及容忍过载的时间见表5-18。

表5-18 馈电电缆允许过载的倍数及容忍过载的时间

电缆截面积 /mm²	过载前5h内的负荷率/%					
	0		50		70	
	过载时间/h		过载时间/h		过载时间/h	
	0.5	1	0.5	1	0.5	
50~95	1.15					
120~240	1.25		1.2		1.15	
240以上	1.45	1.2	1.4	1.15	1.3	

表5-18是断路器对电缆实施过载保护时参数整定来源的设计依据。

按照GB/T 14048.2—2020，对于热磁式脱扣器的断路器，其过载保护设定阈值I_1的可调范围是$0.7 \sim 1.05 I_n$；对于电子式脱扣器的断路器，其过载保护设定阈值I_1的可调范围是$(0.4 \sim 1.05) I_n$。

（2）断路器的短路短延时保护S参数的设定方法

两只断路器上下级联用于线路保护，如果下级断路器的出口处发生了短路，我们总希望距离短路点最近的断路器先跳闸，于是断路器之间就需要有短路保护选择性匹配关系。

一般地，处于级联上端的断路器需要采用可调延时的短路保护，其电流整定范围是$(1 \sim 10) I_n$。

若断路器的负载中不但有馈电回路，同时也有电动机回路，则需要用到断路器的短路短延时保护。

$$I_2 \geq 1.1(I_L + 1.35 K_M I_{MN}) \tag{5-49}$$

式中，I_2为短延时脱扣整定电流；I_L为线路计算电流；K_M为线路中功率最大的一台电动机的起动电流比；I_{MN}为最大的一台电动机的额定电流。

例5-2 低压配电线路中最大功率的电动机为55kW，其额定电流$I_{MN} = 98A$，线路计算电流$I_L = 400A$，电动机起动比$K_M = 6$，试确定线路保护断路器的短路短延时保护参数I_2。

解：由式（5-49）得

$$I_2 \geq 1.1(I_L + 1.35 K_M I_{MN}) = 1.1 \times (400 + 1.35 \times 6 \times 98) A \approx 1313.2A \approx 3.28 I_L$$

我们发现I_2为断路器整定电流I_n（低压配电网计算电流I_L）的3.28倍，所以将此断路器的S参数整定到$4 I_n$即可，至于延迟脱扣的时间则要另行确定。

一般地，将断路器的短路短延时S保护参数整定值I_2取为整定电流的3~4倍即可。

（3）断路器的短路瞬时保护I参数的设定方法

当线路中发生了较大的短路时，我们期望断路器能尽快地切断短路电路，于是可利用断路器短路瞬时脱扣来实现这一目的。MCCB塑壳式断路器的瞬时脱扣整定值范围是$(1.5\sim12)I_n$，ACB框架式断路器的瞬时脱扣整定值范围是$(1.5\sim15)I_n$。

如果断路器的负载中同时存在馈电和电动机回路，则有

$$I_3 \geq 1.1(I_L + 1.35 K_p K_M I_{MN}) \tag{5-50}$$

式中，I_3为瞬时电流；I_L为线路计算电流；K_M为线路中最大的一台电动机的起动比；I_{MN}为最大的一台电动机的额定电流；K_p为电动机的起动冲击电流的峰值系数，其值可取1.7~2。

例5-3 低压配电线路中最大功率的电动机为55kW，其额定电流$I_{MN}=98$A，线路计算电流$I_L=400$A，电动机起动比$K_M=6$，试确定线路保护断路器的短路瞬时保护参数I_3。

解：由式（5-50）得

$$I_3 \geq 1.1(I_L + 1.35 K_p K_M I_{MN}) = 1.1 \times (400 + 1.35 \times 2 \times 6 \times 98) \text{A} \approx 2186.4 \text{A} \approx 5.5 I_L$$

我们发现I_3为断路器整定电流I_n（低压配电网计算电流I_L）的5.5倍，所以将此断路器的Ⅰ参数整定到$6I_n$即可。

一般地，将断路器的短路瞬时保护Ⅰ参数整定值I_3取为整定电流的6倍即可。

断路器脱扣器的整定值是按线路中的负荷来决定的。如果我们将电动机的功率改为75kW，那么结果就不一样了。

一般地，框架式断路器的短路短延时保护瞬时电流最大值不能超过10倍整定电流，而短路保护瞬时电流最大值不超过15倍整定电流。

> **素养提升**
>
> **电力系统继电保护专家——杨奇逊**
>
> 20世纪80年代初，一篇刊登在《光明日报》上的报道，让国人认识了杨奇逊。他的有关超高压电网继电保护的学术论文，在澳大利亚电气工程学会上被宣读，并在《英国电气工程学会学报》上发表，引起了国际同行和专家们的关注。1982年杨奇逊博士毕业后选择回国，他说祖国更需要我，我的学识、我的科研成果和我的心永远属于我的祖国和人民。回国后的杨奇逊来到华北电力大学任教，潜心研究，仅用半年时间就研制出我国第一台微机继电保护装置。杨奇逊说，一个技术难题的攻破，一个新产品的研制成功，最让他感到满足和欣慰。杨奇逊和他带领的课题组，相继推出了三代微机继电保护装置，被国内的电力运行单位迅速广泛采用，对电网安全运行起到了举足轻重的作用。杨奇逊在工作实践中重视科技创新，努力加速将科技成果转化为生产力，实现"产、学、研"的最佳结合。

5.4 项目练习：某水利项目短路计算及设备选择

5.4.1 项目背景

某市海塘安澜工程有三座水闸。各水闸拟由附近引一回10kV公用线路接入，具体供电方案尚需报供电部门审定。某水利设计院接到此工程的初步设计任务，需出具短路计算、设备选型等设计说明书。用于短路计算的水闸的电气主接线图如图5-10所示。

5.4.2 项目要求

（1）项目练习任务1：低压母线短路电流计算

采用短路电流实用计算法,即按照规范 SL 585—2012《水利水电工程三相交流系统短路电流计算导则》以及《工业与民用配电设计手册》(第4版)进行计算。变压器高压侧系统阻抗忽略不计。

(2)项目练习任务 2:设备选型

根据 DL/T 5729—2016《配电网规划设计技术导则》规定,本工程引自附近的 10kV 公用线路对侧变电站母线的短路电流水平不超过 20kA,因此本工程高压侧短路电流更不会超过 20kA。设备选择原则及计算公式见《水电站机电设计手册》(电气一次)以及 SL 561—2012《水利水电工程导体和电器选择设计规范》。

(3)项目练习任务 3:参数设定

根据项目练习相关内容,对项目练习任务 2 中所选型的设备进行保护参数设定。借助框架式断路器测试仪和智能配电集成与运维平台上的断路器,完成保护参数设定校验,确认参数设定是否合理并填写报告。

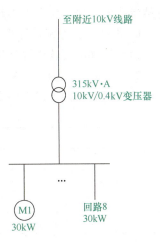

图 5-10 用于短路计算的水闸的电气主接线图

5.4.3 项目步骤

1. 项目练习任务 1

1)采用短路电流实用计算法计算低压母线短路电流。

变压器低压侧线电压 $U = 400\text{V}$

变压器每相回路的总电阻和总电抗(归算至 400V 侧),根据《工业与民用配电设计手册》(第4版)得

$$R_\Sigma = 5.6\text{m}\Omega \qquad X_\Sigma = 19.5\text{m}\Omega$$

变压器供给的短路电流周期分量起始有效值为

$$I''_{\text{TR}} = \frac{U}{\sqrt{3}\sqrt{R_\Sigma^2 + X_\Sigma^2}} = \frac{400}{\sqrt{3}\sqrt{5.6^2 + 19.5^2}}\text{kA} = 11.38\text{kA}$$

低压主配电屏的短路冲击电流为

$$i_{\text{sh}} = \sqrt{2}K_{\text{pTR}}I''_{\text{TR}} = 1.414 \times 1.35 \times 11.38\text{kA} = 21.72\text{kA}$$

电动机反馈电流供给的短路电流周期分量起始有效值为

$$I''_{\text{M}} = 4.3I_{\text{rM}} \times 10^{-3} = 8.2P_{\text{rM}} \times 10^{-3} = 8.2 \times 30 \times 10^{-3}\text{kA} = 0.246\text{kA}$$

电动机反馈电流短路冲击电流为

$$i_{\text{shM}} = \sqrt{2}K_{\text{pM}}I''_{\text{M}} = 11.6P_{\text{rM}} \times 10^{-3} = 0.348\text{kA}$$

计入低压异步电动机的影响后,短路点的三相短路电流起始有效值和三相短路电流峰值为

$$I''_{\text{k}} = I''_{\text{TR}} + I''_{\text{M}} = (11.38 + 0.246)\text{kA} = 11.626\text{kA}$$

$$i_{\text{sh}\Sigma} = i_{\text{sh}} + i_{\text{shM}} = (21.72 + 0.348)\text{kA} = 22.068\text{kA}$$

2)短路电流计算成果汇总,见表 5-19。

表 5-19 短路电流计算成果汇总表

短路点所处位置	I''_{k}/kA	$i_{\text{sh}\Sigma}/\text{kA}$
低压 380V 母线	11.626	22.068

2. 项目练习任务 2

(1)高压熔断器的选择

1)计算说明。

a. 根据 DL/T 5729—2016《配电网规划设计技术导则》,本工程引自附近的 10kV 公用线路对侧变

电站母线的短路电流水平不超过20kA，因此本工程高压侧短路电流更不会超过20kA。

b. 设备选择原则及计算公式见《水电站机电设计手册》（电气一次）以及 SL 561—2012《水利水电工程导体和电器选择设计规范》。

2）设备参数选择及验证。

某市海塘安澜工程水闸高压熔断器安装于高压侧，其选择见表 5-20。

表 5-20 高压熔断器选择

选择项目		数 值
计算值	工作电压/kV	10
	工作电流/A	18.2
	短路次暂态电流/kA	不超过 20
设备型号		XRNT-12
保证值	额定电压/kV	12
	最高允许工作电压/kV	12
	额定电流/A	30
	额定开断电流/kA	50
结论		满足

（2）低压断路器的选择

1）计算说明。

设备选择原则及计算公式见《工业与民用配电设计手册》（第 4 版）以及 SL 485—2010《水利水电工程厂（站）用电系统设计规范》。

2）参数选择及验证。

某市海塘安澜工程水闸低压断路器选择见表 5-21。

表 5-21 低压断路器选择

选择项目		数 值
计算值	工作电压/kV	0.4
	工作电流/A	478.6
	短路冲击电流/kA	21.72
	热稳定电流/kA	11.38
	三相短路电流周期分量/kA	11.38
设备型号		E1.2B,630A
保证值	额定电压/kV	0.4
	最高允许工作电压/kV	0.4
	额定电流/A	630
	额定极限短路分断能力/kA	42
	额定运行短路分断能力/kA	42
结论		满足

3. 项目练习任务 3

1）根据项目练习相关内容，计算框架式断路器保护参数设定值，并在智能配电集成与运维平台上修改框架式断路器保护参数设置。

2）将框架式断路器分闸并摇到试验位。

3）使用 Ekip T&P 工具连接计算机和框架式断路器。

4）打开 Ekip Connect 软件连接框架式断路器。

5）通过软件查看框架式断路器相关信息，并按照脱扣器校验测试报告内容填写。

6）进入测试界面，设置测试故障电流进行保护参数测试校验，并将测试结果填入表 5-22 的报告中。

表 5-22　脱扣器校验测试报告

开关型号：		开关编号：			
脱扣器号：		检测时间：			
L	过载长延时保护	☐ On　　☐ Off			
	额定电流门限倍数（Threshold I_1）				
	时间-电流曲线（Curve type）				
	预设时间（Time t_1）/s				
S	短路短延时保护	☐ On　　☐ Off			
	额定电流门限倍数（Threshold I_2）				
	时间-电流曲线（Curve type）				
	预设时间（Time t_2）/s				
I	短路瞬时保护	☐ On　　☐ Off			
	额定电流门限倍数（Threshold I_3）				
	预设时间/ms	$t \leqslant 60\text{ms}$			
G	接地故障保护	☐ On　　☐ Off			
	额定电流门限倍数（Threshold I_4）				
	时间-电流曲线（Curve type）				
	预设时间（Time t_4）/s				
测试	校验测试次数	1	2	3	
	校验故障电流 I_f/A				
	测试结果				

结论：

5.5　项目评价

项目评价表见表 5-23。

表 5-23　项目评价表

考核点	评价内容	分值	评分	备注
知识	请扫描二维码,完成知识测评	10 分		
技能	短路电流计算 高压熔断器选择 低压断路器选择 低压断路器 LSI 三段保护参数验证	80 分		依据项目 练习评价

智能供配电技术

(续)

考核点	评价内容	分值	评分	备注
素质	工位保持清洁,物品整齐	10 分		
	着装规范整洁,佩戴安全帽			
	操作规范,爱护设备			
	遵守 6S 管理规范			
总分				
项目反馈				

项目学习情况:

心得与反思:

项目 6
智能供配电系统二次设计

项目导入

随着我国经济建设的发展，对供配电系统的可靠性要求越来越高。新的数字化、智能化技术正不断融入供配电系统，尤其是承担着供配电系统控制、保护、调节、测量和监视一次回路中系统运行参数和各设备工作状况的二次回路，正在不断融入物联网、云服务等技术。本项目将从二次回路原理接线图设计、二次回路展开接线图设计、二次回路安装接线图设计和通信网络构架图设计等方面，学习继电保护装置、框架式断路器、塑壳式断路器、电量仪表等智能供配电设备的二次回路设计，并完成典型智能低压配电出线柜抽屉二次回路设计。

项目目标

知识目标
1）了解二次回路操作电源种类与应用。
2）掌握二次回路设计基本原则。
3）掌握二次回路标号。

技能目标
1）能根据一次图与设备说明书完成多功能电力仪表、智能断路器、继电保护装置等智能供配电设备的二次回路图设计。
2）能根据项目要求完成智能供配电系统通信网络构架图设计。

素质目标
体验数字技术助力乌镇物联网之光，使乌镇电网成为"具备承接国家一类会议保供电能力的国际一流电网"，提升学生学习数字技术的动力。

6.1 项目知识

由二次设备互相连接，构成对一次设备进行监测、控制、调节和保护的电气回路称为二次回路，是在电气系统中由互感器的二次绕组、测量监视仪器、继电器、自动装置等通过控制电缆联成的电路。二次回路包括测量回路、继电保护回路、开关控制及信号回路、操作电源回路、断路器和隔离开关的电气闭锁回路等全部低压回路。

知识 6-1 二次回路的操作电源

操作电源（控制电源）主要为二次回路提供所需的电源，高压二次回路的操作电源主要有直流和交流两大类，低压二次回路的操作电源一般为交流。直流操作电源主要有蓄电池和硅整流直流操作电源两种。对采用交流操作的断路器应采用交流操作电源，对应的所有二次回路如保护回路继电器、信号回路设备、控制设备等均采用交流形式。

知识 6-2 二次回路图设计

电气图为用电气图形符号、带注释的围框或简化外形表示电气系统或设备中组成部分之间相互关系及其连接关系的一种图。

1. 电气图的组成

一份完整的二次回路电气图主要包括图样总目录、技术说明、电气设备平面布置图、控制系统方框图、电气原理图（控制柜图、元件布板图、控制原理图、接线端子图、设备接线图、元器件清单）和使用说明书六部分。二次回路电气图组成与功能见表 6-1。

表 6-1 二次回路电气图组成与功能

组成部分		功　能
图样总目录		根据表达功能的不同，列出整套电路图中每一部分的起始页面；便于根据使用情况迅速查找详图，编制时最好占用 1 页
技术说明		指整套电路图所表达的控制系统的技术说明，这一部分应列出本系统的用电功率要求、主要设备性能指标、系统控制精度、采用的先进技术等，编制时占 1~2 页
电气设备平面布置图		指整个系统的每个设备、每个单元在用户现场的实际摆放位置，该图是指导现场设备安装具体位置的唯一依据，制作时可用简易方框图的形式表示，每一部分定位必须准确，编制时必须占 1 页
控制系统方框图		指用方框图的形式绘出系统的控制流程，这一部分应该力求准确，因为它是别人读懂电路图的主线和编程的控制思路，也是进行装配时谨防出现重大错误的参照，编制时必须占 1 页
电气原理图	控制柜图	包括控制柜外形尺寸图、散热风扇安装位置开孔尺寸图和前面板元件开孔尺寸图，需注明柜体颜色，是否带底座、照明灯等。该图绘制时参照机械图绘图规则进行，为了表达清楚，每个柜子占用一张图，有几个柜子画几张
	元件布板图	指控制柜内元器件的安装位置图，它是控制柜施工配线的依据。绘制时以每一器件的实际尺寸为依据，必须准确，为了表达清楚每块安装板绘制一张布板图，有几个安装板画几张
	控制原理图	是整个电气原理图的核心，应按电源的走向或信号的走向，以先后的顺序绘出每张图，图样的大小为 A4，横向使用，标题栏等内容具体描述参考图样设计一般要求
	接线端子图	是组装控制柜的依据，绘制时端子排上必须有每个端子的位置编号、线号、导线的引入引出位置等，需要跨接的端子的位置也要标示出来，该图最好做到每个端子排用 1 页
	设备接线图	是控制柜、箱与现场分散设备之间接线的依据，绘制时要标清电缆的起始位置、电缆号、电缆每芯线号、电缆芯数、电缆截面积和长度等，同时考虑检修的需要，电缆中应留出适当数量的备用线
	元器件清单	是设备采购及柜体装配的依据，清单中须包含序号、元件名称、型号、数量、生产厂家等参数
使用说明书		是指本套电路图所表达的控制系统的使用说明，因另有整套设备说明书，所以这一部分可简单地写出本系统的开关机步骤、使用注意事项、遇到特殊情况的应急处理方法等，根据系统的复杂程度，可适当增减内容

工程师设计图样时应该使用标准化的设计依据，设计人员遵循标准，使电气图的表达清晰、完整、统一，工作达到规范化、标准化的目标。设计时可以依据电气制图相关国家标准。

2. 图样设计一般要求

（1）图样结构及要求

图纸幅面、标题栏，图幅分区，设备材料表，设计说明等根据情况设置。

（2）图样幅面

幅面从大到小依次为 A0、A1、A2、A3 和 A4，幅面大小的选择原则为根据绘图内容的多少选择，内容较多时，可以把内容分割至多张图样；同一项目具有统一性；常用图幅为 A3 和 A4。

（3）标题栏

每张图样都必须画出标题栏，标题栏用来确定图样的功能、名称、属性等，用于编辑图样目录的图号、张次、设计单位及相关人员签署等内容的栏目，便于查阅图样的相关信息，根据情况设置。标题栏样例如图 6-1 所示。

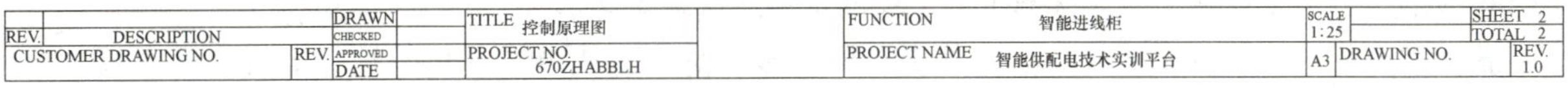

REV.	DESCRIPTION	DRAWN CHECKED	TITLE 控制原理图		FUNCTION	智能进线柜	SCALE 1:25	SHEET 2
CUSTOMER DRAWING NO.		REV. APPROVED DATE	PROJECT NO. 670ZHABBLH		PROJECT NAME	智能供配电技术实训平台	A3	DRAWING NO.	TOTAL 2 REV. 1.0

图 6-1 标题栏样例

（4）设备材料表

位于布置图或控制原理图中。功能元件配置说明见表 6-2，包括序号、代号、名称、型号规格、数量以及备注等。材料表在图样中不是必需的，如果元件数量较多，可以提供设备材料清单进行说明，如用 Excel 表格形式。

表 6-2 功能元件配置说明

名称	配置说明
序号	排列原则，先划分区域，如元件安装位置柜内还是柜外，然后根据元件的主次或者经济价值排列，相同属性的元件紧邻排序，相同规格型号的紧邻排列
代号	以文字符号表示；在控制原理图以及设备接线图中的代号
名称	说明此元件属于哪一类元件并兼顾功能含义，即元件文字符号对应的中文名称
型号规格	元件参数的一个缩写，提供设计中用到的重要参数，如元件的外观、颜色、性能、工况等，是选型以及装配的依据
数量	数量的统计，如，型号规格相同但是代号不同的 2 个断路器，可以统计在相同的行且数量相加即可，是采购、安装、领料的依据
备注	可以对元件的代号、规格型号、数量进行补充说明

3. 图样绘制

二次图样绘制涵盖控制原理图、设备接线图。控制原理图是安装接线图的依据，是电气调试理论分析的基础；设备接线图是工程准确、高效地实施安装、接线的依据。

（1）控制原理图

控制原理图有两种绘制方式。一种是将一个二次元件的各组成部分（如继电器的线圈和触点）集中绘在一起，二次元件以整体的形式在电路图中绘出，也称为归总式控制原理图，简称原理图；另一种是将一个二次元件的各组成部分分别绘在其相应的回路中，也称为展开式控制原理图，简称展开图。

原理图主要用于表示二次回路的工作原理，它是安装接线设计的原始依据。由于原理图上各元件之间的联系是以元件整体连接来表示的，对简单的二次回路可以一目了然。

展开图的特点是将交流回路与直流回路划分开。交流回路分为电流回路与电压回路；直流回路分为直流操作回路与信号回路等。

（2）设备接线图

设备接线图简称接线图，用来表示配电装置或设备中各元件之间连接关系，主要用于二次回路的安装接线、线路检查、线路维修和故障处理。其涵盖柜（屏）面布置图、柜体装配图，工艺接线图。柜（屏）面布置图和柜体装配图是指从柜（屏）的正面看，将各种电器设备的实际安装位置按比例画出的正视图，是进行电器安装的重要依据，是成套电器设备厂必需参考的图样，以便厂家在生产过程中设计柜体生产的方案。高低压配电装置继电器（仪表）室开孔位置的原则为外观上要易观察、易操作、易安装、统一性、合理性、美观性；安装接线操作上考虑元件的深度以及与相邻元件是否接触，要留有余度，以及满足电气绝缘要求；整体设计时，参考相应柜体的技术设计规范或标准。

1）二次元件表示方法。由于二次元件都是从属于某一次元件或线路的，而其一次元件或线路又是从属于某一成套电气装置的，因此所有二次元件必须按 GB/T 5094.1—2018 规定，标明其项目种类代号，如，断路器用 QF 表示，中间继电器用 KA 表示。

2）接线端子表示方法。在二次回路的安装接线中，在同一屏（板、盘）上的二次元件之间的相互连接，直接用导线连接即可；而屏（板、盘）外的导线或设备与屏（板、盘）上的二次元件相连时，必须通过端子排。端子排由专门的接线端子板组合而成。

接线端子分为普通端子、连接端子、试验端子和终端端子等形式。

普通端子用来连接由屏（板、盘）外引至屏（板、盘）上或由屏（板、盘）上引至屏（板、盘）外的导线。

在接线图中，端子板的符号标志如图 6-2 所示。端子板的文字代号为 X，端子的前缀符号为 ":"。实际上所有二次元件上都有接线端子。接线图上的端子代号应与二次元件上的端子标记相一致。当二次元件的端子没有标记时，应在接线图上设定端子代号。

图 6-2 端子板的符号标志

3）连接导线表示方法。接线图中端子之间的连接导线有以下两种表示方法。

① 连续线表示法。端子之间的连接导线用实际线条表示，如图 6-3 所示。

② 中断线表示法。端子之间不连接导线，而只在每个端子处标明相连导线对方端子的代号，即采用对面标号法（或称相对标号法）来标注端子，如图 6-4 所示。

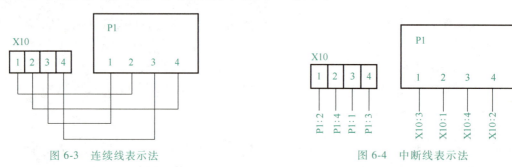

图 6-3 连续线表示法　　　　　　　　图 6-4 中断线表示法

用连续线来表示连接导线，在连线比较多时，就会使二次回路变得相当繁杂，不易辨识。因此在不致引起误解的情况下，规定用加粗的线条来表示导线组或电缆，但还是不如用中断线表示法简明。因此，配电装置二次回路的接线图多用中断线表示法，即对面标号法来绘制，以便安装接线和维护检修时使用。

知识 6-3　二次回路的标号

为了安装施工和投入运行后维护检修方便，在电气二次回路图中需要对回路进行编号，称为回路编号或回路标号，也称为线号，由于以数字为基础，所以又称为数字标号或数字编号。回路标号不仅在图样上标明，在电气二次设备和元件上也要标注。基本应用原则如下：

1）二次回路标号一般由 3 位或 3 位以下的数字组成。

2）在垂直排列的电路图中，标号一般是从上向下按顺序编排；在水平排列的电路图中，标号一般是从左向右按顺序编排。

3）二次回路的标号按"等电位"原则进行，连接在同一点上的所有导线电位相等，所以应标相同的标号；被线圈、绕组、各类开关、触点、电阻或电容等所间隔的线段则视为不同的线段，应标以不同的标号。

4）一般情况下，主要降压元件（如线圈、绕组、电阻等）的一侧全部用奇数标号，另一侧全部用偶数标号。

5）当行业和部门对某一方面有专门规定时，应按专门规定编排。

1. 直流回路标号

对于不同的直流回路，其数字标号的范围如下：

1）保护回路用 01～099，单数表示正极回路的线段，每隔一元件变一次单数号，如 01、03、05、……；双数表示负极回路的线段，每隔一元件变一次双数号；不论保护作用于几个开关，都可以连续标下去，直至 099 为止。

2）控制回路用 1～599，即 1～99、101～199、201～299 直到 501～599，同样是单数代表正极回路，双数代表负极回路。具体划分见表 6-3。

表 6-3 控制回路标号划分

回路名称	标号 Ⅰ	Ⅱ	Ⅲ	Ⅳ
正电源回路	1	101	201	301
负电源回路	2	102	202	302
合闸回路	3～31	103～131	203～231	303～331
绿灯或合闸回路监视回路	5	105	205	305
跳闸回路	33～49	133～149	233～249	333～349
红灯或跳闸回路监视回路	35	135	235	335
备用电源自动合闸回路	50～69	150～169	250～269	350～369
开关设备的位置信号回路	70～89	170～189	270～289	370～389
事故跳闸音响回路	90～99	190～199	290～299	390～399
闪光母线	100			

3）信号及其他回路用 701～999，其中 701～729 为正、负电源回路及辅助小母线；730～799 为隔离开关位置信号回路；871～879 为合闸回路；809～899 为隔离开关的操作闭锁回路；901～949 为单独的预告信号回路。

2. 交流回路标号

交流回路的标号范围：电流回路为 400～599；电压回路为 600～799。

交流回路的标号应在数字前加字母 A、B、C、N 等，以表示相序，并以 9 位连续数字编为一组，如电流回路为 A401～A409、B401～B409、C401～C409，直至 A591～A599、B591～B599、C591～C599等。电压回路与电流回路相同，如电压互感器为 A601～A609，直至 A791～A799 等。

在电流回路或电压回路中的线段，则按数字的连续顺序标号，如 A411、A412、A413 或 A611、A612、A613 等。

6.2 项目准备

本项目实施需要的设备和软件如下：

1）1台安装 AutoCAD 软件的计算机。
2）1套某机场智能供配电系统一次回路图及设计说明。

在完成二次回路操作电源、二次回路图设计要求以及二次回路的标号等知识点学习的基础上，以某机场智能供配电项目为案例，根据设计院的一次图与设计说明等资料，完成如下4个项目实训任务：

任务 6-1　智能低压进线柜电量监测回路设计。
任务 6-2　智能低压进线柜断路器控制回路设计。
任务 6-3　高压出线柜真空断路器控制回路设计。
任务 6-4　智能供配电系统通信网络构架图设计。

6.3　项目实训

任务 6-1　智能低压进线柜电量监测回路设计

多功能电力仪表为一种具有可编程、测量、显示、数字通信和电能脉冲变送输出等多种功能的智能仪表，其可测量一次回路电压、电流、频率、有功功率、无功功率等电量参数。本任务以智能低压进线柜所配置的 M1M 系列仪表为例，了解常见多功能电力仪表对主回路电量进行监测的二次回路设计。

1. M1M 系列仪表端子接线图

M1M 系列仪表的背面共有三排接线端子，其端子示意图如图 6-5 所示，端子定义表见表 6-4。

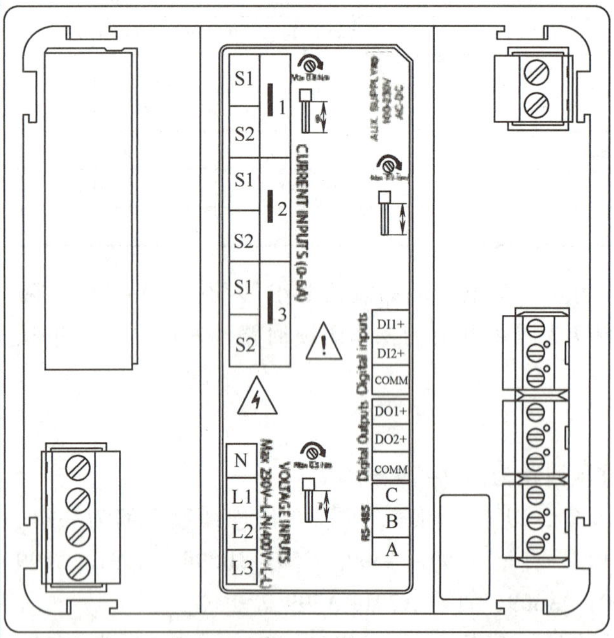

图 6-5　M1M 系列仪表端子示意图

表 6-4　M1M 系列仪表端子定义表

端子名称	端子代号	
电源	AUX	+
	AUX	−
电压输入	N	3
	L1	4
	L2	5
	L3	6
	N	7
通信	A	8
	B	9
	C	10
电流输入	I1-S1	11
	I1-S2	12
	I2-S1	13
	I2-S2	14
	I3-S1	15
	I3-S2	16
继电器输出	DO1	23
	DO2	24
	COM	25
开关量输入	DI1	28
	DI2	29
	COM	32

根据多功能电力仪表应用的场合不一样,其控制原理图可分为三相四线制 3TA、三相四线制 1TA、三相三线制 3TA、三相三线制 2TA、三相三线制 1TA 等,在此介绍常用的三相四线制 3TA 应用,其控制原理图如图 6-6 所示。

一次回路电压经过熔断器后接入仪表 L1、L2、L3 端子,实现主回路电压信号采集,A 相 TA 接入 I1S1、I1S2 端子,B 相 TA 接入 I2S1、I2S2 端子,C 相 TA 接入 I3S1、I3S2 端子(在实际设计中,I1S2、I2S2、I3S2 端子可能会短接,且 TA 电流汇总线必须接地,避免电流互感器二次回路开路后产生的高压伤及人身),RS485 的 A、B 端子为通信端子,接至边缘控制器。

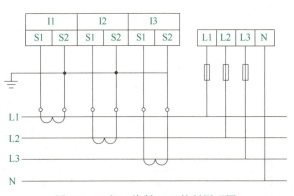

图 6-6 三相四线制 3TA 控制原理图

2. 智能低压进线柜一次回路电量测量图

如图 6-7 所示,在一次回路上采用 3 个 TA,它将一次回路中的大电流变送为 0~5A 小电流,并输送到多功能电力仪表电流采样端,智能供配电系统通过多功能电力仪表 M1M,实现电压、电流等信号的采集。

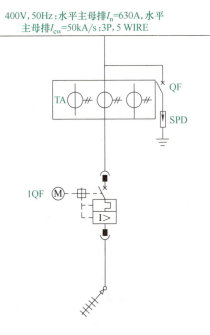

柜号		柜宽×柜深	P1	600mm×800mm	
回路名称			进线一		
额定容量					630A
主要元器件			描述		数量
1	开关		E1.2N630 T L-SI		1
	规格		WMP3P,FP:E1.2/1600 VR 3P+AUP6		
	附件1		MYOYC220V,4CO,KLC20008,PBC		
	附件2		Modbus,COM-ACT,PMS		
	附件3		Ekip Com Hub		
2	保护互感器				
3	电流表				
4	电压表				
5	功能仪表		M1M20		1
6	电流互感器		BH-0.66 30I 30/5 1T 2.5V·A		3
7	熔断器开关				
8	熔断器				
9	浪涌抑制器		NXU-Ⅱ-65kA/380V-4P		1
10	微型断路器		SH204-C50		1
11	控制变压器				
12	一次端子				
13	温湿度控制器				
14	HMI		VFACE-12		1
15	备注1				
16	备注2				
17	电缆规格				

图 6-7 智能低压进线柜一次回路图

3. 进线柜电量监测二次回路设计

根据进线柜一次回路图设计进线柜电量监测二次回路。首先根据控制与监测逻辑完成二次回路控制原理图设计。在本任务中,由于所配置的框架式断路器自带通信接口,不需多功能电力仪表采集断路器分/合闸与故障信号,M1M 多功能电力仪表仅需实现电流、电压、功率、有功功率、无功功能等电量的采集与显示,并且通过通信接口送至边缘控制器。而功率、有功功率、无功功能等电量可以通过采集电流和电压间接计算获得,因此多功能电力仪表仅需采集一次回路电压与电流信号,如图 6-8 所示。一次回路的 L、N 电源为多功能电力仪表提供操作电源。

如图 6-9~图 6-11 所示,电压信号为 $U_1~U_3$,L1~L3 相直接经熔断器 FU1~FU3 接入 M1M 的 L1、

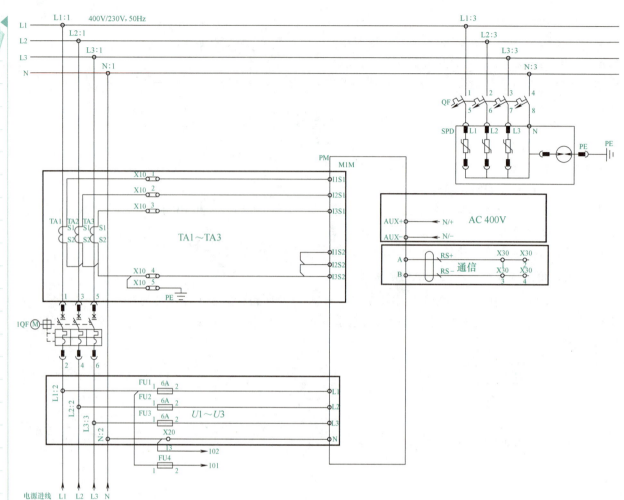

图 6-8 进线柜电量监测二次回路电气控制原理图

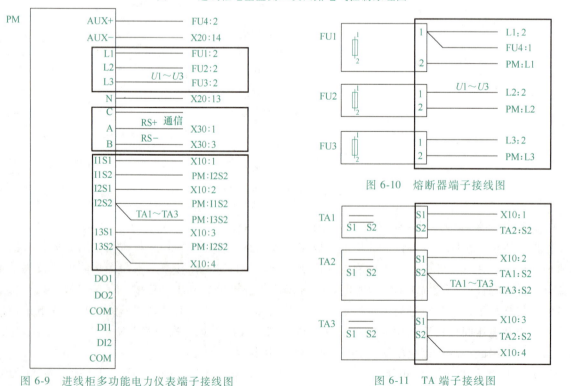

图 6-9 进线柜多功能电力仪表端子接线图

图 6-10 熔断器端子接线图

图 6-11 TA 端子接线图

L2、L3 端子，N 相接至 X20 端子排 13 号端子。电流信号 3 个 TA 的 S1 端分别经 X10 端子排 1、2、3 号端子接至多功能电力仪表 I1S1、I2S1、I3S1 端子，3 个 TA 的 S2 端并联接至 X10 端子排 4 号端子与 X10 端子排 5 号端子短接，接至保护地。

> 思考：
> 为什么电压信号要经过熔断器接至多功能电力仪表？

任务 6-2　智能低压进线柜断路器控制回路设计

断路器是一种能接通、承载以及分断正常电路条件下的电流，也能在所规定的非正常电路（如短路）下接通、承载一定时间和分断电流的一种开关电器。在低压配电系统中，一般在 $I \geqslant 630A$ 时采用框架式断路器，反之则采用塑壳式断路器。本任务以智能低压进线柜所配置的 E2 系列框架式断路器为例，学习常见框架式断路器的二次回路设计。

1. 智能低压进线柜一次回路介绍

智能低压进线柜一次回路如图 6-12 所示，一次回路采用一台 E1.2N630 框架式断路器来实现主回路接通与分断，并且配置 1 个 AC220V 分合闸线圈（YO/YC）、1 个 Modbus 通信附件以及 1 个云服务模块。系统采用电缆下进线的方式，线路中的浪涌抑制器能有效地防止雷击过电压和操作过电压。

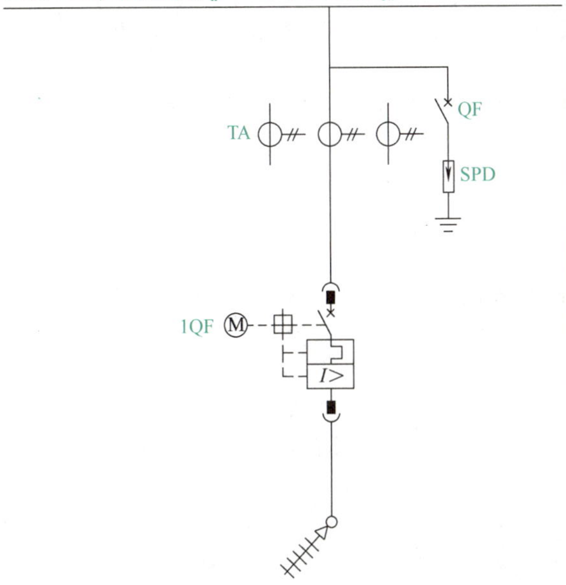

柜号		柜宽×柜深 P1		600mm×800mm
回路名称		进线一		
额定容量				630A
主要元器件		描述		数量
1	开关	E1.2N630 T L-SI		1
	规格	WMP 3P, FP:E1.2/1600 VR 3P+AUP6		
	附件1	MYOYC220V, 4CO, KLC20008, PBC		
	附件2	Modbus, COM-ACT, PMS		
	附件3	Ekip Com Hub		
2	保护互感器			
3	电流表			
4	电压表			
5	功能仪表	M1M20		1
6	电流互感器	BH-0.66 30I 30/5 1T 2.5V·A		3
7	熔断器开关			
8	熔断器			
9	浪涌抑制器	NXU-Ⅱ-65kA/380V-4P		1
10	微型断路器	SH204-C50		1
11	控制变压器			
12	一次端子			
13	湿温度控制器			
14	HMI	VFACE-12		1
15	备注1			
16	备注2			
17	电缆规格			

400V，50Hz；水平主母排 I_n=630A，水平主母排 I_{cw}=50kA/s；3P，5WIRE

图 6-12　智能低压进线柜一次回路图

2. E2 框架式断路器接线端子介绍

E2 框架式断路器控制单元为电子脱扣器，其接线端子图如图 6-13 所示。框架式断路器分为固定式和抽出式两种，接线端子都位于断路器顶部，分为辅助电源（工作电源或控制电源）、合闸弹簧储能操作机构（储能电动机工作电源）、触头信号（脱扣信号触头、弹簧储能操作机构位置触头、合闸准备就绪触头、断路器分/合闸辅助触头等）、各类控制线圈（YR 电气复位线圈分闸线圈、合闸线圈、第二分闸线圈和欠电压脱扣器等）、Trip Unit I/O（脱扣器 I/O 单元区）以及其他模块。端子采用快速插拔端子片，提高接线效率和故障维修更换速率。接线端子下方清晰地标注着各端子号及断路器内部元件文字符号，方便快速识别。

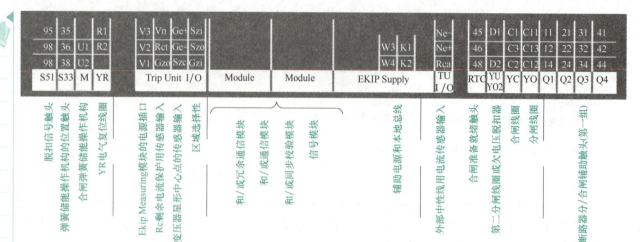

图 6-13 E2 框架式断路器脱扣器接线端子图

（1）框架式断路器 S51/S33/M/YR 接线端子

该组接线端子内部电气原理图如图 6-14 所示，主要包括 S51 脱扣信号触头回路、S33 弹簧储能操

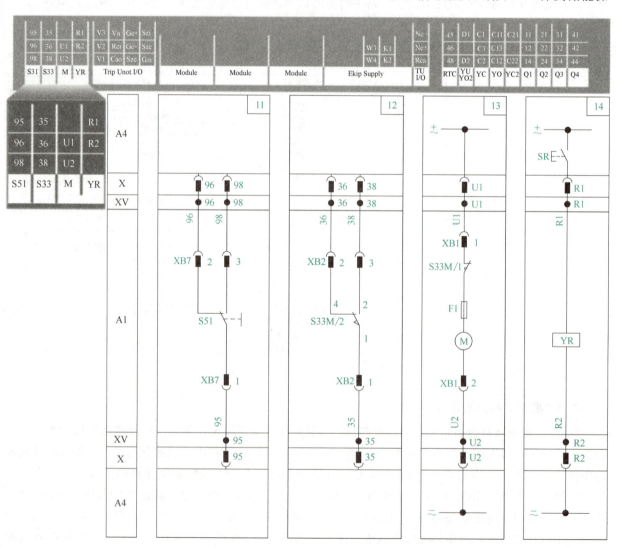

图 6-14 E2 框架式断路器 S51/S33/M/YR 端子内部电气原理图

- 128 -

作机构就绪位置信号触头回路、M弹簧储能电动机回路和YR脱扣复位线圈回路。

1) S51脱扣信号触头回路接线端子号分别是95#、96#和98#。95#为公共端、96#为常闭信号、98#为常开信号，当主回路中发生电气故障使框架式断路器跳闸时，S51触头被断路器内部机械机构触发动作，96#常闭信号变常开、98#常开信号变常闭，该触头信号可接入控制回路作为故障保护用，或控制指示灯作为信号指示使用。

2) S33弹簧储能操作机构就绪位置信号触头回路接线端子号分别是35#、36#和38#。35#为公共端、36#为常闭信号、38#为常开信号，该位置触头开关安装在断路器弹簧储能机构处，当断路器弹簧储能触发S33触头开关时，36#常闭信号变常开、38#常开信号变常闭，该触头信号通常用于控制指示灯作为信号指示使用。

3) M弹簧储能电动机回路接线端子号分别是U1#和U2#。在U1#、U2#端子上加220~250V控制电压，储能电动机M启动，当弹簧完成储能后，带动一个与其机械联动的储能限位开关S33M/1动作，使常闭触头断开，电动机的储能回路切断，电动机储能结束。当合闸动作后，储能限位开关自复位，若U1#、U2#端子上控制电压仍存在，新的一次储能开始。注意：从开始储能至储能完成指示牌动作，期间电源消失，停止储能，再次得电后，在原来储能基础上继续储能，直到完成。

4) YR脱扣复位线圈回路接线端子号分别是R1#和R2#。当主回路中发生电气故障，框架式断路器跳闸时，断路器本体上的"T. U. Reset"弹出，未复位之前框架式断路器无法再次进行合闸操作。没有安装脱扣复位线圈的断路器需操作人员现场对齐进行复位操作，配置YR脱扣复位线圈后，在R1#、R2#端子上加控制电压，即可实现复位操作，配合智能供配电控制系统可达到远程复位操作功能。

(2) 框架式断路器Trip Unit I/O接线端子

该组接线端子主要包括Ekip Measuring模块的电压插口（V3#、V2#、V1#和Vn#）、Rc剩余电流保护用传感器输入端（Rct#、Rca#、Ge-#、Ge+#）、变压器星形中心点的传感器输入端（Ge-#、Ge+#）、区域选择性保护接口（Szi#、Szo#、Gzi#、Gzo#），该组接线端子部分存在多种用途，端子具体功能取决于配置的附件以及外部配合元件的功能，Trip Unit I/O接线端子本项目不做要求，想了解具体内容可查阅E2框架式断路器说明手册。

(3) 框架式断路器Ekip Supply接线端子

该组接线端子内部电气回路图如图6-15所示，Ekip Supply即框架式断路器的电源模块，将外部输入的AC/DC110~220V电压转换为DC24~48V电压为电子脱扣器提供工作电源，K1#、K2#为外部输入端，W3#、W4#为本地总线。

(4) 框架式断路器合/分闸线圈接线端子

E2框架式断路器合/分闸线圈接线端子内部电气回路图如图6-16所示，具体介绍如下。

1) YC合闸线圈接线端子号分别是C1#和C2#。只有当操作机构的合闸弹簧已储能且框架式断路器已做好合闸准备时，才能合闸。在C1#、C2#端子加上AC220~240V控制电压，合闸线圈得电，框架式断路器合闸。配有通信模块的断路器，加装Ekip Com远程控制模块并在C3#端子上提供控制电压，可实现以通信的方式远程控制框架式断路器合闸。

2) YO分闸线圈接线端子号分别是C11#和C12#。当框架式断路器合闸后，在C11#、C12#端子加上AC220~240V控制电压，分闸线圈得电，框架式断路器分闸。配有通信模块的框架式断路器，加装Ekip Com远程控制模块并在C13#端子上提供控制电压，可实现以通信的方式远程控制框架式断路器分闸。

3. 进线柜框架式断路器控制回路设计

根据一次回路图和框架式断路器接线端子描述，设计进线柜框架式断路器控制回路图。本任务所设计的框架式断路器需实现电气合/分闸、远程通信合/分闸两种不同的控制模式；框架式断路器

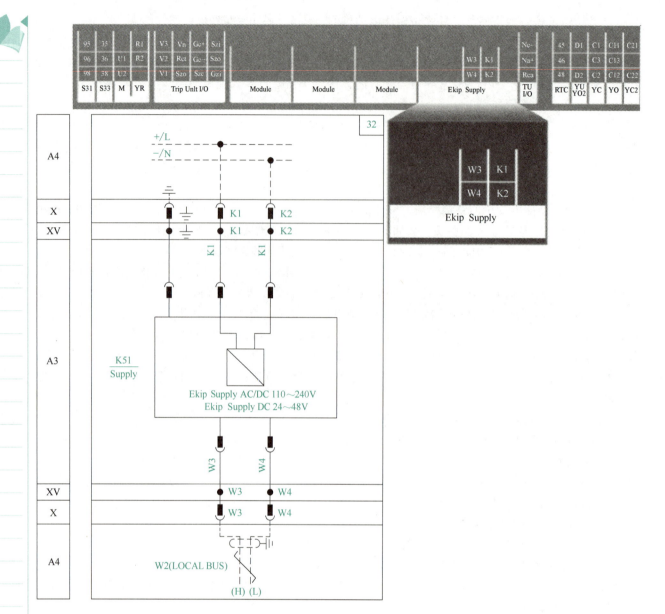

图 6-15 E2 框架式断路器 Ekip Supply 端子内部电气回路图

合分闸后储能电动机能自动为弹簧进行储能；配置储能指示灯、合/分闸指示灯；控制电源采用 AC220V。

根据任务要求分析框架式断路器控制原理图设计思维，以搭积木的方式将控制电气回路拆分为控制电源、合闸回路、分闸回路、储能回路、状态信号指示回路和脱扣器供电回路，一步步完成最终图样设计。

（1）合闸回路

通过合闸按钮实现手动电气控制框架式断路器合闸功能，需要注意的是合闸线圈不能长时间通电。

实现方法：通过合闸回路工作原理分析，将控制电源、合闸按钮、C1#和C2#端子之间的电气回路串联，考虑到合闸线圈不能长时间通电，还需在控制回路中串接常闭辅助触头，断路器合闸后，切断合闸回路电源。为 C3#端子接入电源实现远程合闸功能。

原理图设计方法：以合闸回路额定电压为 AC220V 为例，注意：从检修安全角度，开关控制相线或电源正极，位于被控对象之前。合闸回路原理图设计步骤如图 6-17 所示。

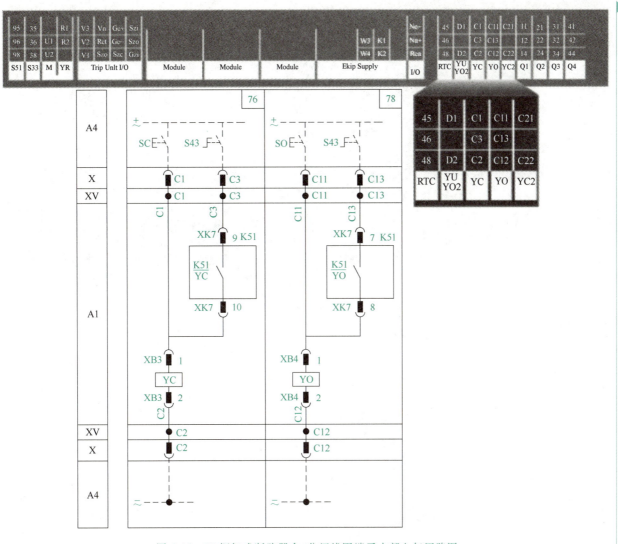

图 6-16 E2 框架式断路器合/分闸线圈端子内部电气回路图

第 1 步：排列元件图形符号，确定控制电源、控制开关、合闸按钮、合闸单元位置。

第 2 步：标注电气符号、代号以及各元件接线端子号。

第 3 步：从电源 L 端开始连线，到电源 N 端结束。

第 4 步：添加回路编号，检查是否有遗漏部分，最终完成回路图设计。

（2）分闸回路

通过分闸按钮实现手动电气控制框架式断路器分闸功能，需要注意的是与合闸线圈一样，分闸线圈不能长时间通电。

实现方法：通过分闸回路工作原理分析，将控制电源、分闸按钮串联，将 C11#和 C12#端子之间的电气回路串联，考虑到合闸线圈不能长时间通电，还需在控制回路中串接常开辅助触头，断路器分闸后，切断合闸回路电源。为 C13#端子接入电源实现远程分闸功能。

原理图设计方法参考合闸回路的设计方法。

（3）储能回路

储能回路采用自动储能的方式，当弹簧储能后完成一次分合闸动作后，储能电动机自动运转带动弹簧完成储能。

实现方法：通过储能回路工作原理分析，把控制电源接入储能回路 U1#、U2#端子即可。

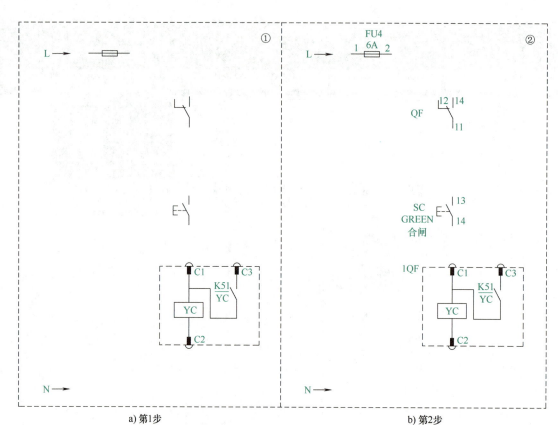

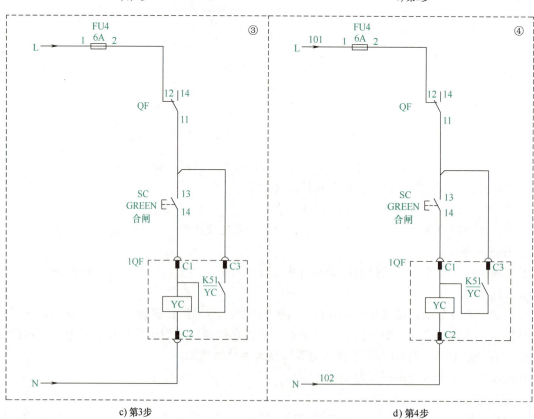

图 6-17 合闸回路原理图设计步骤

原理图设计方法：参考合闸回路的设计方法。

（4）信号状态指示回路

1）储能指示。用白色指示灯表示断路器储能状态，白色指示灯亮表示断路器已储能，白色指示灯熄灭表示断路器未储能。

实现方法：通过控制电源、黄色指示灯、储能常开触头35#和38#，组成储能指示回路。

原理图设计方法：参考合闸回路的设计方法。

2）合闸指示。通过红色指示灯的亮灭表示断路器合闸状态。

实现方法：通过控制电源、红色指示灯、断路器的辅助常开触头31#和34#，组成合闸指示回路。

原理图设计方法：参考合闸回路的设计方法。

3）分闸指示。通过绿色指示灯的亮灭表示分闸状态。

实现方法：通过控制电源、绿色指示灯、断路器的辅助常闭触头41#和42#，组成分闸指示回路。

原理图设计方法：参考合闸回路的设计方法。

（5）脱扣器供电回路

脱扣器供电采用专用的供电模块，输入电压为AC110~240V。

实现方法：通过脱扣器供电回路工作原理分析，把控制电源接入K1#、K2#端子即可。

原理图设计方法：参考合闸回路的设计方法。

（6）整合回路

整合以上各回路并设置相应的端子，以方便接线，将端子号标记在图样中，框架式断路器控制回路图如图6-18所示。

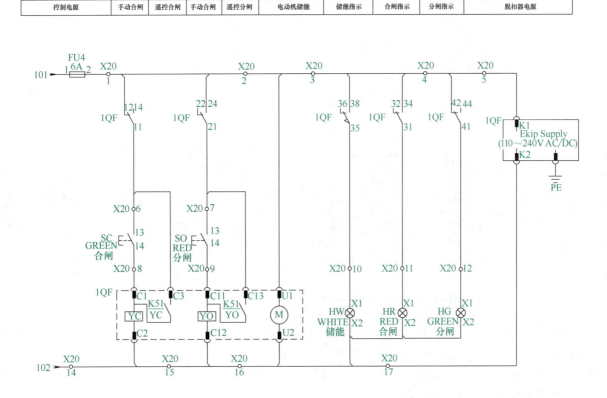

图6-18 框架式断路器控制回路图

（7）根据框架式断路器控制回路图，绘制安装接线图和接线端子图，如图6-19和图6-20所示。

设备连接图/Device Connection Diagram

门板接线图

柜内接线图

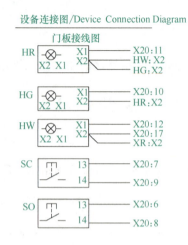
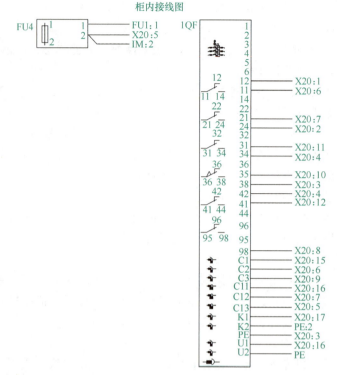

图 6-19　安装接线图

端子图表/Terminal Diagram

目标代号 Connecting Objects	连接线 代号 Wire Number	端子 Terminals	短接线 Jumper	连接线 代号 Wire Number	目标代号 Connecting Objects	备注 Remark
1QF:12		1	•			
1QF:24		2	•			
1QF:U1		3	•		1QF:38	
1QF:34		4	•		1QF:42	
FU4:2		5			1QF:K1	
SB1:13		6			1QF:11/1QF:C3	
SB2:13		7			1QF:21/1QF:C13	
SB1:14		8			1QF:C1	
SB2:14		9			1QF:C11	
HW:X1		10			1QF:35	
HR:X1		11			1QF:31	
HG:X1		12			1QF:41	
IM:7		13	•			
IM:3		14	•			
N:2		15			1QF:C2	
1QF:U2		16			1QF:C12	
HW:X2		17			1QF:K2	

图 6-20　接线端子图

任务 6-3　高压出线柜真空断路器控制回路设计

高压真空断路器是一种应用在 10~40.5kV，能够接通、承载和分断正常运行电路中的电流，也能在非正常运行的电路中（过载、短路），按规定的条件接通、承载一定时间和分断电流的开关电器。本任务以机场智能高压配电系统出线柜为例，开展真空断路器二次回路设计的学习，重点介绍真空断路器与继电保护装置电气控制原理。

1. 真空断路器端子接线图

真空断路器通过二次回路进行控制，断路器具备储能、合闸、分闸，欠电压分闸，合闸闭锁等功能，真空断路器与继电保护装置配合，实现高压线路供电保护，图 6-21 所示为高压真空断路器控制原理图。

项目6 智能供配电系统二次设计

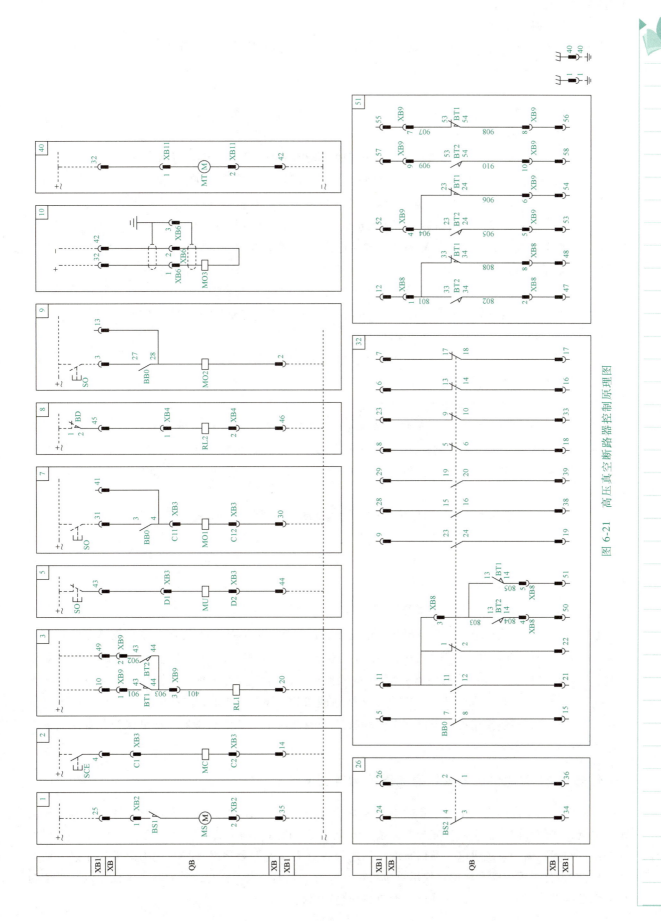

图 6-21 高压真空断路器控制原理图

QB 为断路器主开关。

MS（端子号 25、35）为合闸弹簧储能电动机，储能弹簧储能后方可合闸。

MC（端子号 4、14）为并联合闸脱扣器。

RL1（端子号 10、20、49）为闭锁电磁铁，失电时闭锁断路器不能合闸。

MU（端子号 43、44）为欠电压脱扣器，电压低于正常值时，断路器跳闸。

MO1（端子号 30、31、41）为第一并联分闸脱扣器，即断路器分闸线圈。

RL2（端子号 45、46）为闭锁电磁铁，失电时机械闭锁断路器手车不能摇入、摇出。

MO2（端子号 2、3、13）为第二并联分闸脱扣器，即第二个断路器分闸线圈。

MO3（端子号 32、42）为过电流脱扣器，由在断路器外的特殊继电器触发（选装）。

MT（端子号 32、42）为断路器手车驱动电动机，实现断路器电动摇入、摇出（选装）。

BS2（端子号 24、34、26、36）为合闸弹簧储能/未储能信号触头。

BB0（端子号参照原理图 BB0 开闭点）为断路器分/合闸辅助开关。

BT2（端子号参照原理图 BT2 开闭点）为断路器隔离位置信号触头。

BT1（端子号参照原理图 BT1 开闭点）为断路器运行位置信号触头。

端子号 1、40 为断路器接地线连接端子。

高压断路器在实际使用过程中，按照技术要求和二次回路图进行配置及选装。

1）断路器仅装配有标准附件。在任何情况下，考虑到断路器的不同配置和断路器本身的发展和更新，断路器的实际二次回路图有可能随要求更新。

2）欠电压脱扣器可由断路器的供电侧或独立的电源供电。只有当低压脱扣器加电后，断路器才可能被合闸（对断路器合闸的闭锁是机械式的），如果断路器的低压脱扣器、合闸脱扣器和自动重合闸装置共用同一个二次控制电源，则应当保证在低压脱扣器上电 50 ms 后再发出合闸命令。

3）确认控制回路的电源是否可以供应数个储能电动机同时起动。为避免过大的起动电流，二次回路上电前请手动将所有断路器储满能量。

4）标准配置的断路器 BB0 的辅助开关为 5NC-5NO，当选择配置 MO2 时，辅助开关为 5NC-4NO；如需要扩展辅助触头数，可增加至 7NC-7NO。

2. 高压真空断路器二次回路在线路中的应用

断路器的控制方式可分为远程控制和就地控制。远程控制就是操作人员在主控室或单元控制室内对断路器进行分/合闸控制。就地控制就是在高压配电柜操作面板上对断路器进行分/合闸控制。断路器控制回路就是控制（操作）断路器分/合闸的回路。断路器控制回路的直接控制对象为断路器的操动机构。操动机构主要有执行机构（MC）、弹簧储能机构（MS）和分闸操动机构（MO）。操作电源可用直流或交流，一般采用直流屏供电操作电源，图 6-22 所示为真空断路器与继电保护装置在高压配电柜中的控制原理图。

任务 6-4　智能供配电系统通信网络构架图设计

智能供配电系统网络构架对于智能供配电系统的稳定性、实时性、灵活性、安全性、扩展性来说尤为关键，在设计网络构架时需充分考虑系统响应速度、设备层网络负荷、CPU 负荷、系统 I/O 容量、多个站点和远距离、系统供电、通信布线与接地等各方面因素，影响因素与系统构架设计注意事项见表 6-5。在设计过程中需严格遵循使用单位与设计院所出具的一次图样与设计要求，本任务以某机场的智能供配电系统为例，展开需求分析、清单整理与网络构架图设计的学习。

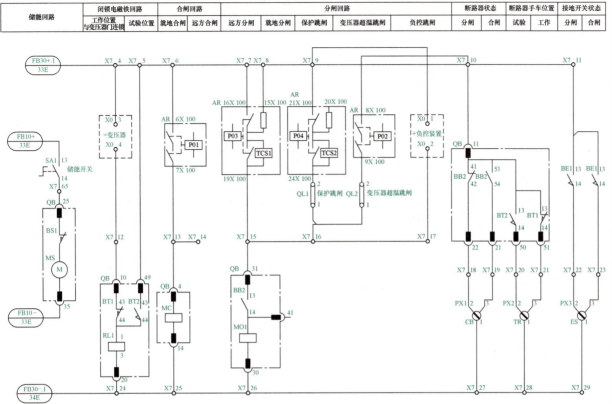

图 6-22　真空断路器与继电保护装置在高压配电柜中的控制原理图

1. 系统需求分析

了解本项目的实施范围与功能需求,尤其需要注意的是接入的异构系统(重点关注通信协议),系统实施范围与配置要求见表 6-6。系统功能需求与配置要求见表 6-7。

表 6-5　影响因素与系统构架设计注意事项

影响因素	系统构架设计注意事项
系统响应速度	1)通信协议的选择。串口通信较慢(适用一般数据传输),以太网通信速度较快(适用于重要数据与控制命令传输) 2)人机界面的优化。减少非必要可能占用大量系统资源(如大量动画)的应用等
设备层网络负荷	单端口连接设备数量。当采用串口通信协议时,设备数量与单个设备 I/O 数量均影响设备层网络负荷
CPU 负荷	当分布式构架、通信与控制程序分区、分执行周期时,建议 CPU 负荷≤50% 当单个配电房设备较多时,建议应用多个控制,采用分布式构架(根据控制器性能),且需将通信与控制程序分区执行
系统 I/O 容量	智能供配电软件的选择。中小型项目(≤10 万 I/O 点)可以选择 SCADA 智能供配电软件或 IoT 平台开发,大型项目可以选择 IoT 平台与云平台开发
多个站点和远距离	通信层通信模式的选择。当系统含多个站点配电系统且距离远时,根据现场条件选择光纤通信、VPN 或无线通信

(续)

影响因素	系统构架设计注意事项
系统供电	智能供配电控制器与软件需采用 UPS 供电,以保障掉电时系统正常运行
通信布线与接地	智能供配电通信层布线需与强电分开,且采用镀锌钢管单端接地,系统接地电阻≤4Ω

表 6-6　系统实施范围与配置要求

系统实施范围	系统配置要求
中低压配电设备及柴油发电机、UPS 的集中监控和管理	高压配电系统继电保护装置,有两个异构系统需接入系统。柴油发电机自带一个带 Modbus-RTU 通信接口的 PLC,UPS 带一个带 Profibus-DP 通信接口的通信模块
变电站内中低压配电柜,实现运行数据与设备状态监测	重点关注设备状态。设备状态主要是需通过多功能电力仪表自带的 DI 点,来采集设备运行与故障状态
变电站内框架式断路器与重要负荷(三段母线),配电柜内断路器需实现设备本体的监测	断路器设备本体的监测。框架式断路器、三段母线塑壳式断路器需自带通信模块,因此,设备层通信网络的选择需与断路器通信模块采用同一通信协议
变电站内柴油发电机需实现三相电压、三相电流、输出功率、输出频率(转速)、水温、机油压力、起动电池电压、油箱液位等模拟量监测,以及状态(运行/停机)、工作方式(手动/自动)、机油压力低、电压异常、水温高、起动电池电压低、油箱液位低、过载、频率(转速)异常等开关量报警	柴油发电机自带一个带 Modbus-RTU 通信接口的 PLC,这些数据的通信需要厂方提供通信地址 I/O 表
变电站内 UPS 与电池组需实现运行数据与设备状态的监测	需厂方提供通信地址 I/O 表

表 6-7　系统功能需求与配置要求

系统功能需求	系统配置要求
界面功能:动态实时图形及数据显示配电系统的参量变化,界面包括网络架构图、供电系统图和被监测对象模拟图等	网络架构图需实时诊断控制器,因此所选控制器软件支持脉冲功能,通过控制器发送脉冲,在网络架构图上显示
控制器:完成电池在线监测系统、UPS 电源系统、多功能电力仪表、通用监控模块等系统和设备的性能数据与报警信息采集、协议转换,以及数据上传等功能	控制器不需要控制终端设备,控制器与监控层采用以太网通信,采用光纤或网线需根据控制器安装位置与中控室之间距离决定
报警信息:优先级最高的报警信息,由监测模块主动上传(响应时间≤10s)	在智能供配电软件设计中报警需分级
数据处理模式:控制器以 10s 以内的间隔,周期性地采集各监测模块的实时监测数据,并保存 1 年	数据采集-传输-显示在 10s 内,因此设备层通信采用高性价比的方案 Modbus-RTU,大部分供配电设备均支持该协议,采用其他协议性价比低或部分设备无法支持

(续)

系统功能需求	系统配置要求
系统具有远程通信功能，能向上级部门传输信息	尤为重要的一点，需确定远程通信模式、数据接口与数据范围。智能供配电软件通过无线通信模式 API 接口，将分析后的重要数据送至上级部门。常见的与其他系统通信模式还有 OPC UA 协议，以及直接从控制器将数据传输给上级部门

通过以上项目实施范围与功能需求分析，可以在智能供配电系统设备层、通信层、智能供配电软件（监控层、管理层）得出机场智能供配电系统配置要点，见表 6-8。

表 6-8 机场智能供配电系统配置要点

功能	系统配置要点
设备层	框架式断路器、三段母线塑壳式断路器、需配置带 2 个 DI 输入的多功能电力仪表且具备 Modbus-RTU 的通信协议接口
通信层	控制器与设备层配置 Modbus-RTU 通信接口，控制器与智能供配电软件采用 Modbus-TCP 通信，且需在柴油发电机组与 UPS 单独配置两个控制器
智能供配电软件	支持发送脉冲信号，支持 Modbus-TCP 与 API 通信接口，支持报警分级管理等

2. 编制系统配置清单

在得到机场智能供配电系统配置要点后，对机场高压智能供配电系统、第三段母线智能低压配电系统一次回路图加以分析，以确定继电保护装置、框架式断路器与塑壳式断路器通信模块型号和数量、多功能电力仪表型号与数量、控制器型号与数量、控制器间通信线缆选择等配置清单。机场智能供配电系统配置清单和三段母线智能低压配电系统配置清单如图 6-23 和图 6-24 所示。

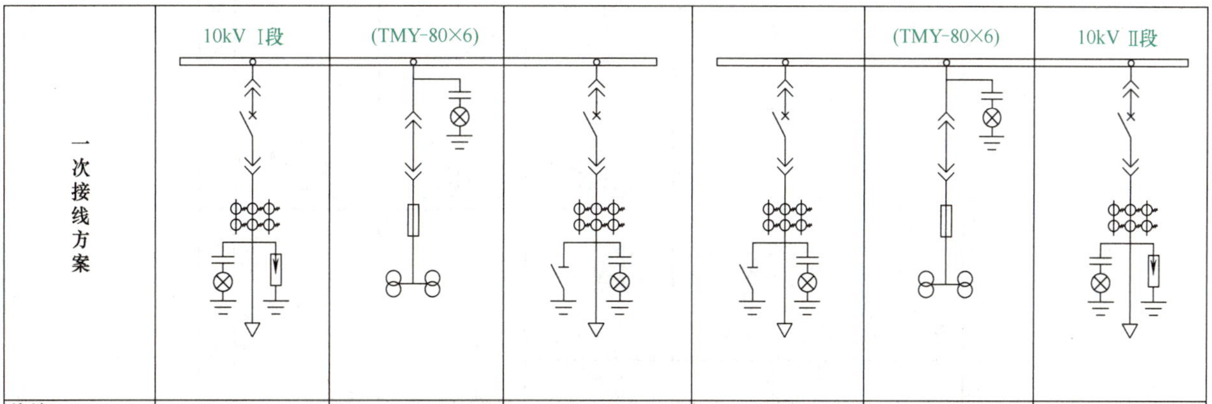

一次接线方案	10kV I段	(TMY-80×6)			(TMY-80×6)	10kV II段
编号	1AH	2AH	3AH	4AH	5AH	6AH
型号						
负荷名称	1#进线 测量 避雷	压变	1#变压器	2#变压器	压变	2#进线 测量 避雷
高压负荷开关(10kV)						
真空断路器(10kV)	630A 25kA		630A 25kA	630A 25kA		630A 25kA
电流互感器	3×50/5A 0.2/5P10		3×50/5A 0.2/5P10	3×50/5A 0.2/5P10		3×50/5A 0.2/5P10
电压互感器		2 10/0.1kV			2 10/0.1kV	
数字继电保护NTS-711	1		1	1		1
高压熔断器		2 10kV 0.5A			2 10kV 0.5A	
接地开关	1	1	1	1	1	1
避雷器	3					
操作机构			交流操作系统	交流操作系统		交流操作系统
进出线部位	底部	底部	底部	底部	底部	底部
外形尺寸(W/mm×D/mm×H/mm)	800×1650×2300	800×1650×2300	800×1650×2300	800×1650×2300	800×1650×2300	800×1650×2300

图 6-23 机场智能供配电系统配置清单

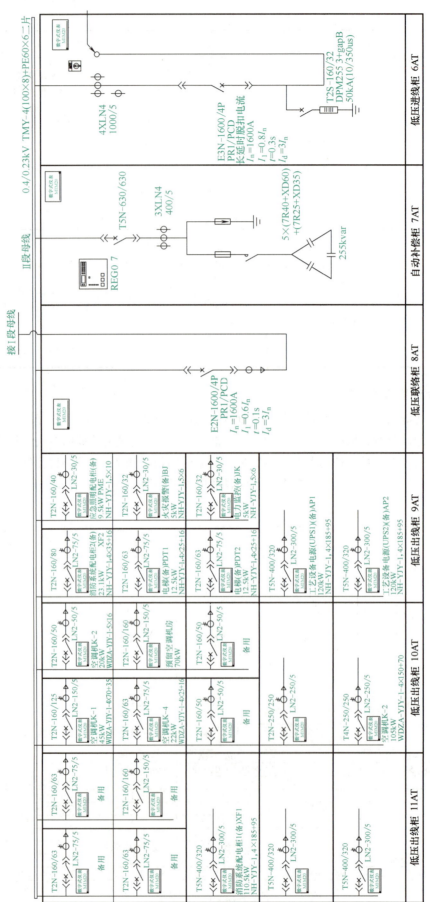

图 6-24 三段母线智能低压配电系统

如图 6-23 和图 6-24 框选部分所示，系统共有 4 台继电保护装置、2 台框架式断路器、24 台塑壳式断路器、26 台多功能电力仪表，此外还有 1 台柴油发电机和 1 台 UPS。为了满足通信速率，在智能高压配电系统 1#进线柜内配置 1 台控制器，第三段母线智能低压配电系统柜内配置 2 台控制器，柴油发电机组配置 1 台控制器、UPS 配置 1 台控制器以实现数据的采集、传输。且智能高压配电系统、低压配电系统、中控室、柴油发电机组、UPS 均在不同室内（控制器间距离确定是否采用光纤介质通信，因此需配置 5 个光电转换模块，以实现数据转化与收发）。因此，机场智能供配电系统通信网络设备配置清单见表 6-9。

表 6-9 机场智能供配电系统通信网络主设备配置清单

设备名称	设备型号	数量	功能描述
控制器	X20	5 台	1#:实现 4 台继电保护装置数据采集 REF615
			2#:通信模块 1#实现 6~8AT 号低压配电柜 2 台框架式断路器 E2、2 台塑壳式断路器 XT、3 台多功能电力仪表 M1M 数据采集；通信模块 2#实现 8 台多功能电力仪表 M1M 数据采集；通信模块 3#实现 9AT 号低压配电柜 8 台塑壳式断路器 XT 数据采集
			3#:通信模块 1#实现 10AT 号低压配电柜 8 台多功能电力仪表 M1M 数据采集；通信模块 2#实现 10AT 号低压配电柜 8 台塑壳式断路器 XT 数据采集；通信模块 3#实现 11AT 号低压配电柜 7 台多功能电力仪表 M1M 数据采集；通信模块 4#实现 11AT 号低压配电柜 7 台塑壳式断路器 XT 数据采集
			4#:实现柴油发电机数据采集
			5#:实现 UPS 数据采集
UPS(含电池)	—	7 套	为智能供配电系统控制器与工作站供电
光电转换模块	Link	5 台	又称为光电收发器，是将通信协议信号由电转为光传输或由光转为电接收的装置
多模 4 芯光缆	TSC	600m	连接不同室内光电转换模块
框架式断路器通信模块	Ekip COM Modbus-RTU	2 个	框架式断路器 Modbus 通信模块
塑壳断路器通信模块	Ekip COM Modbus-RTU	24 个	塑壳式断路器 Modbus 通信模块
多功能电力仪表	M1M	26 台	实现智能低压配电系统运行数据采集
智能供配电软件	Aprol	1 套	数据存储、分析、应用以及与管理层 API 通信
	As 软件		控制器编程软件
计算机	—	1 套	集成工程师站和操作站

注：此处仅列主设备，其他辅助设备需根据要求自行选择。

思考：

三段母线智能低压配电系统为何配置 4 台控制器？

3. 系统通信网络构架图设计

首先设计控制器与设备之间的设备层通信网络，并在每个设备旁边标注 Modbus-RTU 地址，我们以 3#控制器及其采集的 8 台塑壳式断路器 XT 和 8 台多功能电力仪表 M1M 为例，设计的设备层通信网络如图 6-25 所示，其他控制器下属的设备以此类推。

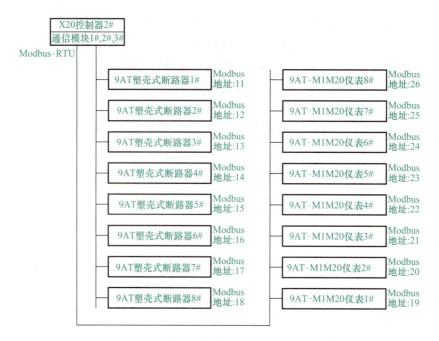

图 6-25 设备层网络图

在设计好设备层网络通信后,智能低压配电系统内 2#~4#控制器之间采用五类双绞线通信即可,但是 1#、5#、6#、7#与 2#控制器之间采用光纤通信,因此通信层网络架构图如图 6-26 所示。

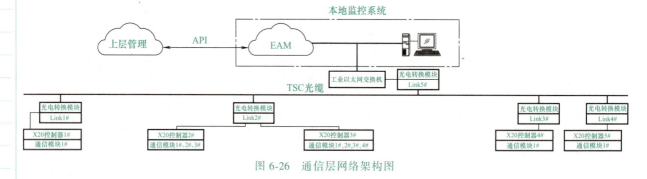

图 6-26 通信层网络架构图

整个智能供配电系统通信网络构架图如图 6-27 所示。

素养提升

智能供配电助力乌镇互联网之光

2022 年 11 月初,在乌镇"互联网之光"博览中心 G 馆的数字孪生配电房,工作人员正在监控室里开展"互联网之光"数字孪生配电房的远程巡视工作。作为全国首个全感知智能供配电房,工作人员无须抵达现场,通过实时滚动的数据,就可以实现对配电房全面而细致的巡查。发现异常时,工作人员还可以远程指挥配电房中的水滴式巡检机器人、地面式巡检机器人和无轨操作机器人开展检修,及时排除设备隐患或故障。

在世界互联网大会落址乌镇的 9 年间,数字电力实现了质的飞跃。全景智慧用电服务平台、能源大数据中心、数字化牵引智慧台区、数字孪生配电房、智慧路灯充电桩,一批又一批智能设备、大数据产品的应用,使乌镇电网成为"具备承接国家一类会议保供电能力的国际一流电网"。目前,乌镇核心区域供电可靠率已达 99.999%,综合电压合格率达 100%,达到世界一流水平。

项目6 智能供配电系统二次设计

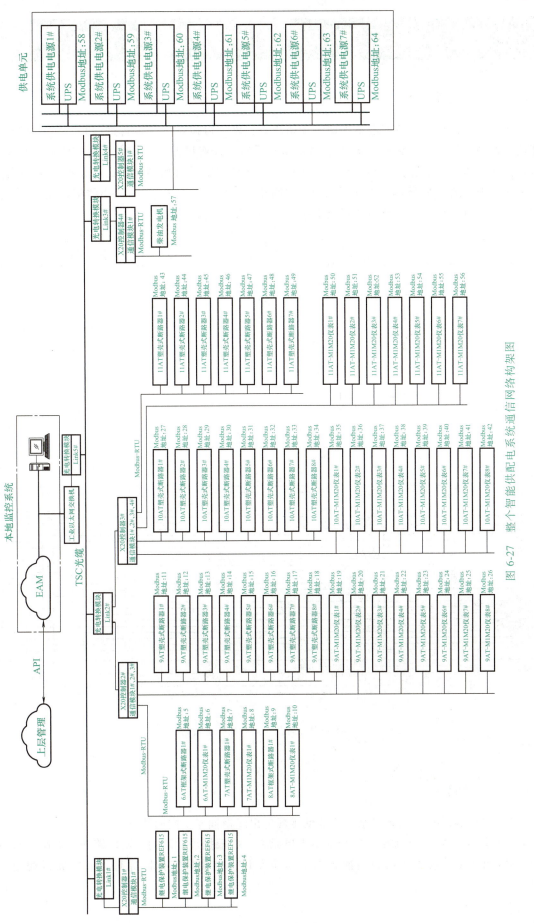

图 6-27 整个智能供配电系统通信网络构架图

6.4 项目练习：智慧泵站智能供配电二次回路及网络构架设计

6.4.1 项目背景

某市智慧泵站的智能供配电系统即将开始建设，该项目包含一套 1 台进线柜、1 台出线柜为 10kV 智能高压配电系统，1 台带 Modbus 通信协议温控器的干式变压器，一套含 1 台进线柜、1 台馈线柜的 0.4kV 智能低压配电系统，2 台带 Profibus-DP 通信接口的变频器控制柜。设计院已完成一次回路图设计，如图 6-28～图 6-30 所示，根据提供的一次回路图完成低压配电系统 P3 出线柜馈线 1 生活照明抽屉二次回路的设计，以及整个泵站的智能供配电网络构架图设计。

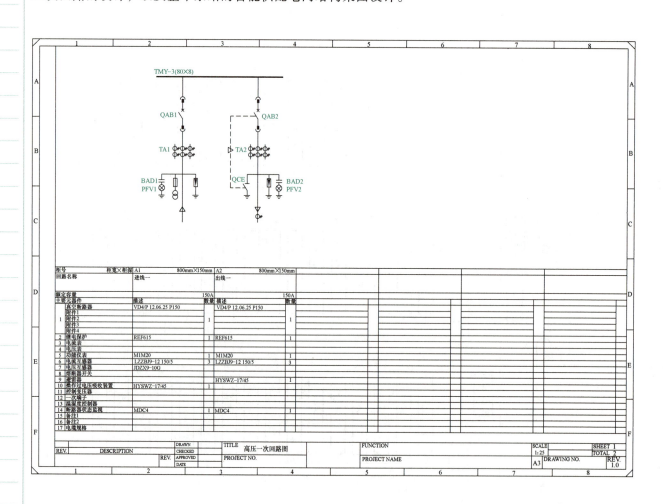

图 6-28 智慧泵站高压一次回路图

6.4.2 项目要求

（1）项目练习任务 1：智慧泵站智能低压配电出线柜抽屉二次回路设计

馈线抽屉是 MNS 低压配电出线柜的基本单元之一，根据设计院的一次回路图，如图 6-31 所示，完成低压 P3 出线柜馈线 1 生活照明抽屉二次回路设计，包含电气控制原理图、安装接线图和接线端子图。

项目6 智能供配电系统二次设计

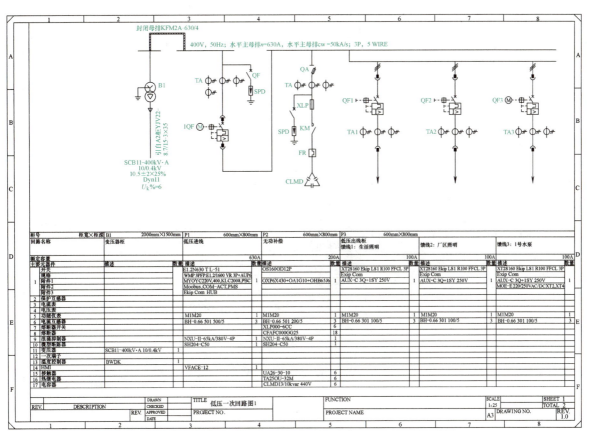

图6-29 智慧泵站低压一次回路图1

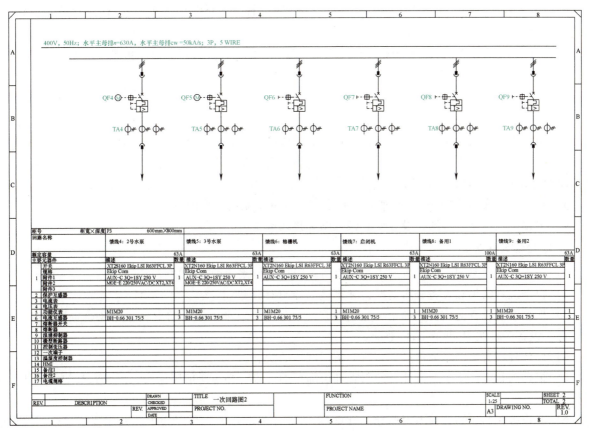

图6-30 智慧泵站低压一次回路图2

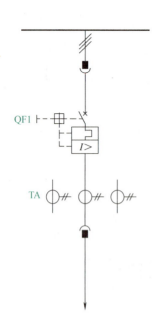

柜号		柜宽×柜深	P3	600mm×800mm
回路名称			低压出现柜 馈线1：生活照明	
额定容量				100A
主要元器件			描述	数量
1	开关		XT2S160 Ekip LSI R100 FFCL 3P	1
	规格		Ekip Com	
	附件1		AUX-C 3Q+1SY 250V	
	附件2			
	附件3			
2	保护互感器			
3	电流表			
4	电压表			
5	功能仪表		M1M20	1
6	电流互感器		BH-0.66 30I 100/5	3
7	熔断器开关			
8	熔断器			
9	浪涌抑制器			
10	微型断路器			
11	控制变压器			
12	一次端子			
13	温度控制器			
14	HMI			
15	变压器			
16	备注2			
17	电缆规格			

图 6-31 照明抽屉电气一次回路图

（2）项目练习任务 2：智慧泵站智能供配电系统网络构架图设计

根据项目背景描述以及图样内容，结合任务 6-4 完成智慧泵站智能供配电系统通信网络构架图设计，其中边缘控制器采用 X20 系列，配置本地监控系统并开放 API 接口将数据上传至云端，对设备层硬件进行通信地址分配并标注在网络构架图上，分配边缘控制器与远程监控系统服务器 IP 地址。

6.4.3 项目步骤

1. 项目练习任务 1

1）根据生活照明抽屉一次回路图，梳理抽屉回路中使用到的主要一次元器件。

2）根据梳理的一次元器件，查询对应的设备说明书与附件手册，明确各元器件接线端子含义，梳理抽屉回路中使用到的二次元器件。

3）参考项目实训任务 6-2 二次回路设计思路，设计绘制电气控制原理图。

4）根据电气控制原理图，设计安装接线图和接线端子图。

2. 项目练习任务 2

1）分析一次回路图，确认系统中智能设备数量以及所采用的通信协议。

2）根据统计结果和设备分布情况，计算边缘控制器数量。

3）根据智能设备通信协议和边缘控制器数量划分链路，采用框图的形式，完成设备层构架设计，并在每个设备旁标注 Modbus-RTU 地址。

4）设计好设备层网络通信后，完成通信层网络的绘制。

5）根据项目练习要求，设计、绘制管理层部分的内容，并与通信层连接，形成完整的系统通信网络构架。

6）对边缘控制器和监控系统服务器进行 IP 地址分配，并标注在图样中，完成智慧泵站智能供配电系统网络构架图设计。

6.5 项目评价

项目评价表见表6-10。

表 6-10 项目评价表

考核点	评价内容	分值	评分	备注
知识	请扫描二维码,完成知识测评	20分		
技能	能完成智慧泵站智能低压配电 P3 出线柜馈线 1 生活照明抽屉二次回路的设计	70分		依据项目练习评价
	能完成智慧泵站智能供配电系统通信网络构架图设计			
素质	工位保持清洁,物品整齐	10分		
	着装规范整洁,佩戴安全帽			
	操作规范,爱护设备			
	遵守 6S 管理规范			
	总分			
	项目反馈			

项目学习情况:

心得与反思:

学习情境三

智能供配电系统集成

项目 7　智能供配电系统单体通信集成

项目 8　智能供配电系统集成综合实训

故不积跬步，无以至千里。

——语出荀子《劝学》

项目 7

智能供配电系统单体通信集成

> 项目导入

由发电、变电、输电、配电和用电等环节组成的电力系统是世界上最复杂的人工系统，配电系统作为其重要组成部分，融入物联网、云服务等新技术的智能配电系统，为终端用户配送稳定、绿色、智慧的电力能源。通过前六个项目的学习，我们了解到复杂而庞大的智能配电系统最终是由无数的智能配电设备组成，实现设备的可测、可控是智能配电系统的基础。本项目我们以某机场智能配电项目为案例，一起学习智能配电设备是如何接入智能配电系统，来保障机场电力的高效运行。

> 项目目标

知识目标

1) 了解常见电力通信协议，掌握 Modbus-RTU 数据帧组成。
2) 掌握多功能电力仪表、框架式断路器、变频器、塑壳式断路器通信集成。
3) 了解继电保护装置通信集成。

技能目标

1) 能分析 Modbus-RTU 报文帧的解析过程。
2) 能实现智能配电系统多功能电力仪表、框架式断路器、变频器、塑壳式断路器监测集成。
3) 能实现保护装置监测集成。
4) 能完成某广电中心低压配电柜数字化升级改造。

素质目标

1) 从国家发展理念及供配电技术发展趋势，了解国家节能减排、双碳目标以及供配电系统智能化和节能化的发展趋势。
2) 从通信程序应用编辑、设备单体调试和人机界面开发，培养学生独立思考并解决问题的能力，培养创新型思维。

7.1 项目知识

知识 7-1　OSI 模型与数据传输解析过程

国际标准化组织（ISO）制定了 OSI 模型，OSI 是 Open System Interconnection 的缩写，意为开放式系统互联，该模型定义了不同计算机或控制器之间互联的标准，是设计和描述网络通信的基本框架。OSI 模型把网络通信的工作分为 7 层，从下往上分别是物理层、数据链路层、网络层、传输层、会话层、表示层和应用层，利用层次结构可以把开放系统的信息交换问题分解到对应层中容易控制的软硬件模块，而各层可以根据需要独立进行修改或扩充功能，更有利于各个不同制造厂家的设备互连，解析过程见表 7-1。

表 7-1 解析过程

OSI 模型	数据传输与解析过程
应用层	面向用户定义,如 HTTP 协议、HTTPS 协议、FTP 协议、DNS 协议等各种应用协议,规范数据格式
表示层	将从链路层到表示层依旧是 Word 形式的数据通过公共语言表示让不同系统间能够通信
会话层	具有自动收发,自动寻址的功能,可以从校验点继续恢复数据进行重传
传输层	数据传输:需要发送的数据封装后通过 TCP 协议、UDP 协议依次发送 解析过程:两个设备中的应用程序通过定义端口,寻找到对应程序进行数据的处理,完成数据的复用、分段或拆分等功能
网络层	数据传输:通过 IP 协议寻找到数据传输目标设备 MAC 地址,并通过路由协议如静态路由、动态路由(RIP、OSPF、BGP)等选择最佳路径 解析过程:将数据帧分组并封装为数据包
数据链路层	数据传输:按每个设备的 MAC 地址(每个设备均唯一)寻址,类似于由寄信人地址(源 MAC 地址)寄至收信人地址(目标 MAC 地址) 解析过程:将比特流数据进行处理,形成 8 位组成的数据帧
物理层	数据传输:通过网线(双绞线)、光纤、无线设备之间互联的物理链路 解析过程:将电信号解析为二进制的模式(比特流)

如图 7-1 所示,数据发送端遵循 OSI 模型规则,将数据封装,并在物理层转为电/光信号,然后通过物理链路(五类双绞线、光纤、无线通信、电力载波等)将信号输送至数据接收端物理层,数据接收端将收到的电/光信号转为数据信号,并进行数据解析,最终实现数据的传输。

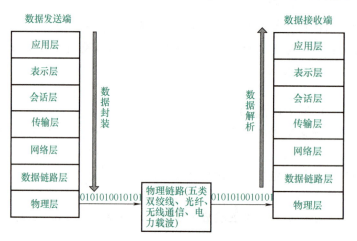

图 7-1 智能设备之间数据传输过程

知识 7-2 常见智能配电通信协议

在展开智能配电通信协议前,首先明确通信接口与通信协议的区别。以串行通信为例,常见的通信接口有 RS485(智能配电设备常用接口)、RS232、RS422、RJ45 等,其定义了通信双方都采用同一个标准的硬件接口,不同的设备可以方便地连接起来进行通信。通信协议是指通信双方对数据传送控制的一种约定,约定中包括对数据格式、同步方式、传送速度、传送步骤、检纠错方式以及控制字符定义等问题做出统一规定,通信双方必须共同遵守。要满足两个设备或者系统之间相互通信,必须具备同样的通信接口与通信协议,更简单地说通信接口是电话与摄像头的区别,而通信协议是普通话与英语的区别。

目前使用的大多数通信协议的结构都是基于 OSI 模型,在用户侧智能配电领域采用较多的通信协议有 IEC 61850、Modbus、Profibus、CAN 以及 101、103、104 规约等。其中 Modbus、101、103、104 这些协议都是通过协议点表的形式来传输数据,而 IEC 61850 协议是通过系统建模与通信服务映射的方式进行数据传输，更形象地说，Modbus 通信协议是根据里面的数据列表按顺序进行读取，而 IEC 61850 协议是结构建好，按字段进行查询。鉴于目前大部分用户侧智能配电系统均采用 Modbus 与 IEC 61850 通信协议进行数据传输，以下主要介绍 Modbus 与 IEC 61850 通信协议。

知识 7-3　Modbus 通信协议

1. Modbus 通信协议基础知识

Modbus 通信协议属于 OSI 模型中的应用层，其通信栈如图 7-2 所示，物理层通信接口可使用 RS232、RS485、RS422、RJ45 等，传输介质可以采用光纤、网线、无线和电力载波等。

Modbus 通信协议有以太网（Modbus-TCP）、异步串行传输（Modbus-RTU/ASCII）、高速令牌传递（Modbus-PLUS）三种通信方式。其中 Modbus-TCP 与 Modbus-RTU 在智能配电系统中应用较多，Modbus-TCP 主要应用在安装智能配电软件的服务器、控制器、框架式断路器与继电保护装置、异构系统（如 UPS、发电机组等）设备之间进行数据传输，Modbus-RTU 主要应用在控制器与塑壳式断路器、多功能电力仪表等设备之间进行设备层通信。Modbus 采用的是请求/应答协议，即由主设备发送请求命令给从设备，从设备应答主设备的命令返回检测数据/执行命令，或通信报告异常。当主设备不发送请求时，从设备不会自己发出数据，从设备和从设备之间不能直接通信。一般将发送请求命令的设备称为主站（或客户端），应答的设备称为从站（或服务器），典型的主设备包括安装智能配电软件的工控机和控制器等，典型的从设备有控制器（其同时具有 TCP 与 RTU 通信接口）、塑壳式断路器和多功能电力仪表等，如图 7-3 所示。

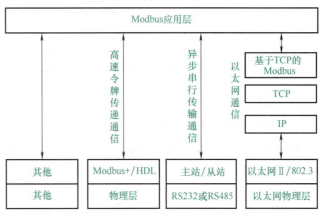

图 7-2　Modbus 通信栈

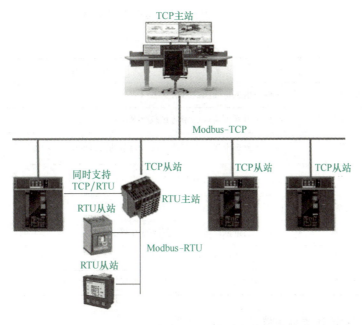

图 7-3　Modbus 在智能配电系统中的典型应用

2. Modbus 通信协议格式

Modbus 通信协议定义了一个与基础通信层无关的简单协议数据单元（PDU）。特定总线或网络上的 Modbus 通信协议映射能够在应用数据单元（ADU）上引入一些附加域，Modbus 通用帧协议与解析如图 7-4 所示，启动 Modbus 事务处理的主站创建 Modbus 应用数据单元。

图 7-4　Modbus 通用帧协议与解析

3. Modbus 通信协议数据模型

Modbus 通信协议的数据模型定义了四种可访问的数据，分别是离散量输入、线圈、输入寄存器和保持寄存器，见表 7-2。

表 7-2　Modbus 通信协议数据模型及应用

数据模型	访问长度	访问方式	说明
离散量输入	位（bit）	只读（RO）	数据由设备提供（如从站状态等）
线圈	位（bit）	读/写（RW）	可通过应用程序读取与改写
输入寄存器	字（word）	只读（RO）	数据由设备提供（如从站地址等）
保持寄存器	字（word）	读/写（RW）	可通过应用程序读取与改写

4. Modbus 通信协议功能码

功能码是主站在传输时，告诉从站需要操作的内容，在智能配电系统中 Modbus 常用功能码见表 7-3，且需注意 TCP、RTU、ASCII 三种通信模式下，功能码均一致。

表 7-3　Modbus 常用功能码

功能码	名称	作用
01	读取线圈状态	取得一组逻辑线圈的当前状态（ON/OFF）
02	读取输入状态	取得一组开关输入的当前状态（ON/OFF）
03	读取保持寄存器	在一个或多个保持寄存器中取得当前的二进制值，该功能码在智能配电系统中应用较多
04	读取输入寄存器	在一个或多个输入寄存器中取得当前的二进制值，该功能码在智能配电系统中应用较多
05	强置单线圈	强置一个逻辑线圈的通断状态
06	预置单寄存器	把具体二进制值装入一个保持寄存器
15	强置多线圈	强置一串连续逻辑线圈的通断
16	预置多寄存器	把具体的二进制值装入一串连续的保持寄存器，该功能码在智能配电系统中应用较多

5. Modbus-RTU/ASCII 通信接线

同一通信链路上的设备采用屏蔽双绞线，以线形接线方式进行连接，如图 7-5 所示。

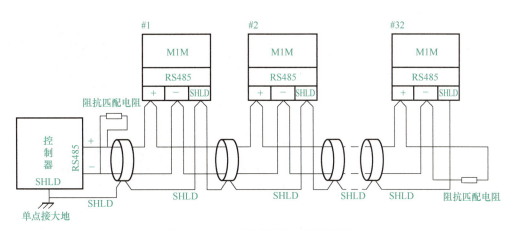

图 7-5 RS485 线形连接方式接线图

在完成物理层连接后，同一通信网络上的设备需设置相应的通信参数，以实现数据正确传输。较为典型需设置的通信参数有波特率、起始位、数据位、停止位、校验位、奇偶校验等，设备通信参数与含义见表 7-4。

表 7-4 设备通信参数与含义

设备通信参数	含 义
波特率	在串行通信中，用"波特率"来描述数据的传输速率。所谓波特率，即每秒钟传送的二进制位数，其单位为 bit/s，是衡量串行数据速度快慢的重要指标。国际上规定了一个标准波特率系列：110、300、600、1200、1800、2400、4800、9600、14.4k、19.2k、28.8k、33.6k、56k。在智能配电系统中常用的波特率是 19.2kbit/s
起始位	必须是持续一个比特时间的逻辑 0(低电平)，使数据线处于逻辑 0 低电平状态，提示接收器数据传输即将开始，即标志传输一个字符的开始。发送器通过发送起始位而开始一个字符传送，接收方可用起始位使自己的接收时钟与发送方的数据同步
数据位	紧跟在起始位之后，是通信中的真正有效信息。数据位的位数由通信双方共同约定，一般可以是 6 位、7 位或 8 位。在智能配电系统中，一般采用 8 位
停止位	在最后，用以标志一个字符传送的结束，对应于逻辑 1(高电平)状态。停止位可以是 1 位、1.5 位或 2 位，可以由软件设定。但它一定是逻辑 1 高电平，标志着传输一个字符的结束
校验位	校验位一般用来判断接收的数据位有无错误，一般采用奇偶校验。奇偶校验位仅占一位，用于进行奇校验或偶校验，奇偶检验位不是必须有的。如果是奇校验，需要保证传输的数据总有奇数个逻辑高位；如果是偶校验，需要保证传输的数据总共有偶数个逻辑高位
奇偶校验	奇偶校验通常用在数据通信中来保证数据的有效性。每个设备必须决定是否它将被用来偶校验、奇校验或非校验

Modbus-RTU/ASCII 的数据传输是以帧形式，且遵循图 7-4 中的 Modbus 通用帧，在多个报文帧进行传输时，每个报文帧中间需至少为 3.5 个字符时间的空闲间隔区分，如图 7-6 所示。

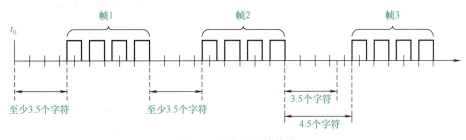

图 7-6 多个报文帧传输

Modbus-RTU 整个报文帧必须以连续的字符流发送，如图 7-7 所示。

图 7-7 Modbus-RTU/ASCII 报文帧

6. Modbus-TCP 通信

Modbus-TCP 是 Modbus 通信协议的变体，将 Modbus 通信协议运行在 TCP/IP 网络上，控制其通过网络和其他设备之间的通信。Modbus-TCP 通信物理介质为以太网卡，传输介质可采用五类双绞线、同轴电缆、光纤等，物理接口为 RJ45（即网线插口）。与 RTU 串行通信不同的是 TCP/IP 可以拥有多个主站，主站在同一时刻可以发起多个 Modbus 事务处理，从站之间不会相互通信。Modbus-TCP 网络链接图如图 7-8 所示。

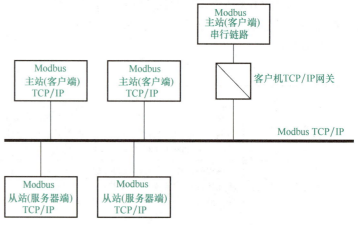

图 7-8 Modbus-TCP 网络链接图

Modbus-TCP 通信模式也遵循请求/应答模式，但是更多时候称为 C/S（客户端/服务器端）模式，采用的端口号为 502。Modbus-TCP 通信基于请求、指示、响应、证实四种类型报文，如图 7-9 所示。Modbus-TCP 请求是客户机在网络上发送用来启动事务处理的报文；Modbus-TCP 指示是服务器端接收的请求报文；Modbus-TCP 响应是服务器端发送的响应信息；Modbus-TCP 证实是在客户端接收的响应信息。

图 7-9 Modbus-TCP 通信模式

Modbus-TCP 的数据报文传输也遵循图 7-4 的 Modbus 通用帧，但是区别于 Modbus-RTU/ASCII 报文传输，Modbus-TCP 数据帧包含报文头、功能代码和数据三部分，以 MBAP（Modbus 协议报文头）取代串行通信的地址码部分，减少校验部分，其数据帧的格式如图 7-10 所示。

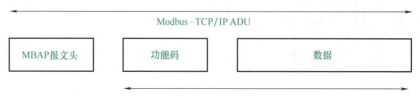

图 7-10 Modbus-TCP 数据帧的格式

Modbus-TCP 报文头与 Modbus-RTU 串行链路上的应用数据单元如下：

1) 用 MBAP 报文头中的单元标识符取代 Modbus 串行链路上通常使用的 Modbus 地址码。这个单元标识符用于设备的通信，这些设备使用单个 IP 地址支持多个独立 Modbus 终端单元，如网桥、路由器和网关。

2) 用从站可以验证完成报文的方式设计所有 Modbus 请求和响应。对于 Modbus PDU 有固定长度的功能码来说，仅功能码就足够。

3) 当在 TCP 上传输 Modbus 时，将报文分成多个信息包来传输，在 MBAP 报文头上携带附加长度信息，以便接收者能识别报文截止，取消报文校验的内容。

一个完整的 Modbus-TCP 报文见表 7-5。

表 7-5 一个完整的 Modbus-TCP 报文

内容	域	长度	描述
MBAP 报文头	事务处理标识符	2B	可以理解为报文的序列号，一般每次通信之后就要加 1，以区别不同的通信数据报文
	协议标识符	2B	一直为 00 00（表示 Modbus-TCP/IP 协议）
	长度	2B	表示接下来的数据长度，单位为字节
	单元表示符	1B	串行链路或其他总线上连接的远程从站地址
功能码	/	1B	通知从站/客户端执行什么操作

知识 7-4　IEC 61850 标准

IEC 61850 标准是基于通用网络通信平台的变电站自动化系统唯一国际标准，它规范了变电站内智能电子设备（IED）之间的通信行为和相关的系统要求。IEC 61850 标准不仅是一个单纯的通信规约，而且是数字化变电站自动化系统的标准，指导了变电站自动化的设计、开发、工程、维护等各个领域。该标准通过对变电站自动化系统中的对象统一建模，采用面向对象技术和独立于网络结构的抽象通信服务接口，增强设备之间的互操作性，可以在不同厂家的设备之间实现无缝连接，从而大大提高变电站自动化技术水平和安全稳定运行水平，实现完全互操作。IEC 61850 标准解决网络通信、变电站内信息共享和互操作、变电站的集成与工程实施等主要问题。

IEC 61850 标准规约文本总共有十个部分，每个部分的名称和关系如图 7-11 所示。

在 IEC 61850 标准第 6 部分规定了用于变电站智能电子设备配置的描述语言，该语言称为变电站配置描述语言（SCL），适用于描述按照 DL/T 860.5 和 DL/T 860.7x 标准实现的智能电子设备配置和通信系统，规范描述变电站自动化系统和变电站（开关场）间关系。SCL 句法元素由信息头、变电站描述（电压等级、间隔层、电力设备、结点等）、智能电子设备描述（访问点、服务器、逻辑设备、逻辑结点、实例化数据 DOI 等）、通信系统和数据类型模板五部分构成。

建立通信模型要求定义众多对象（如数据对象、数据集、报告控制、登录控制）以及对象提供的服务（取数、设定、报告、创建、删除），这些在标准中用明确接口来定义。为利用通信技术的长处，IEC 61850 系列标准中，不定

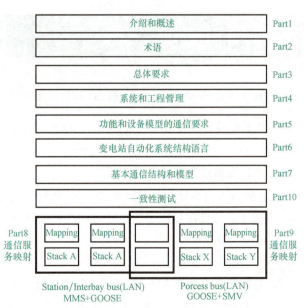

图 7-11　IEC 61850 规约十个部分的名称和关系

义新的开放式系统互联 OSI 协议栈，仅在本系列标准的第 8 部分和第 9 部分分别规定了在现有协议栈上的标准映射。第 8 部分规定了 ACSI（抽象通信服务接口，DL/T 860.72）的对象和服务到 MMS（制造报文规范，GB/T 16720—2005）和 ISO/IEC 8802-3 帧之间的映射。

第 10 部分一致性要求调查和确定它们的有效性是系统和设备验收的重要部分。为了系统和设备的互操作性，本标准系列第 10 部分规定了变电站自动化系统设备的一致性测试方法，给出了建立测试条件和系统测试的导则。

IEC 61850 标准的服务实现主要分为 MMS 服务、GOOSE 服务和 SMV 服务三个部分。其中，MMS 服务用于装置和后台之间的数据交互，GOOSE 服务用于装置之间的通信，SMV 服务用于采样值传输。在装置和后台之间涉及双边应用关联，在 GOOSE 报文和传输采样值中涉及多路广播报文的服务。双边应用关联传送服务请求和响应（传输无确认和确认的一些服务）服务，多路广播应用关联（仅在一个方向）传送无确认服务。

7.2 项目准备

本项目实施需要的设备和软件如下：
1）1 台安装智能配电软件的计算机。
2）1 套智能配电集成与运维平台。
3）1 条串口通信线与配套软件。
4）1 套智能配电集成与运维电气图。
5）多功能电力仪表、框架式断路器、变频器、继电保护装置、塑壳式断路器产品说明书。

本项目以机场智能配电项目的智能高压柜、智能低压柜、智能配电软件为案例，借助相关资源完成如下 5 个项目实训任务：

任务 7-1　多功能电力仪表 Modbus-RTU 报文帧解析。
任务 7-2　智能配电系统多功能电力仪表监测集成。
任务 7-3　框架式断路器监控集成。
任务 7-4　变频器监控集成。
任务 7-5　继电保护装置监控集成。

7.3 项目实训

任务 7-1　多功能电力仪表 Modbus-RTU 报文帧解析

本任务采用串口通信线直接读取多功能电力仪表数据，了解通信协议的应用，并分析 Modbus-RTU 报文帧内容。

1. 串口通信线连接

多功能电力仪表通信接线图如图 7-12 所示，仪表本体上的 RS485-A 接 X30：1 端子，RS485-B 接 X30：3 端子。因此串口通信线连接时，先拆除 X30：1、X30：2 端子另一侧导线，然后将串口通信线的屏蔽双绞线端红线与 X30：1 端子连接，蓝线与 X30：2 端子连接，USB 端口与安装串口通信软件的计算机连接。

2. 多功能电力仪表 Modbus-RTU 通信地址

Modbus-RTU 通信主要采用的是请求/应答来读取设备的数据，且是按数据列表顺序进行设备数据读取与写入，所以执行任务前，需要了解多功能电力仪表的数据列表（也称为通信地址表，以下均称

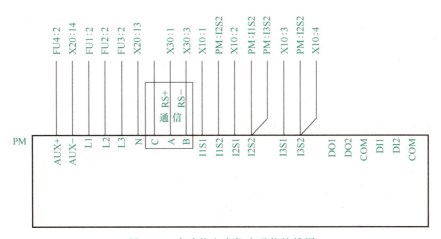

图 7-12 多功能电力仪表通信接线图

为通信地址表)。常用多功能电力仪表通信地址表见表 7-6。

表 7-6 常用多功能电力仪表通信地址表

序号	地址	名称	使用转换注释	单位	功能码
1	20480	有功电量	=数据/100	kWh	
2	20492	无功电量	=数据/100	kvarh	
3	23296	线电压平均值	=数据/10	V	
4	23298	相电压 U_{an}	=数据/10	V	
5	23300	相电压 U_{bn}	=数据/10	V	
6	23302	相电压 U_{cn}	=数据/10	V	
7	23304	线电压 U_{ab}	=数据/10	V	
8	23306	线电压 U_{cb}	=数据/10	V	
9	23308	线电压 U_{ac}	=数据/10	V	
10	23310	电流平均值	=数据/100	A	
11	23312	电流 I_a	=数据/100	A	
12	23314	电流 I_b	=数据/100	A	
13	23316	电流 I_c	=数据/100	A	
14	23318	零序电流	=数据/100	A	
15	23322	总有功功率	=数据/100	W	
16	23324	A 相有功功率	=数据/100	W	
17	23326	B 相有功功率	=数据/100	W	03
18	23328	C 相有功功率	=数据/100	W	
19	23330	总无功功率	=数据/100	var	
20	23332	A 相无功功率	=数据/100	var	
21	23334	B 相无功功率	=数据/100	var	
22	23336	C 相无功功率	=数据/100	var	
23	23338	总视在功率	=数据/100	V·A	
24	23340	A 相视在功率	=数据/100	V·A	
25	23342	B 相视在功率	=数据/100	V·A	
26	23344	C 相视在功率	=数据/100	V·A	
27	23346	频率	=数据/100	Hz	
28	23360	总功率因数	=数据/1000		
29	23361	A 相功率因数	=数据/1000		
30	23362	B 相功率因数	=数据/1000		
31	23363	C 相功率因数	=数据/1000		
32	25352	DI1 状态	—		
33	25353	DI2 状态	—		

> **注意：**
> 通信读取到的数据是未经转换的原始数据，要经过运算才能转化为多功能电力仪表现场显示数据，具体运算公式见表 7-6 中的"使用转换注释"。如，设备通信地址 23298 存储的是相电压 U_{an}，仪表上显示 U_{an}=原始数据/10；通信地址 23312 存储的是电流 I_a，仪表上显示 I_a=原始数据/100。

3. 多功能电力仪表与串口软件通信参数设置

在整理好多功能电力仪表通信地址表后，需要设置主/从站双方的通信参数，其中主要是通信地址、波特率、起始位、数据位、停止位、校验位、奇偶校验等参数。

M1M 通信参数如图 7-13 所示，分别是总线地址（可设置 1~254）、波特率（可选 1.2k、2.4k、4.8k、9.6k、19.2k）以及字节格式，在 M1M 字节格式中已将常用的数据位、停止位、校验位、奇偶校验等参数分组，具体内容见表 7-7。

图 7-13　M1M 通信参数

表 7-7　M1M 传输格式代码及解释

传输格式代码	解　　释
8E1	8 位数据位，偶校验，1 位停止位
8O1	8 位数据位，奇校验，1 位停止位
8N1	8 位数据位，无奇偶校验，1 位停止位
8N2	8 位数据位，无奇偶校验，2 位停止位

将多功能电力仪表地址设置为 1、波特率采用 19.2kbit/s，传输格式为 3 即 1 位起始位，8 位数据位，无奇偶校验，1 位停止位，如图 7-14 所示。

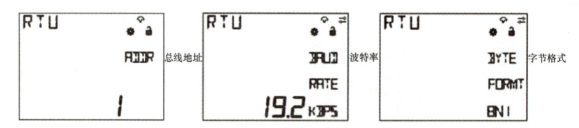

图 7-14　多功能电力仪表通信设置

打开串口通信软件修改相应的参数，如图 7-15 所示，串行口选用 COM6（在计算机设备管理器端口号中可查询），波特率为 19200bit/s，起始位 1（默认），8 位数据位，无奇偶校验，1 位停止位。

4. 多功能电力仪表 Modbus-RTU 报文帧解析

连接好串口通信线与多功能电力仪表，并设置好通信参数后，由串口软件向多功能电力仪表请求读取 U_{an} 数据（地址为 23298），发送十六进制数据帧 01 03 5B 02 00 06 77 2C 给多功能电力仪表，请求仪表十六进制数据帧解析见表 7-8。

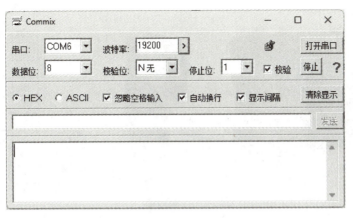

图 7-15 串口通信软件参数设置

表 7-8 请求仪表十六进制数据帧解析

01	03	5B 02 00 06	77 2C
读取的仪表地址为 01	读取寄存器的功能码为 03	U_{an} 存储地址为 23298（十六进制为 5B 02），连续读取 6 个变量（00 06）	CRC 校验码（系统计算）

多功能电力仪表在收到请求数据帧并处理后，回复响应数据帧 01 03 0C 00 00 08 CA 00 00 08 CB 00 00 08 CC 9F 32 给串口软件，应答仪表十六进制数据帧解析见表 7-9。

表 7-9 应答仪表十六进制数据帧解析

01	03	0C 00 00 08 CA 00 00 08 CB 00 00 08 CC	9F 32
返回的仪表地址为 01	响应功能码 03	0C 代表字节数量，00 00 08 CA 为地址 23298 存储的 U_{an} 数据（以十进制换算为 2250）	CRC 校验码（系统计算）

思考：

如串口软件向多功能电力仪表请求读取 U_{an} 数据，发送数据帧 01 04 5B 02 00 06 CRC 校验码给仪表，将接收到什么样的回复报文？

任务 7-2 智能配电系统多功能电力仪表监测集成

在任务 7-1 中我们已经初步掌握 Modbus-RTU 的通信线连接、通信参数设置、报文帧格式等内容，但是在实际智能配电工程项目中，将会采用控制器与智能配电软件来完成数据采集、存储、分析以及应用。在本任务中，我们将采用控制器与智能配电软件来实现对多功能电力仪表的数据监测。

1. 多功能电力仪表与控制器通信接线

采用边缘控制器 X20 实现数据的采集与传输，由于 X20 本身不带 Modbus-RTU 通信模块，因此我们选用、安装控制器 IF1030 通信模块实现 Modbus-RTU 通信协议的采集与传输，如图 7-16 所示，控制器与 IF1030 之间采用安装于背板的内部总线通信，IF1030 模块的 3、8 号端子与多功能电力仪表的 RS+、RS- 连接。

2. 智能配电软件与通信参数设置

在智能配电软件中一般采用 Automation Studio（简称 AS）平台开发通信与控制程序以及简单人机界面，在 Aprol 系统里开发复杂的人机界面、报表以及与上层管理之间的集成应用（如 Web 应用等），本任务我们重点介绍基于 AS 平台的通信集成。

AS 平台不仅是一个开发软件，它是集合编程、诊断、控制、HMI、安全于一体的完整平台。在通

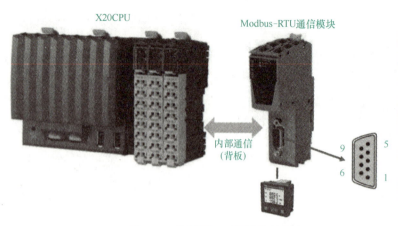

图 7-16 控制器、通信模块与多功能电力仪表接线图

信程序开发方面，平台支持 IEC 标准的六种开发语言（LAD，IL，ST，FBD，CFC，SFC），此外还支持 C/C++语言开发，以及 Automation BASIC 语言开发。熟练的工程师一般会使用 C 语言和 ST 语言开发。对于刚开始学习的读者来说，要先通过 FBD（功能块）来了解智能配电设备的集成，在拓展阶段再介绍基于 ST 语言的应用开发。在人机界面开发方面，AS 中强大的 HMI 开发组件支持以所见即所得的方式开发人机界面，由于和控制器开发同在 AS 平台下，显示控件的变量连接变得极为方便。AS 人机界面开发有两种类型，一是较为简单的 VC4 方式，AS 平台提供很多控件，使用方式和市面上多数 HMI 开发相似。另一种是基于网页开发的 mappView 方式，它的特点是可以开发出非常美观的界面。

多功能电力仪表、X20 控制器、AS 平台的数据处理流程如图 7-17 所示，多功能电力仪表通过内部 A/D（模/数转换）电路将 U_{ab} 电压信号转为数字信号，并接收控制器请求，将数据封装为数据帧的形式发送至控制器，控制器接收并解析数据，再根据开发的程序处理相应的数据，将优化后的数据传输给 AS 平台，AS 平台经过 I/O 设备驱动、I/O 数据连接等处理将数据存储至实时数据库，人机界面开发等应用程序直接通过位号调用实时数据库中的数据，并形成数据显示与应用。

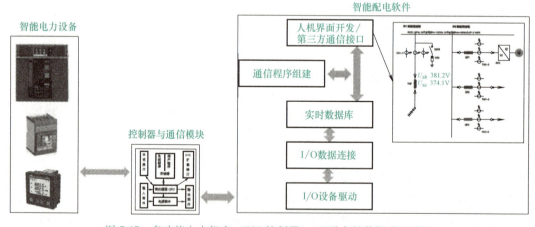

图 7-17 多功能电力仪表、X20 控制器、AS 平台的数据处理流程

多功能电力仪表侧通信参数设置参考任务 7-1 的内容，AS 平台侧硬件接口通信参数设置需与所通信的多功能电力仪表保持一致，如图 7-18 所示，接口类型选择 RS485，通信波特率为 19200bit/s、通信间隔时间采用默认时间，校验方式为 none，无奇偶校验，8 位数据位和 1 位停止位。

3. 智能配电软件通信程序开发

完成多功能电力仪表、控制器、安装 AS 平台的计算机通信线连接和通信参数设置后，通过 AS 平台的 FBD、ST、LD 等语言编写通信程序，调用 Modbus 通信功能块，读取多功能电力仪表的 U_{ab} 电压。

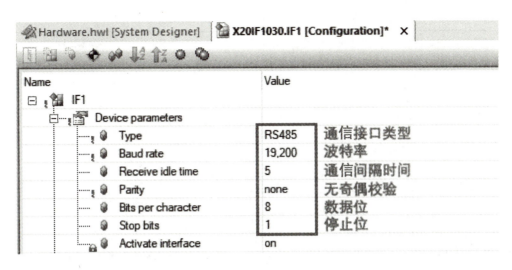

图 7-18 AS 平台硬件通信参数设置

本任务以 FBD 调用功能块编程为例，调用 AS 平台已封装好的 Modbus-RTU 通信函数功能块 MBMOpen()、MBMClose()、MBMCmd()。MBMOpen() 函数功能块用于定义 Modbus-RTU 通信协议参数，并打开通信通道，其功能块配置见表 7-10。

表 7-10 MBMOpen() 函数功能块配置

功能块图例	I/O	引脚名称	数据类型	功能描述
MBMOpen_0 MBMOpen 6 enable status pDevice ident pMode pConfig timeout ascii	IN	enable	BOOL	只有 enable=1 时，该功能块才会执行
	IN	pDevice	UDINT	设备识别符（一般指 AS 平台硬件组态中通信模块的名称）
	IN	pMode	UDINT	通信参数（波特率、起始位、数据位、停止位、校验位、奇偶校验）
	IN	pConfig	UDINT	数据对象名称
	IN	timeout	UINT	超时时间
	IN	ascii	USINT	Modbus 模式（0 为 RTU，1 为 ASCII）
	OUT	status	UINT	报警代码（0 为无错误）
	OUT	ident	UDINT	模块识别号，识别 MBMaster()、MBMCmd() 和 MBMClose()

MBMClose() 函数功能块用于关闭通信，需要时需重新启用 MBMOpen() 函数功能块，MBMClose() 函数功能配置见表 7-11。

表 7-11 MBMClose() 函数功能块配置

功能块图例	I/O	引脚名称	数据类型	功能描述
MBMClose_2 MBMClose 12 enable status ident	IN	enable	BOOL	只有 enable=1 时，该功能块才会执行
	IN	ident	UDINT	MBMOpen() 函数功能块的 ID
	OUT	status	UINT	报警代码（0=无错误）

MBMCmd() 函数功能块用于指示读取的数据寄存器地址与数量，其配置见表 7-12。

表 7-12 MBMCmd( ) 函数功能块配置

功能块图例	I/O	引脚名称	数据类型	功能描述
MBMCmd_0	IN	enable	BOOL	只有 enable=1 时,该功能块才会执行
	IN	ident	UDINT	MBMOpen( )函数功能块的 ID
	IN	mfc	USINT	Modbus 通信使用的功能码
	IN	node	USINT	读取从站地址(0 为广播模式)
	IN	data	UDINT	读取数据于 AS 平台中的存储地址(起始地址)
	IN	offset	UINT	读取从站设备通信地址表起始地址
	IN	len	UINT	读取数据的数量
	OUT	status	UINT	报警代码(0 为无错误)
	IN	enable	BOOL	只有 enable 为 1 时,该功能块才会执行

读取通信地址为 1,通信参数为波特率 19200bit/s、1 位起始位、8 位数据位、无奇偶校验、1 位停止位的多功能电力仪表 U_{an} 线电压数据。在 AS 平台中编程采用 MBMOpen( ) 打开 Modbus 软件通信接口,如图 7-19 所示,将设备识别符"SS1.IF1"连接至 pDevice 引脚,"/PHY=RS485 /PA=N /DB=8 /SB=1 BD=19200"(波特率 19200bit/s、8 位数据位、无奇偶校验、1 位停止位)连接至 pMode 引脚,enable 引脚赋值"TRUE",MBMOpen( )即开始运行,并在输出引脚 ident 得到 38568320 的识别号(系统自动生成)。

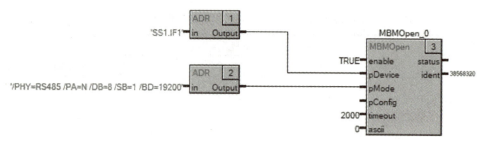

图 7-19 MBMOpen( ) 函数功能块打开 Modbus 通信接口

打开 Modbus 通信接口后,调用 MBMCmd( ) 函数功能块实现数据读取,如图 7-20 所示,首先使函

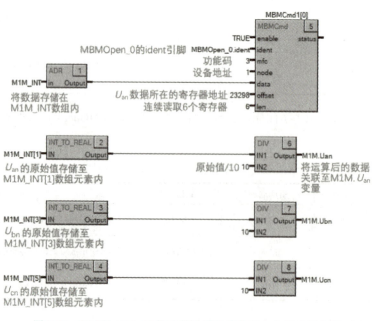

图 7-20 MBMCmd( ) 函数功能块读取多功能电力仪表相电压

数功能块使能，然后将 MBMOpen（）输出引脚 ident 连接至 MBMCmd（）引脚 ident，在 mfc 引脚输入 03 功能码（根据读取的数据决定），在 node 引脚输入将要读取的从站设备地址 1，在 offset 引脚输入读取 U_{an} 数据存储寄存器地址 23298（从表 7-6 中获取），在 len 引脚输入要连续读取寄存器个数 6（从表 7-6 中获取）。接着通过 ADR 读取数据地址功能块，从 data 引脚读取采集上来的数据并保持到 M1M_INT 数组。最后对原始数据进行转换运算处理，获取到 U_{an}、U_{bn}、U_{cn} 电压数据。

将编辑好的通信程序下载到控制器，并在线运行，通过在线监测可以看到实时数据，如图 7-21 所示。

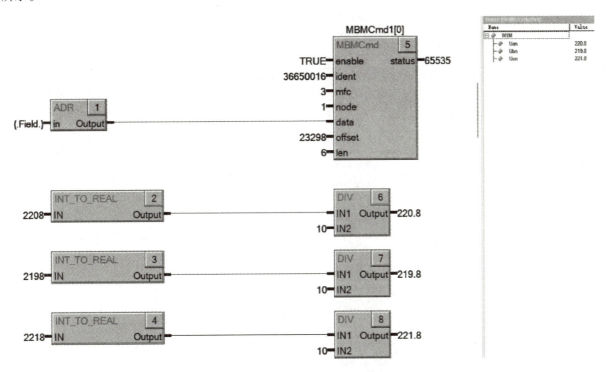

图 7-21 程序运行实时监测数据

 注意：

由于 Modbus-RTU 通信串行传输的特性，当需要读取多个不连续寄存器地址的数据时，在 AS 平台中需要调用多个 MBMCmd（）函数功能块，然而程序运行时每个循环周期内只允许一个 MBMCmd（）函数功能块处于使能状态，因此需要设计一个轮询程序用于实现该功能。

任务 7-3 框架式断路器监控集成

任务 7-2 是通过 Modbus-RTU 通信协议实现从站仪表数据读取，本任务采用 Modbus-TCP 通信协议实现从站框架式断路器的数据监测（读取断路器触头磨损度、总操作次数、手动操作次数、脱扣次数、脱扣失败次数、脱扣测试次数）与断路器分/合闸控制。

1. 框架式断路器常用通信地址表

框架式断路器通信地址见表 7-13。

表 7-13 框架式断路器通信地址表

序号	地址	位	名 称	注释	单位	功能码
1	20		断路器触头磨损度	=数据/650	%	4
2	21		总操作次数		次	

(续)

序号	地址	位	名称	注释	单位	功能码
3	22		手动操作次数		次	4
4	23		脱扣次数		次	
5	24		脱扣失败次数		次	
6	25		脱扣测试次数		次	
7	40	bit0	断路器合闸			
8		bit4	准备就绪			
9		bit7	断路器脱扣失败			
10		bit8	就地/远程			
11		bit9	警告			
12		bit10	报警			
13		bit12	跳闸			
14	50	bit0	L 保护跳闸			
15		bit1	S 保护跳闸			
16		bit2	I 保护跳闸			
17	100/101		A 相电流		A	
18	102/103		B 相电流		A	
19	104/105		C 相电流		A	
20	700	bit0	L 保护状态			
21	701		L 保护整定倍数	=数据×0.01	In	
22	702		L 保护动作时间	=数据×0.01	s	
23	710	bit0	S 保护状态			
24	711		反时限 S 保护整定倍数	=数据×0.01	In	
25	712		反时限 S 保护动作时间	=数据×0.01	s	
26	713		正时限 S 保护整定倍数	=数据×0.01	In	
27	714		正时限 S 保护动作时间	=数据×0.01	s	
28	715		曲线类型	$0:t=k;1:I^2t=k$		
29	720	bit0	I 保护状态			
30	721		I 保护整定倍数	=数据×0.01	In	
31	0/1		断路器操作	发送 7 分闸、8 合闸		16

2. 设置框架式断路器通信参数

Modbus-TCP 采用的是以太网通信，框架式断路器与边缘控制器采用 RJ45 通信接口连接，然后在框架式断路器脱扣器中设置 IP 地址，如图 7-22 所示。

3. 通信数据测试

完成框架式断路器通信参数设置后，使用 Modbus-TCP 通信软件测试数据是否能正常读取。打开 ModScan32.exe，连接方式选择为 Remote TCP/IP Server，在 IP Address 中输入需要访问的从站设备 IP 地址（如 192.168.1.120），服务器端口为 502，采用 04 功能码读取从站地址为 120，设备寄存器起始地址为 20 的连续 6 个数据。发送该请求数据帧后，接收数据。如图 7-23 所示，可以看到触头磨损度为 0.23% = (149/65000)×100%、总操作次数为 47 次、手动操作次数为 43 次、脱扣次数为 0 次、脱扣失败次数为 0 次、脱扣测试次数为 4 次。

项目7 智能供配电系统单体通信集成

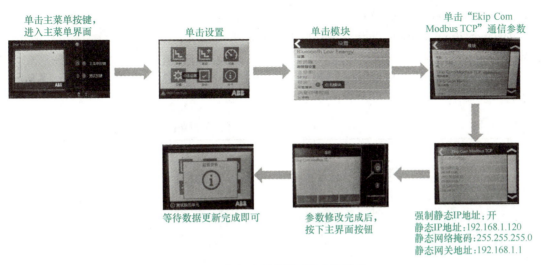

图 7-22 框架式断路器通信参数设置

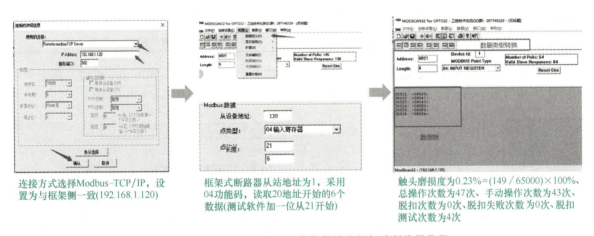

图 7-23 采用 Modbus-TCP 通信软件读取框架式断路器数据

4. AS 平台框架式断路器监控程序开发

通过 AS 平台调用 Modbus-TCP 通信功能块,读取框架式断路器的触头磨损度、总操作次数、手动操作次数、脱扣次数、脱扣失败次数、脱扣测试次数以及控制框架断路器的分/合闸,本任务以 FBD 调用功能块编程为例,Modbus-TCP 常用通信函数功能块为 mbReadInputRegisters() 和 mbWriteMultipleRegisters(),mbReadInputRegisters() 函数功能块配置见表 7-14。

表 7-14 mbReadInputRegisters() 函数功能块配置

功能块图例	I/O	引脚	数据类型	功能描述
	IN	enable	BOOL	只有 enable=1 时,该功能块才会执行
	IN	pStation（作为指针传输）	UDINT	Modbus 站路径,如"IF2.ST1"
	IN	startAddress	UINT	起始地址
	IN	nrRegisters	UINT	要读取的寄存器数
	IN	pData（作为指针传输）	UDINT	将读数据写入的本地存储
	IN	dataSize	UINT	本地内存区域的长度,以字节为单位 内存区域的大小至少为 2 个寄存器字节
	OUT	status	UINT	报警代码(0=无报警)

mbReadInputRegisters() 函数功能块实现 Modbus 功能码 4，读取多个输入寄存器的功能。Modbus 指令由 Automation Runtime 的 Modbus 驱动程序接收和处理。

mbWriteMultipleRegisters() 函数功能块实现 Modbus 函数代码 16，写多个寄存器的功能。Modbus 指令由 Automation Runtime 的 Modbus 驱动程序接收和处理，mbWriteMultipleRegisters() 函数功能块配置见表 7-15。

表 7-15 mbWriteMultipleRegisters() 函数功能块配置

功能块图例	I/O	引脚	数据类型	功能描述
mbWriteMultipleRegisters_0 mbWriteMultipleRegisters enable status pStation startAddress nrRegisters pData dataSize	IN	enable	BOOL	只有 enable=1 时，该功能块才会执行
	IN	pStation	UDINT （作为指针传输）	Modbus 站路径，如"IF2.ST1"
	IN	startAddress	UINT	起始地址
	IN	nrRegisters	UINT	要写入的寄存器数
	IN	pData	UDINT （作为指针传输）	包含要写入数据的本地存储器
	IN	dataSize	UINT	本地内存区域的长度，以字节为单位。内存区域的大小至少为 2 个寄存器字节
	OUT	status	UINT	报警代码（0=无报警）

在开始编写通信程序之前，需要在 AS 硬件配置目录中，添加 ModbusTCP_any 模块，并配置需要访问的从站 IP 地址，如图 7-24 和图 7-25 所示。

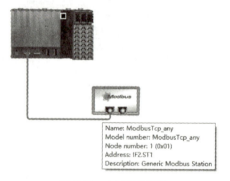

图 7-24 AS 硬件配置

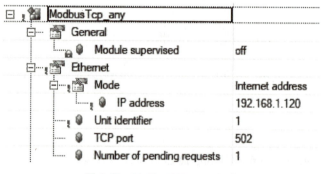

图 7-25 ModbusTCP_any 配置

完成配置通信硬件参数后，采用 mbReadInputRegisters() 函数功能块在程序文件中搭建如图 7-26 所示程序，打开使能 enable=1，通过设备标识符为"IF2.ST1"的接口，读取寄存器地址 20 的连续 6 个数据，存储到数组 a 中，数组的长度为 12。

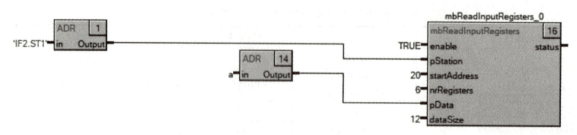

图 7-26 mbReadInputRegisters() 函数功能块程序

结合通信地址表对数据进行处理与换算，编程方法请参考任务 7-2。

完成框架式断路器数据读取编程后，调用 mbWriteMultipleRegisters() 函数功能块，参考表 7-13 进行框架式断路器分/合闸编程，搭建如图 7-27 所示程序。将变量 c 的数据通过设备标识符为"IF2.ST1"的接口，发送到框架式断路器的寄存器中，寄存器地址为 0，数据长度为 2 个字，本地内存区域的长度为 4 个字节。

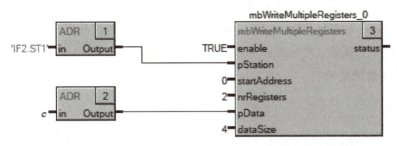

图 7-27　框架 mbWriteMultipleRegisters( ) 函数功能块程序

在远程控制框架式断路器前，框架式断路器需设置为远程控制模式，如图 7-28 所示。

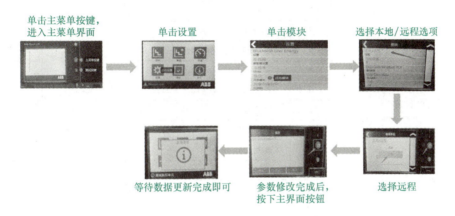

图 7-28　框架式断路器设置为远程控制模式

将编辑好的通信程序下载到控制器并在线监测，查阅实时数据，如图 7-29 所示。然后通过更改变量 c 的值，对框架式断路器进行远程分/合闸通信控制（写 7 为分闸，8 为合闸）。

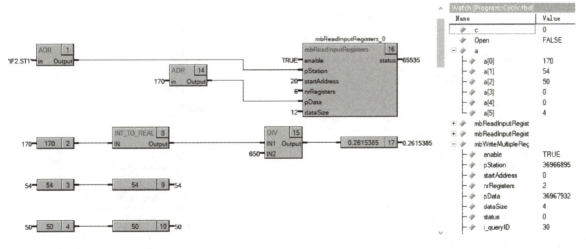

图 7-29　程序运行实时监测数据

▶ 拓展练习

请编写一个当检测到框架式断路器储能结束，并无故障信息时的远程分/合闸控制程序。

任务 7-4 变频器监控集成

通过以上任务的学习,我们初步了解通信接口连接、通信参数设置、数据报文解析以及通过 AS 平台实现典型智能电力设备的数据监测与设备控制。本任务以配电系统典型负载变频器的监控为例,进一步巩固通信协议的知识技能,并掌握人机界面的开发与调试。

1. 常用变频器通信地址表

变频器通信地址见表 7-16。

表 7-16 变频器通信地址

序号	地址	名称	位号	功能描述	使用转换注释	单位	功能码
1	0	控制字(十六进制,起动:047F,停止:047E)	0	减速停止			06
			1	惯性停止			
			2	急停			
			3	运行允许			
			4	斜坡函数生成器输出允许			
			5	斜坡函数生成器加速器允许			
			6	斜坡函数生成器输入允许			
			7	故障复位			
			8	点动 1 运行			
			9	点动 2 运行			
			10	现场总线控制			
			11	选择外部控制地			
			12	可写控制位,可与变频器逻辑组合,用于特定应用程序的功能			
			13				
			14				
			15				
2	1	给定值 1		速度给定,20000 对应最大值			
3	2	给定值 2					
4	3	状态字	0	合闸准备就绪			
			1	运行就绪			
			2	操作允许			
			3	故障			
			6	打开禁止			
			7	报警			
			9	模式			
5	4	实际值 1					03
6	5	实际值 2					
7	6	电动机转速			=数据/6.95	r/min	
8	7	转速百分比			=数据/10	%	
9	8	电动机输出频率			=数据/400	Hz	
10	9	电动机电流			=数据	A	
11	10	直流电压			=数据/10	V	
12	11	输出电压			=数据	V	
13	12	额定转矩			=数据	Nm	
14	13	累计能耗			=数据/10	kW·h	

2. 变频器与 AS 平台通信设置

本任务采用 Modbus-RTU 实现变频器的远程控制，变频器参数设置流程如图 7-30 所示，AS 平台中参数设置与任务 7-2 类似，此处不再赘述。

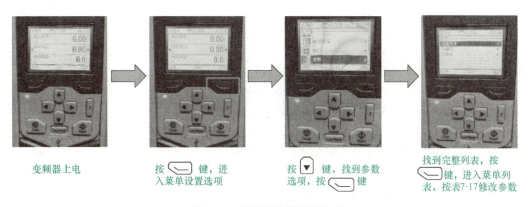

图 7-30 变频器参数设置流程

Modbus 通信变频器需要设置的参数见表 7-17。

表 7-17 Modbus 通信变频器需要设置的参数

参数	设置值	备注
99.04	[0]矢量	电动机控制模式
58.01	[1]Modbus RTU	激活 Modbus 通信
58.03	8	变频器站点地址
58.04	[3]19.2kbs	波特率
58.05	[0]8 无 1	奇偶校验位
58.14	[1]故障	通信丢失时动作
58.15	[2]Cw/Ref1/Ref2	通信丢失监控的模式
58.16	30.0s	通信丢失延时
58.17	0ms	数据传输延时
58.25	[0]ABB 变频器	设置通信配置文件
58.26	[1]透明	定义总线通信给定值和实际值的类型
58.27	[3]转矩	
58.28	[4]速度	
58.29	[3]转矩	
58.33	[0]模式 0	定义寄存器寻找方式
58.34	[1]LO-HI(低-高)	定义数据传输顺序
58.107	采用的电动机速度	16 位,运行数据可自定义
58.108	电动机速度百分比	16 位,运行数据可自定义
58.109	输出频率	16 位,运行数据可自定义
58.110	电动机电流	16 位,运行数据可自定义
58.111	直流电压	16 位,运行数据可自定义
58.112	输出电压	16 位,运行数据可自定义
58.113	额定转矩换算	16 位,运行数据可自定义
58.114	累计能耗	16 位,运行数据可自定义

(续)

参数	设置值	备注
58.06	[1]刷新设置	刷新总线配置参数
20.01	[14]内置现场总线	外部启动命令1通过总线
20.06	[14]内置现场总线	外部启动命令2通过总线
22.11	[8]EFB 给定值 1	选择转速模式时的给定源
19.11	[2]EFB MCW 位 11	通过总线切换 EXT1/EXT2
19.12	[2]速度	激活 EXT1 时速度控制
19.14	[3]转矩	激活 EXT2 时转矩控制
46.01	2875	根据电动机铭牌输入最大转速

3. AS 平台通信程序开发

通信程序开发与任务 7-2 类似，其中变频器的起动停止控制程序结合通信地址表可知，向 0 寄存器发送 "1150" 表示停止命令，发送 "1151" 表示起动命令。将编辑好的通信程序下载到控制器，并打开在线监测，查看在线实时数据，如图 7-31 所示。

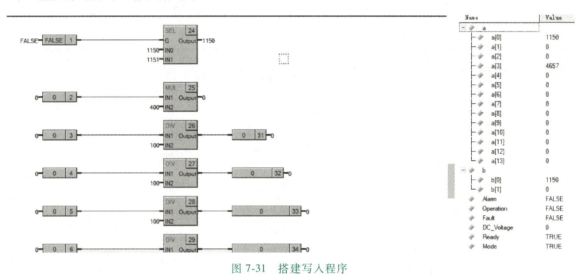

图 7-31 搭建写入程序

4. 人机界面开发

任务 7-2 中介绍了 AS 平台支持 VC4 与 mapp View 两种人机界面开发，本任务采用 mapp View 开发变频器的人机交互界面。人机界面的开发对智能配电工程实施以及后期的使用尤为重要，需要结合 UI 设计、视觉交互等多个方面的知识，如界面背景不得采用刺眼的色调、优先报警的呈现设计等。本部分主要介绍如何在 AS 平台中完成 mapp View 初始配置、界面设计、变量管理、常用控件和界面浏览。

（1）相关术语介绍

下面来介绍在 mapp View 设计过程中会用到的几个相关概念，这些概念之间的逻辑关系如图 7-32 所示。

1）Layout。布局，即一个页面包含几个区域，每个区域尺寸多大等。

2）Area。区域，一个页面通常包含几个区域，可按画面功能进行区域划分。

3）Page。页面，即一个人机交互页面。

4）Widget。控件，如按钮、文本、饼图、输入框等。

5）Content。内容，这里不是指具体的显示内容，而是指存放显示内容的容器，后面会有详细说明。

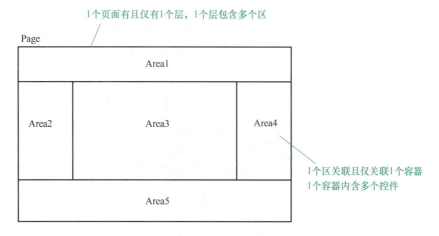

图 7-32 mappView 相关概念间的逻辑关系

6) Binding。关联，如将控件变量与 OPC UA 变量关联。

7) EventBinding。事件关联，将事件（如按下按钮等）与动作（如弹出对话框等）关联。

8) Dialog。对话框，如报警对话框、登录成功对话框等。

关联是将控件中的变量与程序变量关联，如文本框控件中的文本数据来自程序的某变量。

事件关联是将事件（如按下按钮）或变量改变与动作（如弹出对话框或字体变色）等关联。

（2）mapp View 初始配置

1）在 Logical View 窗口中添加 mapp View 软件包。打开 Logical View 窗口选中项目名文件夹，在 Toolbox（工具箱）中找到 mapp View 并勾选，双击 mapp View 自动添加 mapp View 软件包，如图 7-33 所示。

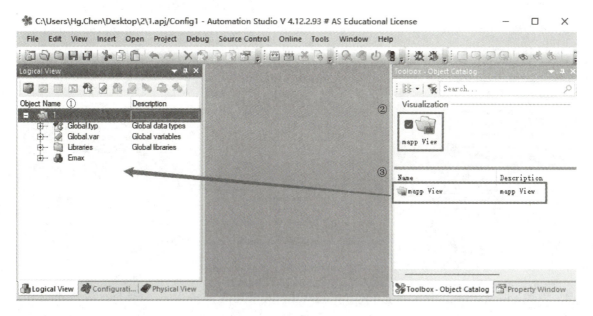

图 7-33 添加 mapp View 软件包

2）添加 Visualization 和 mapp View Configurartion 文件。在 Configuration View 窗口的 X20CP1382 文件夹下找到 mapp View 文件，从 Toolbox 中双击 Visualization 和 mapp View Configurartion，自动添加到 mappView 文件夹下，操作完成后单击"Save"，如图 7-34 所示。

3）声明 Client configuration ID。双击打开添加的 Visualizat.vis 文件，复制 Visualization ID 名

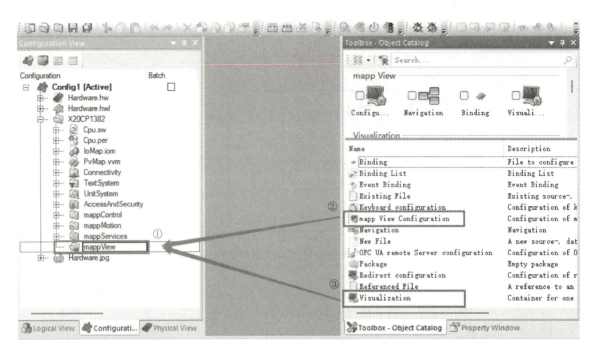

图 7-34 添加 Visualization 和 mapp View Configurartion 文件

"vis_0",然后双击打开 Config. mappviewcfg 文件,将复制的 Visualization ID 名粘贴到 Client configuration 下的 ID of default visualization 栏中,最后单击"Save",如图 7-35 所示。

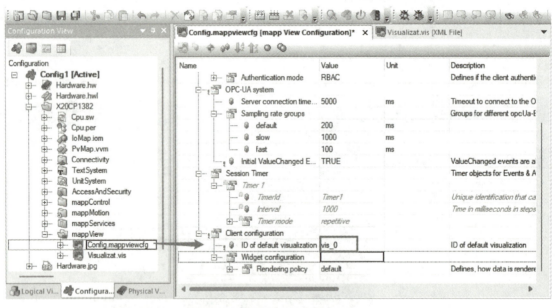

图 7-35 声明 Client configuration ID

4)添加 Visualization 文件。在 mapp View 窗口中选择添加的 mapp View 软件包,从 Toolbox 中双击 Visualization 文件,软件将自动添加 Visualization 文件。最后单击"Save",完成初始配置,如图 7-36 所示。

(3)界面设计

1)布局设计。初始配置后,可以正式开始界面布局设计工作。无论对于什么项目,只要是界面设计,就必不可少要有布局和内容两大要素。先说布局,mapp View 的布局设计是在 Layout 中完成的,与其他元素不同的是,Layout 的设计需要用户进行编程,不是通过下拉菜单选择或拖曳来实现。这里

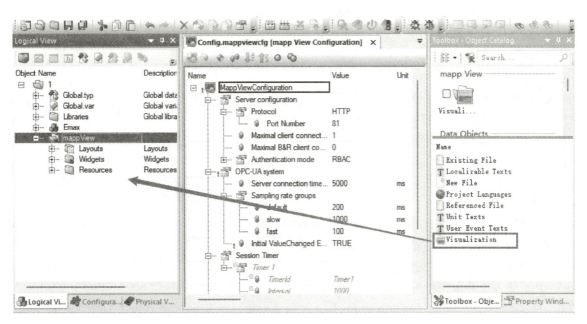

图 7-36 添加 Visualization 文件

的编程不是从零开始，AS 平台会自动给出编程模板，用户只需要填空即可。如，对于图 7-37a 所示的布局来说，其编程实现如图 7-37b 所示，黑色加粗字体为需要用户手动输入的部分，包括 Layout 的 ID （自定义，为了后面被 Page 引用）、Layout 的宽高尺寸、划分的每个 Area ID（1 个 Layout 里的所有 Area ID 不能重名，不然会编译报错）、每个 Area 的宽高尺寸和坐标位置等。

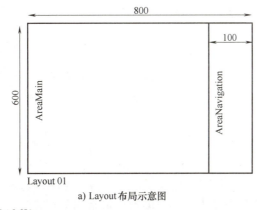

a) Layout 布局示意图

```
<?xml version="1.0" encoding="utf-8"?>
<ldef:Layout id="Layout01" height="600" width="800" xmlns:ldef="http://www.br-automation.com/iat2015/layoutDefinition/v2">
    <Areas>
        <Area id="AreaMain" height="600" width="700" left="0" top="0" />
        <Area id="AreaNavigation" height="600" width="100" left="700" top="0" />
    </Areas>
</ldef:Layout>
```

b) Layout 布局代码

图 7-37 Layout 设计举例

2) Layout 设计好后，接下来是添加 Page，Page 可以理解为人机界面显示的每一幅画面，如图 7-38 所示，它包含两个基本元素，一个是 .page 文件，该文件与布局相关；另一个是 .content 文件，该文件与画面内容相关。

在 .page 文件中，除设置背景颜色和背景图片外，最重要的是给当前 Page 定义 ID、关联对应的 Layout ID 号，并给每个 Area 关联对应的 Content ID 号。可以看出，虽然 .page 是跟界面布局相关，但不是直接在这里设计布局，设计布局的工作在 Layout 里完成，这里只是引用设计完的 Layout ID 号。同理，每个 Area 中的内容设计也不是直接在这里完成，而是在 .content 文件中完成，这里只是引用设计完的 Content ID 号。

在 .content 文件中，第一件要做的事情是给 Content 命名即 ID 号，这一步很重要，不然无法对其引用。有了 Content ID 之后，需要回到 .page 文件中对需要的 Content ID 进行引用，1 个 Area 只能引用 1 个 Content ID，1 个 Content ID 可以被多个 Area 引用。

（4）变量管理

以上操作至此画面基本布局已设计好，接下来就应该进行画面内容的开发，通过不同的控件关联变量达到监测的效果。在介绍控件之前，需要了解 mapp View 系统人机界面中变量与控制器变量之间

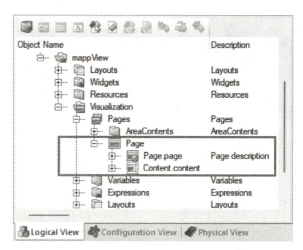

图 7-38 1 个 Page 包含 .page 和 .content 两个文件

的关系，mapp View 的 server（如控制）和 client（如显示屏）之间的通信是通过 OPC UA 实现的，每幅页面中显示的数据需要实时通过 OPC UA 由 server 发送给 client，所以变量关联是很重要的一步，没有这一步，就没有下位程序与上位画面的数据交互。变量关联也称为 Binding，也是在 .content 文件中完成的，在控件的属性窗口中可以找到 Binding 入口，下一节会详细介绍，通过下拉菜单的方式选择需要关联哪个变量，对于 mapp View5.13 及以上版本，选择关联变量之后，会自动生成一个 .binding 文件，存放在 Configuration View 的相应文件夹里，用户不需要自行写代码生成该文件。

在变量关联这一步还有一点需要注意，虽然被关联的变量是通过 Binding 的下拉菜单来选择，但是在此之前需要将这些变量的 OPC UA 通信功能打开，使能之后，Binding 的下拉菜单中才可以看到这些变量，从而供选择。

（5）常用控件

在 .content 文件中，可以利用 Widget（即控件）进行具体的页面设计。所有的 Widget 都可以在右侧的 Toolbox 里找到，用户只需要将需要的 Widget 拖曳到画面相应位置，然后对其进行属性设置即可。AS 平台中提供了上百种 Widget，充分利用好可以设计出既简约美观，又功能丰富、交互性好的人机界面。从 mapp View5.12 版本开始，用户可以针对某个特定行业或设备自定义专属的 Widget 库，通过从现有控件（如线、框、按钮等）中挑选，再组合成更大更复杂的控件，自定义控件需要编译 Widget 之后才能使用。

1）文本控件（Text）。文本控件是人机界面编辑中最常用的控件之一，用于 VC4 界面中进行文本内容的显示与编辑，在人机界面开发过程中配合其他控件可以使画面更加直观、易懂。mapp View 中的文本控件共有 6 种类型，如图 7-39 所示，分别是标签（Label）、登录信息（LoginInfo）、密码（Password）、文本输入（TextInput）、文本输出（TextOutput）和信息板（TextPad）。这里主要介绍 Label（即标签）的使用，其他文本控件可通过 Help 查询具体的使用方法。

Name	Description
Label	Widget to display a text
LoginInfo	Displays current user
Password	Enables the user to enter a text with password character masking
TextInput	Enables the user to enter a text
TextOutput	Displays a string value
TextPad	Widget for editing plain text files

图 7-39 文本控件

Label 文本控件的配置属性见表 7-18。

表 7-18 Label 文本控件的配置属性

控件图例	常用配置参数	配置内容描述
Text	Appearance	通过 Appearance 外观参数的修改，可对文本控件的边框、前景色、填充样式、显示的文本信息、字体排列等参数进行修改
	Font	通过 Font 字体格式设置，可以设置字体加粗、字体样式、字体大小、倾斜以及添加下划线

2）数字控件（Numeric）。人机界面中除标签文本内容外，更重要的是智能配电系统的数据数字化显示，这能更好地帮助使用者查看重要参数的当前值变化，以此优化人机界面的监视功能。mapp View 中的数字控件共有 10 种类型，如图 7-40 所示，分别是基本滑块（BasicSlider）、操纵手柄（JoyStick）、线性仪表（LinearGauge）、数字输入（NumericInput）、数字输出（NumericOutput）、进度条（ProgressBar）、径向量规（RadialGauge）、径向滑块（RadialSlider）、范围滑块（RangeSlider）和 XY 操纵手柄（XYJoystick）。这里主要介绍数字输出（NumericOutput）的使用，其他数字控件可通过 Help 查询具体的使用方法。

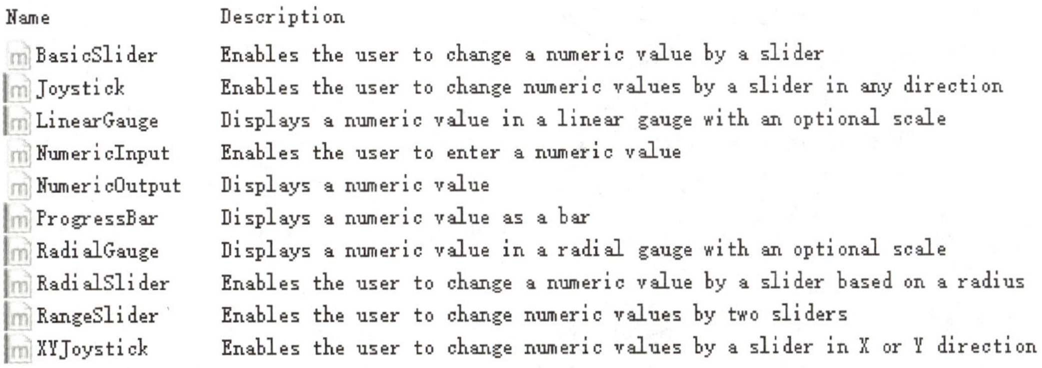

图 7-40 数字控件

NumericOutput 数字控件的配置属性见表 7-19。

表 7-19 NumericOutput 数字控件的配置属性

控件图例	常用配置属性	配置内容描述
 Numeric	Appearance	通过 Appearance 外观参数的修改，可对数字控件的背景色、边框样式、边框粗细、显示数字的排列、数字颜色等外观进行设置
	Data	通过 Data 绑定需要显示的变量
	Font	通过 Font 字体格式设置，可以设置字体加粗、字体样式、字体大小、倾斜以及添加下划线

3）图像控件（Image）。在人机界面开发过程中灵活运用图像控件，添加一系列的静态产品图片或相关标志，亦或是动态图片、图案，以此提升人机界面的观感与质量。mapp View 中的图像控件有两种类型，如图 7-41 所示，分别是单图像（Image）和图像列表（ImageList）。这里主要介绍图像列表（ImageList）的使用。需要注意的是，使用 ImageList 控件前，要将提前准备好的图片素材添加到 Re-

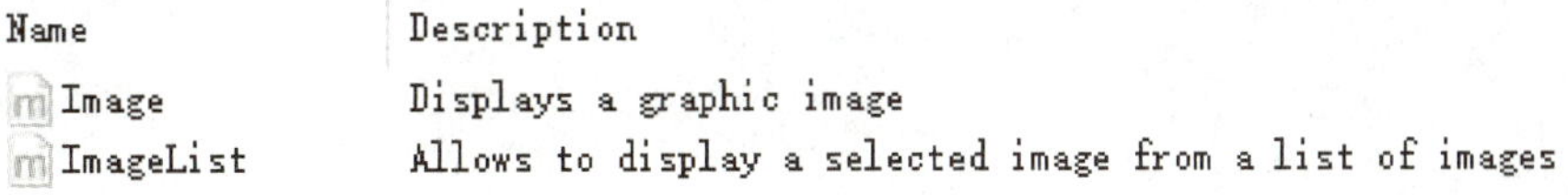

图 7-41 图像控件

sources 资源文件夹下的 Media 媒体文件夹中。

图像控件的配置属性见表 7-20。

表 7-20　图像控件的配置属性

控件图例	常用配置属性	属性描述
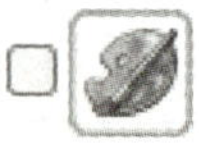 Image	Appearance	通过 Appearance 设置,可修改图像控件的背景色、边框、添加图像的排列等,其中最主要的参数是 imageList,添加需要显示的图像列表,格式为"['Media/open.svg','Media/close.svg']"
	Data	通过 Data 绑定需要显示的变量
	Layout	通过 Layout 设置,可以修改图像控制的大小和坐标位置

4) 按钮控件(Button)。按钮控件在人机界面中主要用于控制开关变量输出,达到控制智能配电系统中智能设备分/合闸的功能。mapp View 中的按钮控件共有 15 种类型,如图 7-42 所示,本任务主要介绍 Button 和 NavigationButton 按钮控件,其他类型通过帮助手册自行学习。Button 控件即事件按钮,用于触发定义的某个事件。NavigationButton 控件即导航按钮,用于切换关联的页面,也称为页面切换按钮。在讲解使用方法之前,需要引入 Event 和 Action 两个概念,在 mapp View 中 Event 和 Action 是非常重要的两大块,它可以帮助我们基于客户端的逻辑,通过全鼠标选择配置,摆脱大段复杂代码的纠缠,即可实现强大的交互功能。Event 指的是状态的改变,这个改变可以绑定一个 Action,当定义的状态发生变化时,将触发 Action,Action 指的是可以执行的动作。Event 的对象可以是值的变化、键盘动作、单机按钮、对话框关闭、鼠标松开、手势、隐藏/显示等,Action 执行的动作可以是登录、赋值、切换风格、切换语言、停止播放、打开对话框、跳转等。通过一系列 Event 和 Action 的组合,快速完成人机界面交换配置,具备极强的可操作性,熟练运用 Event 和 Action 可以编辑一个功能强大且操作方便的人机界面。

Name	Description
Button	Raises an event with an associated action when the user clicks it
ButtonBar	The ButtonBar can contain any number and or combination of Toggle- or RadioButton widgets; only one of themcan be active at a time.
CheckBox	Enables the user to select or clear the associated option
HoverButton	Raises an event with an associated action when the user interacts with it
LanguageSelector	Widget for language selection
LoginButton	Starts a login attempt when the user clicks it
LogoutButton	Sets the default user
MeasurementSystemSelector	Enables the user to select a system of measurement
MomentaryPushButton	Sets a value to 1, as long as the button is clicked
NavigationButton	Initiates an change to an associated page when the user clicks it
PushButton	Sets a value to 1 when the user clicks it
RadialButtonBar	The RadialButtonBar can contain any number and or combination of Toggle- or RadioButton widgets; only one of themcan be active at a time
RadioButton	Enables the user to select a single option from a group of choices when paired with other RadioButtons
ToggleButton	Toggles a value between true and false when the user clicks it
ToggleSwitch	Toggles a value between true and false with touch gestures by the user

图 7-42　按钮控件

按钮控件的配置属性见表 7-21。

表 7-21 按钮控件的配置属性

控件图例	常用配置属性	属性描述
Buttons	Appearance	通过 Appearance 设置可修改按钮控件的背景色、边框样式、边框颜色,可以在按钮上添加图标或字体等
	Common	Common 设置可以编辑添加的按钮控制名字,类似于声明了一个 ID,在后续编辑事件时用到
	Format	通过 Format 设置,可以设置按钮控件上文字加粗、样式、大小和倾斜等属性
	Layout	通过 Layout 设置,可以修改按钮控制的大小和坐标位置

(6) 人机交互界面

结合上述所学的控件使用方法,灵活运用不同控件之间的相互搭配,合理选择显示字体大小、样式、图形配色等,最终完成如图 7-43 所示的变频器监控人机界面。

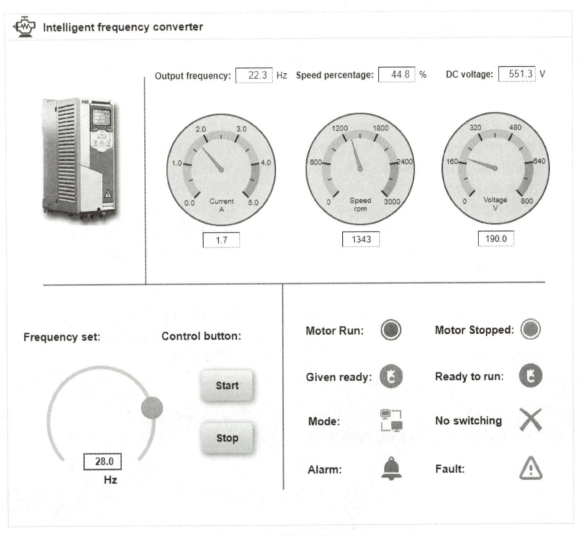

图 7-43 变频器监控人机界面

(7) 界面访问

mapp View 画面需要通过浏览器进行显示,因此需要对其进行网络相关设置,如端口号、最大客户端数量,以及 OPC UA 采样率等,详细的操作步骤请参考实训工作手册。

配置完成后将程序下载到边缘控制器，然后打开浏览器（推荐使用 Google 浏览器），在浏览器中输入"边缘控制器 IP 地址：81"，即可访问开发好的人机界面。需要注意的是，"："必须使用英文输入法，81 为访问端口号。

任务 7-5　继电保护装置监控集成

本任务以 REF615 为例开展典型继电保护装置的监控集成学习，REF615 支持变电站 IEC 61850 通信标准、并行冗余协议（PRP）和高可用性无缝冗余度协议（HSR），其中 IEC 61850 通信标准包含 IEC 61850-9-2 LE。该设备还支持 DNP3、IEC 60870-5-103 和 Modbus 规约。

1. 继电保护装置通信接线与设置

REF615 IEC 馈线保护和测控继电保护装置的 Modubs 串行通信需要继电保护装置在插槽 X000 中安装一个通信卡，该通信卡有一个或两个串行通信接口。串行通信接口位于继电保护装置背后 X5 接线端子，如图 7-44 所示，"10、9"端子表示 COM1 串行端口"A/+、B/-""8、7"端子表示 COM2 串行端口"A/+、B/-"，"6"端子表示公共接地。

REF615 IEC 馈线保护和测控继电保护装置可以配置一个或几个基于 UART 的串行通信端口，通信端口可以为电（RS485、RS232）或光纤通信端口。继电保护装置使用串行端口和驱动程序作为不同类型的串行通信协议连接，继电保护装置硬件配置两个串行端口，串行端口称为 COM1、COM2 等，每个 COM 端口驱动程序都有其可在配置/通信/COMn（$n=1$，2，…）中通过 HMI 中找到的自身定值参数。Modbus 串行链路设置参数，可以通过 HMI 中路径配置/通信/Modbus 访问。COM 端口与 Modbus 链路参数设置具体内容如下。

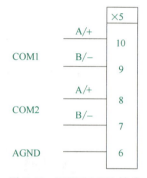

图 7-44　REF615 IEC 馈线保护和测控继电保护装置通信端子图

（1）COM 端口参数设置

单击菜单按钮切换到主菜单，通过上下键将光标移到"配置"选项，右击进入子级菜单，采用同样的操作方式进入"通信"选项的子菜单。根据实际接线确认需要配置的 COM 端口，以 COM1 为例，光纤模式设置为"无"，串口模式设置为"RS48 两线制"，CTS 延时、RTS 延时保持默认设置，波特率设置为 19200，如图 7-45 所示。

（2）Modbus 参数设置

参考 COM 端口参数设置操作方式，进入 Modbus 参数设置界面，选择对应的 COM 端口，奇偶校验 1 设置为"无"，通信地址 1 设置为"1"，链路模式 1 设置为"RTU"，帧起始延时 1、帧结束延时 1 保持默认设置，如图 7-46 所示。

图 7-45　REF615 COM 端口参数设置　　　　图 7-46　REF615 Modbus 通信参数设置

2. 继电保护装置通信地址表

继电保护装置通信地址表见表 7-22。

表 7-22 继电保护装置通信地址表

序号	地址	名称	使用转换注释	单位	功能码
1	2767	速断保护动作 LED1			
2	2768	过电流保护动作 LED2			
3	2770	电压保护动作 LED4			
4	2771	热过负荷动作 LED5			
5	2774	断路器状态监视告警 LED8			
6	2775	回路监视告警 LED9			
7	2776	微型空开分闸 LED10	真空断路器至继电保护装置 DI 信号		1
8	2791	手车工作位置			
9	2792	手车试验位置			
10	2793	手车动作			
11	2800	接地开关合闸			
12	2801	接地开关分闸			
13	2803	开关合闸			
14	2804	开关分闸			
15	2824	储能状态			
16	137	A 相电流	=数据/1000	A	
17	138	B 相电流	=数据/1000	A	
18	139	C 相电流	=数据/1000	A	
19	140	零序电流		A	
20	141	零序电压		kV	
21	151	A 相电压	=数据/1000	kV	
22	152	B 相电压	=数据/1000	kV	
23	153	C 相电压	=数据/1000	kV	
24	154	AB 相电压	=数据/1000	kV	
25	155	BC 相电压	=数据/1000	kV	
26	156	CA 相电压	=数据/1000	kV	3
27	160 161	总有功功率		kW	
28	162 163	总无功功率		kvar	
29	164 165	总视在功率		kV·A	
30	166	功率因数			
31	167	频率		Hz	
32	2027	断路器操作计数			
33	2043	正向有功电能		kW·h	
34	2045	正向无功电能		kvar	
35	2052	控制断路器合闸			5

3. 监控集成开发

结合任务 7-2 和任务 7-4 所学的 Modbus-RTU 通信程序编辑和人机界面开发完成本节任务。

素养提升

> **Modbus 协议发展历史**
>
> Modbus 是由 Modicon 公司在 1978 年发明的，是一个划时代、里程碑式的网络协议，工业网络从此拉开了序幕。Modbus 是全球第一个真正用于工业现场的总线协议，安装的地区遍及世界各地，已经成为事实上的协议标准。
>
> 1989 年 Modicon 公司推出 Modbus+ 网络，1998 年推出基于 TCP/IP 以太网的 Modbus-TCP，进一步满足用户和市场需求。Modbus-TCP 是第一家采用 TCP/IP 以太网用于工业自动化领域的标准协议，是至今唯一获得 IANA 赋予 TCP 端口的自动化通信协议，Modbus-TCP 是标准的、开放的、免费的通信协议。

7.4 项目练习：某广电中心低压配电柜数字化升级改造

7.4.1 项目背景

某广电中心配电房主要由高低压配电柜、变压器、直流屏以及继电保护系统等组成，现场大部分配电设备生产日期均为 2013 年，投运至今已使用 10 年的时间。广电中心作为各类媒体信息集散的重要结点，是促进社会经济和文化的交流，加速地区间信息传递的强大信息传播媒介，对用电的安全性、可靠性和稳定性有着较高的要求。目前受配电设备智能化水平和值班人力不足的限制，配电系统无法实现数据实时在线监测、设备事故精准预防、能源高效管理等问题。现有配电房难以适应未来新型电力系统建设需要，开展数字化改造的需求正日益显现。接到上级领导指示，将低压配电系统 P2 馈线柜 1 号馈线抽屉照明回路进行数字化升级改造作为试点案例，升级成功后将推进配电房所有设备的数字化升级。现场已经完成智能塑壳式断路器和多功能电力仪表的更换与通信电路敷设，需完成监控集成开发。

7.4.2 项目要求

项目练习任务：完成 P2 馈线柜 1 号馈线抽屉照明回路塑壳式断路器与多功能电力仪表的监控集成开发，并通过智能配电集成与运维平台进行测试

要求根据多功能电力仪表通信地址表使用 AS 平台软件编写多功能电力仪表的数据读取程序，读取如电压、电流、频率、有功功率、无功功率、视在功率、电能等电量参数；根据表 7-23 通信地址表使用 AS 平台软件编写塑壳式断路器数据读取程序和控制程序，要求完成对电流参数和三段式保护状态、整定倍数、动作时间的读取，并实现对塑壳式断路器远程分/合闸控制以及状态监测。开发对应的人机界面，界面布局采用 1024mm×768mm，设计 2 个页面分别用于展示多功能电力仪表和塑壳式断路器相关的数据，同时需具备页面切换功能。

1）P2 馈线柜 1 号馈线抽屉一次回路图。P2 馈线柜 1 号馈线抽屉一次回路图如图 7-47 所示。

2）设备通信地址表。多功能电力仪表通信地址表请参考任务 7-2 实训手册，塑壳式断路器通信地址表见表 7-23。

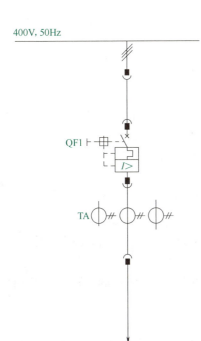

柜号		柜宽×柜深	P2	600mm×800mm	
回路名称			馈线1		
回路编号			1:8E		
额定容量				25A	
主要元器件			描述		数量
1	开关		XT2S160 Ekip LSI R25		1
	规格		FFCL 3P		
	附件1		3Q+1S51, Modbus		
	附件2				
	附件3				
2	保护互感器				
3	电流表				
4	电压表				
5	多功能电力仪表		M1M20		1
6	电流互感器		BH-0.66 30I 25/5 3T 2.5V·A		3
7	熔断器开关				
8	熔断器				
9	浪涌抑制器				
10	微型断路器				
11	控制变压器				
12	一次端子				
13	温湿度控制器				
14	HMI				
15	备注1				
16	备注2				
17	电缆规格				

图 7-47 P2 馈线柜 1 号馈线抽屉一次回路图

表 7-23 塑壳式断路器通信地址表

序号	地址	位号	名称	注释	单位	功能码
1	40	bit0	开关合分状态			
2		bit3	开关脱扣状态			
3		bit7	开关脱扣失败			
4		bit8	就地远程模式			
5		bit9	告警故障			
6		bit10	报警故障			
7		bit11	延时脱扣			
8		bit12	脱扣故障			
9	100/101		A 相电流	数据/10	A	
10	102/103		B 相电流	数据/10	A	
11	104/105		C 相电流	数据/10	A	4
12	650	bit0	L 保护状态			
13	651		L 保护整定倍数	数据/100	In	
14	652		L 保护动作时间	数据/100	s	
15	660	bit0	S 保护状态			
16	661		反时限 S 保护整定倍数	数据/100	In	
17	662		反时限 S 保护动作时间	数据/100	s	
18	663		正时限 S 保护整定倍数	数据/100	In	
19	664		正时限 S 保护动作时间	数据/100	s	
20	670	bit0	I 保护打开			
21	671		I 保护整定倍数	数据/100	In	
22	0/1		控制真空断路器开关合分	发送 7 分闸、8 合闸		16

7.4.3 项目步骤

1）认真剖析练习要求，阅读 P2 馈线柜 1 号馈线抽屉电气原理图和设备通信地址表，确认要完成的任务内容。

2）创建 AS 项目配置对应的硬件模块，添加 standard、DRV_mbus 库文件，创建 FBD 工程文件。

3）根据多功能电力仪表通信地址表结合项目要求，编写数据读取程序。

4）根据塑壳式断路器通信地址表结合项目要求，编写数据读取与控制程序。

5）添加 mapp View 软件包，完成必要的基础工程文件添加与配置。

6）添加 Layout 界面布局文件并完成相应的参数配置。

7）根据项目要求添加对应数量的展示页面，填写属性信息并关联 Layout ID。

8）根据程序中读取的相关数据信息，结合 mapp View 中不同控件的使用，完成多功能电力仪表和塑壳式断路器数据监控界面开发。

9）在 Visualizat.vis 中声明初始化界面 ID、所有页面的 refid、变量绑定的 refid 以及事件绑定的 refid。

10）编译整个项目并将程序下载至控制器内。

11）打开浏览器输入"控制器 IP：81"，访问创建好的人机交互界面，检查各数据与控制功能是否正确。

7.5 项目评价

项目评价表见表 7-24。

表 7-24 项目评价表

考核点	评价内容	分值	评分	备注
知识	请扫描二维码，完成知识测评	20 分		
技能	正确编写塑壳式断路器与多功能电力仪表的监控程序	70 分		依据项目练习评价
	监控程序可在智能配电集成与运维平台成功运行			
	监控程序可实现数据采集、状态采集、远程控制等功能			
	人机界面开发应用			
素质	工位保持清洁，物品整齐	10 分		
	着装规范整洁，佩戴安全帽			
	操作规范，爱护设备			
	遵守 6S 管理规范			
总分				
项目反馈				

项目学习情况：

心得与反思：

项目 ⑧
智能供配电系统集成综合实训

项目导入

从工业蓬勃动力到万家璀璨灯火,都离不开安全、绿色、智慧的电力能源。本项目完成智慧泵站智能配电系统整体项目实施,进一步巩固智能配电工程项目的技术资料编制、设备清单整理、二次回路设计、通信编程与人机界面开发、单体设备调试、系统组网联调等全生命周期服务。

项目目标

知识目标

1) 熟悉智能配电系统工程实施典型流程。
2) 掌握智能配电设备选型与清单整理。
3) 掌握智能配电二次回路设计。

技能目标

1) 能设计并编程实现智能配电通信与人机界面。
2) 能实施智能配电单体与系统的联调。

素质目标

1) 了解"电力集成"理论,学习科学家刻苦钻研、自主创新、追求卓越的工作态度和矢志强军、科技强国的责任担当。

2) 通过系统集成及工程训练,培养精益、专注、创新的工匠精神,以及认真负责、踏实敬业的工作态度和严谨求实、一丝不苟的工作作风。

8.1 项目知识

复习巩固本书项目 2~项目 7 中与本项目相关的知识技能。

8.2 项目准备

本项目需要的设备和软件如下:
1) 1 台安装 Windows 10 操作系统、CAD 软件的计算机。
2) 1 套智能配电集成与运维教学实训平台。
3) 1 套某市政智慧泵站智能配电系统完整资料。

本项目以某市政智慧泵站智能配电系统为案例,借助相关资料完成如下 4 个项目实训任务:

任务 8-1　智慧泵站智能配电系统构架设计。
任务 8-2　智慧泵站智能配电设备清单整理。
任务 8-3　智慧泵站智能配电二次回路设计。
任务 8-4　通信程序与人机界面开发及调试。

8.3 项目实训

随着经济的不断发展,水资源的战略地位越来越重要。泵站是为水提供势能和压力能,解决无自流条件下的排灌、供水、排水和水资源调配问题的动力来源,在防洪、排涝、抗旱、减灾,以及工农业用水和城乡居民生活供水等方面发挥着重要作用。传统泵站更多是依靠人工经验保障运营,现代通信技术的发展为泵站的数字化建设提供了技术上的有力保证,可以实现泵站 24h 不间断的数字化实时监测与控制。

该泵站位于滨江花苑西侧,为市区旧城区雨水工程的配套工程,主要提升环城东路雨水主干渠排入瓯江,其工艺流程图如图 8-1 所示。

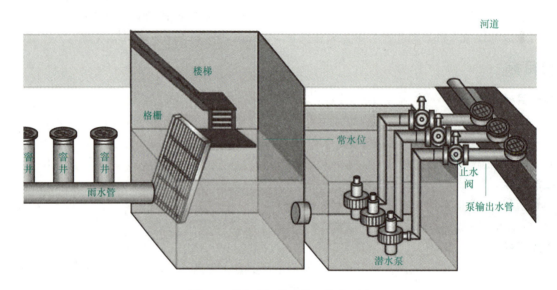

图 8-1 某市政智慧泵站工艺流程图

泵站主要动力设备包括 10kV 智能中压配电系统(1 台进线柜、1 台出线柜),1 台干式变压器配置温度控制器且支持 Modbus 通信协议接口、0.4kV 智能低压配电系统(1 台进线柜、1 台无功补偿柜、1 台馈线柜)、3 台水泵驱动控制柜以及格栅机与厂区照明系统和其他厂区用电设备。

任务 8-1 智慧泵站智能配电系统构架设计

在项目前期,承建方售前技术工程师需根据设计院资料与用户技术需求,分析智能配电系统项目技术方案,明确系统构架与应用功能等。

1. 设计图样

智慧泵站智能配电系统高、低压电气图如图 8-2~图 8-4 所示。

2. 系统技术要求(设计说明)

(1)总体构架要求

用户的需求技术中明确提出,系统应由云服务、本地数据服务器、边缘控制器、智能配电软件以及智能配电设备等构成,需采用基于分布式系统结构进行智能配电系统管理与分析,实现对泵站智能配电系统的运行参数、开关设备状态及故障数据进行实时监控和分析,同时支持 Web 浏览功能,为用户提供移动化、网络化和智能化管理与服务。系统应采用设备层、通信层、管理层和应用层四层系统构架,见表 8-1,应具有良好的开放性,可与泵站自控系统(DCS)实现信息共享。

项目8 智能供配电系统集成综合实训

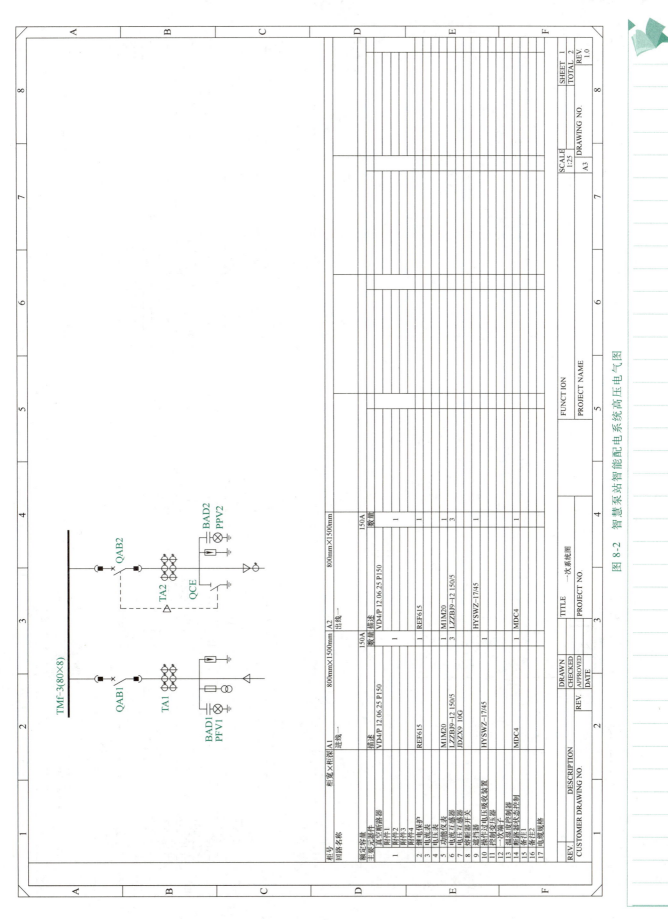

图 8-2 智慧泵站智能配电系统高压电气图

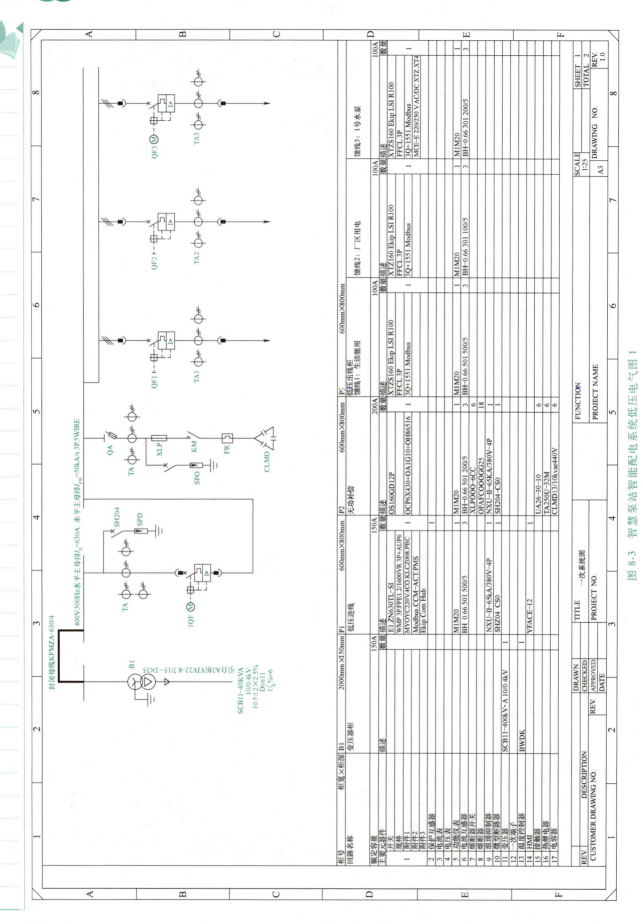

图 8-3 智慧泵站智能配电系统低压电气图 1

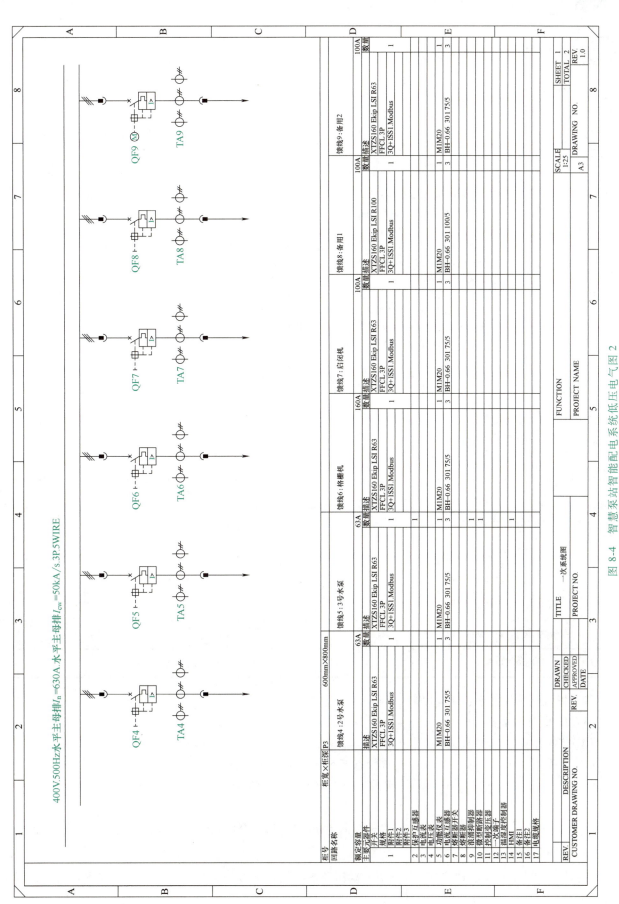

图 8-4 智慧泵站智能配电系统低压电气图 2

表 8-1　智慧泵站系统构架要求

系统总体结构	功能要求
应用层	系统应留有云端接口和数据服务功能,可通过企业自有云服务器或第三方云服务器实现海量数据存储以及应用分析,并需与本地数据服务器的智能配电软件集成
管理层	智能配电系统的管理层是由本地化数据服务器、智能配电软件、以太网交换机、打印机等设备组成,其主要任务是收集现场设备的各种信息并建立数据库;通过友好的人机界面和强大的数据分析处理功能,实时监测现场设备的运行状态、运行参数和故障信息,并能对设备实施远程遥控,是系统与运行人员之间的接口
通信层	主要任务是采集设备与系统运行的各种信息,并将信息通过以太网上传给管理层,实现现场设备的监视、测量和控制等功能数据传输
设备层	真空断路器:断路器实现嵌入式无线测温和机械特性的监测,可以接入云平台和本地监控,实现中压负荷的能效管理、资产健康管理与智慧运维,所配置的智能模块支持 Modbus-TCP 通信协议 继电保护装置:支持 Modbus-TCP 通信协议 框架式断路器:框架式断路器需支持 Modbus-TCP 通信协议,可实时监测断路器传感器故障、脱扣器故障、开关状态、过载保护跳闸、欠电压报警与跳闸、过电压报警与跳闸等数据,并可接入云平台和本地监控,实现断路器设备的生命周期曲线及实时健康状态监测,并可提供预测性维护计划 塑壳式断路器:塑壳式断路器需支持 Modbus-RTU 通信协议,并可接入云平台和本地监控,实现设备的监测 多功能电力仪表:应具有 RS485 通信接口,通信协议采用标准的 Modbus-RTU

（2）系统技术指标

1）系统实时性指标见表 8-2。

表 8-2　系统实时性指标

名称	性能指标参数
全系统实时数据扫描周期	2~10s 可调
遥测量越死区传送时间	≤2s
遥信变位传送时间	≤2s
遥控命令响应时间	≤2s
实时调用画面响应时间	≤2s
画面刷新周期	2~10s 可调,且每画面可定义其刷新周期

2）以太网传输速率：100/1000Mb/s。

3）CPU 及网络负荷率。

① 监控计算机 CPU 负荷率。

$$\text{正常状态下 5min 内平均} \leqslant 30\%$$
$$\text{事故情况下 10s 平均} \leqslant 50\%$$

② 网络负荷率。

$$\text{正常状态下 5min 内平均} \leqslant 25\%$$

3. 明确系统构架

通过对项目系统技术要求与高、低压一次回路图等资料解读与分析，结合本书前述项目内容，可以初步确定智慧泵站智能配电系统构架，见表 8-3。

项目8 智能供配电系统集成综合实训

表 8-3 智慧泵站智能配电系统构架

构架	满足项目技术需求	需配置功能与接口
应用层	真空断路器需实现嵌入式无线测温和机械特性的监测	实时监测触头温度、分/合闸线圈电流、分/合闸操作时间等数据,将真空断路器集成入系统,尤其是机械特性由于采用云计算,所以必须配置云服务接口 MCR
应用层	框架式断路器需实时监测断路器传感器故障、脱扣器故障、开关状态、过载保护跳闸、欠电压报警与跳闸、过电压报警与跳闸等数据,支持框架式断路器生命周期曲线及实时健康状态监测,提供预测性维护计划等功能	配置云服务接口 EAM
管理层	实时监测智能高、低压配电系统电压、电流、有功功率、无功功率等运行数据	—
管理层	可与泵站自动化系统集成	需配置 OPC 接口
管理层	基于 Web 网页浏览功能	需要支持 HTTP 等协议(Web 开发常用协议)
通信层	系统需接入 2 台 VD4 中压真空断路器、2 台继电保护装置、1 台框架式断路器、12 台多功能电力仪表、12 台塑壳式断路器、1 台变压器温控器,且响应时间≤2s	配置边缘控制器 2 台,高压变压器 1 台,低压变压器 1 台
设备层	根据系统技术要求与电气图配置相应设备与功能附件	

本项目需要配置 1 套带 OPC 与云服务接口并支持 HTTP 协议的智能配电软件、2 套 X20 边缘控制器以及相应的智能配电设备,以实现智能高低压配电系统运行参数与设备状态的监控,尤其注意真空断路器与框架式断路器需配置 EAM 系统,以提供寿命分析数据以及运维数据。

任务 8-2 智慧泵站智能配电设备清单整理

明确智慧泵站智能配电系统构架后,需要完成项目设备清单整理,并将其提供给市场与生产等部门。常见设备清单一般由系统软件、服务器、边缘控制器以及智能配电设备等部分组成,尤其需要注意智能配电设备的通信附件选型及数量。在设备清单中需要明确产品型号、功能、数量等关键信息。本任务我们以智慧泵站智能配电系统软件配置、边缘控制器配置以及进线柜设备选型配置为例,结合设备说明书,开展系统设备与软件的选型与清单整理,并完成项目练习任务 1。

在任务 8-1 中,我们了解智能配电系统需配置 1 套带 OPC 与云服务接口并支持 HTTP 协议的智能配电软件、2 套 X20 边缘控制器以及相应的智能配电设备。需要注意的是,大部分的智能配电软件尤其本地监控软件是以 I/O 点容量来计算的,所以在配置软件时,需要统计每个智能设备的通信 I/O 点以及预留≥30%的 I/O 点备用。同时,智能配电软件中 OPC、HTTP 协议接口、云服务接口等为配置选项。结合本书前述项目内容,本项目的智慧泵站智能配电系统配置清单见表 8-4。

表 8-4 智慧泵站智能配电系统配置清单

名称	型号	描述	数量
应用层、管理层			
开发与编程软件	Aprol 与 AS 平台软件	应用程序开发与运营人员操作	1
I/O 点	GV-License-Runtime 5000	项目智能设备通信 I/O 点数	1
云服务与 Web 接口	Ability(EAM/CRM)	高低压断路器云服务及 HTTP 协议接口	1
服务器	GKJ-4000	安装软件计算机	1
交换机	TSC	以太网组网	1

(续)

名称	型号	描述	数量
通信管理层			
边缘控制器	X20CP	实现现场数据采集、传输与控制,自带 Modbus-TCP 协议接口	2
Modbus 通信模块	X20IF	Modbus-RTU 数据采集	2
Automation studio	AS education license	AS education license	1
设备层智能低压进线 P1 柜			
框架式断路器抽出部分	E1B 630 T LSI WMP NST 3P		1
框架式断路器固定部分	FP:E1.2 Iu=1600 WHR-HR 3P		1
分闸线圈	YO E1.2..E6.2 220-240 Vac/dc		1
通信模块	Ekip Com Modbus-TCPE1.2..E6.2		1
远程控制模块	Ekip Com Actuator		1
云模块	Ekip Com Hub E1.2..E6.2	安装于断路器上	1
多功能表	M1M 20 I/O		1
信号灯	CL2-523R		1
信号灯	CL2-523G		1
信号灯	CL2-523C		1
按钮-红	C P1-10R-10		1
按钮-绿	C P1-10G-10		1
电流互感器	BH-0.66 30I 30/5 1T 2.5V·A		3
熔断器	E91/32		4
微型断路器	SH204-C50		1
浪涌保护器	NXU-Ⅱ-65kA/385V-4P		1
电源模块	CP-PX 24/4.5	24V,4.5A	1
微型断路器	S202-C10	电源模块控制开关	1
触摸显示器	GDEL-12	12inch 嵌入式显示器,分辨率:1280×1024,亮度:350cd/m², 对比度为 800:1,多点电容,显示接口:DVI 和 VGA(注:1inch=2.54cm)	1
柜体	2200×600×800(高×宽×深)		1

任务 8-3　智慧泵站智能配电二次回路设计

在项目实施过程中,项目设计工程师需根据设备清单与设计院资料,设计项目二次回路图,以提供给生产与服务部门。项目 6 已学习典型智能设备和网络构架图的二次回路设计,本任务开展智慧泵站智能配电系统的二次回路设计,其中设备层聚焦于 P1、P3 柜,并完成项目练习任务 2 和项目练习任务 3。

1. 系统通信网络构架设计

在任务 8-1 和 8-2 中已知接入系统的智能配电设备有 2 台 VD4 中压真空断路器(Modbus-TCP)、2 台继电保护装置(Modbus-TCP)、1 台框架式断路器(Modbus-TCP)、12 台多功能电力仪表(Modbus-RTU)、12 台塑壳式断路器(Modbus-RTU)、1 台变压器温控器(Modbus-RTU)。每个设备的通信点数见表 8-5，在设计整个系统通信网络构架前，我们需要综合考虑设备站点位置、网络负荷、CPU 负荷，以分配通信层边缘控制器与系统组网。

表 8-5 智能配电设备通信点数

设备名称	通信点表数量	设备名称	通信点表数量
中压真空断路器	约 30 个 word	多功能电力仪表	约 20 个 word
继电保护装置	约 30 个 word	塑壳式断路器	约 20 个 word
框架式断路器	约 20 个 word	变压器温控器	约 10 个 word

本项目在智能高压配电系统侧配置 1 台边缘控制器，通过 Modbus-TCP 采集高压配电系统设备数据。在智能低压配电系统侧配置 1 台边缘控制器与 2 个 Modbus-RTU 通信模块，通过 Modbus-RTU 采集变压器温控器、塑壳式断路器、多功能电力仪表等设备数据，Modbus-TCP 采集框架式断路器设备数据。所有设备数据经边缘控制器后，转化为 Modbus-TCP 通信协议并经光电转换模块后，通过单模光纤传送至管理层与应用层。

2. 智能配电柜二次回路设计

在项目 6 中已学习典型智能配电设备单体二次回路设计，本任务我们开展智慧泵站智能配电柜的二次回路设计。首先确定回路电源（也称为操作电源），常见回路电源有 AC220V、DC220V 以及 DC110V 等，回路电源的类型决定智能配电设备控制电源的接入类型。其次需要确定断路器控制方式，大部分断路器会采用就地（柜门控制）、远程（中控室通过硬接线控制）和通信（中控室通过通信控制）三种控制方式并存，三种控制方式通过选择开关与设备控制参数进行配置组合。大部分功率 ≥ 30kW 的水泵电动机的控制方式采用本地（柜门控制）、就地（水泵控制箱控制）、远程（中控室通过硬接线控制）和通信（中控室通过通信控制）四种控制方式并存，四种控制方式通过选择开关与设备控制参数进行配置组合。

在低压智能配电系统二次回路设计中，需要根据设计院资料与项目实际情况，为框架式断路器设计相应欠电压、延时等控制回路，并为无功功率补偿提供测量回路。当有多路电源进线时，需设计相应的进线与母联柜之间的联锁二次回路。采用电容、电抗组合作为无功功率补偿时，电抗器温度报警信号需接入主回路，实现温度检测与主回路的联锁跳闸以及控制无功功率补偿柜内散热风扇的启停。

任务 8-4 通信程序与人机界面开发及调试

在工程项目实施中，良好的编程风格将提高控制程序的可靠性，增强程序的易读性，利于大型项目多人编程工作的开展。完成智能配电系统二次回路设计后，项目工程师需开展边缘控制器通信程序与人机界面程序编写与调试。根据系统网络构架图，智慧泵站智能配电系统采用 2 个边缘控制器分别实现高压配电系统与变压器、低压配电系统的数据采集与传输，因此在通信程序的开发前，建议先根据控制器所辖的设备，定义方便识别的信号变量，并采用 SFC、FBD 或者 ST 等能提高项目开发效率的语言编写程序。人机界面的设计原则是画面布局和样式应该方便工艺人员操作和使用，简化工艺生产过程，并方便操作员清晰地观察生产过程，便捷地进行生产操作。由于大部分智能配电项目数据量均较大，不能将所有数据呈现于同一画面，宜采用画面分组的形式，流程图可划分为装置总貌（一般是一次回路图）、设备界面、报表界面、报警界面四层结构，能够反映出智能配电由整体概貌到局部细节、逐步细化的过程，其中装置总貌建议由弹出式窗口与总界面配合应用。

在完成智能配电设备的通信程序与人机界面编程后，根据项目 6 单体调试步骤逐一进行单体调试，并在相应通信程序中添加好注释。所有的设备单体调试完成后，系统根据通信网络构架配置每个智能配电设备参数，进行系统组网联调。在联调时，需测试系统响应速度、CPU 负荷率等是否满足系统技术需求。本任务以智慧泵站智能配电系统 P1、P3 低压配电柜为对象，完成项目练习任务 4。

素养提升

马伟明——世界电气领域的中国骄傲

中国人民解放军海军工程大学教授马伟明在世界上最早提出"电力集成"理论,先后攻克制约国家、军队装备发展的重大技术难关近千个,有 20 多项成果为"世界首创""国际领先"。"要想不受制于人,核心技术必须国产化,否则,我们永远只能被拴在别人的裤腰带上过日子。"面对国外的技术封锁,马伟明态度坚决。

海军舰艇体积重量有严格限制,在这种情况下提供高品质、大容量的交直流电力,一直是各国海军追求的目标。马伟明在国际上率先提出电力集成的技术思想,即用一台发电机同时发出交流和直流两种电。当时,国内外电机界都认为这是"不可能实现"的"妄想"。然而,"犟脾气"的马伟明不信邪。经过十年的艰苦攻关,马伟明创立了三相交流和多相整流同时供电的发电机基本理论,攻克了这类电机电磁参数计算、系统稳定性、传导干扰预测及其抑制、短路电流计算等关键技术,成功研制出世界第一台交直流集成式双绕组发电机系统,并获得国家发明专利。

8.4 项目练习:智慧泵站智能配电项目全生命周期管理

8.4.1 项目背景

智慧泵站的智能配电系统包含智能高低压配电以及水泵驱动等智慧用电系统,我们以智能低压配电系统 P3 出线柜设备选型、智慧泵站智能配电系统通信网络构架设计、智能低压配电系统 P1、P3 出线柜二次回路设计与智能配电系统程序开发与调试为项目练习任务,进一步巩固智能配电工程项目的设备清单整理、二次回路设计、通信编程与人机界面开发、单体设备调试、系统组网联调等全生命周期服务。

8.4.2 项目要求

(1)项目练习任务 1:完成智能低压配电系统 P3 出线柜设备选型

结合智慧泵站智能配电系统项目图与资料,完成 P3 柜的设备选型。

(2)项目练习任务 2:智慧泵站智能配电系统通信网络构架设计

结合任务 8-3 与工作手册完善智慧泵站智能配电系统通信网络构架设计,并在图样上标注各个智能配电设备的通信地址。

(3)项目练习任务 3:智能低压配电系统 P1、P3 出线柜二次回路设计

智慧泵站智能低压配电系统控制电源采用 AC220V,其中 P1 柜框架式断路器需实现就地控制与远程通信控制两种方式。P3 柜中出线均带 Modbus-RTU 通信接口,其中馈线 3 水泵 1 回路塑壳式断路器带电动操作机构,需实现就地控制与远程通信控制两种方式。请根据以上要求完成智慧泵站智能低压配电系统 P1、P3 出线柜二次回路设计。

(4)项目练习任务 4:智能配电系统程序开发与调试

智慧泵站智能配电系统在应用层与管理层采用一套基于 IoT 构架的 AS 系统作为开发与操作软件,通信层采用 1 套 X20 实现智能低压系统的数据采集与设备控制,设备层采用智能高低压设备,本项目练习取设备层智能低压配电系统 P1、P3 出线柜,结合工作手册完成智能配电系统程序开发与调试。

8.4.3 项目步骤

1. 项目练习任务 1

1) 认真剖析练习任务要求,领取任务中涉及的智慧泵站智能低压配电系统电气图。

2) 仔细阅读智慧泵站智能低压配电系统电气图中 P3 出线柜一次回路,从图样中提取 P3 出线柜配置一次设备,并填入表 8-6 中。

3) 结合技术说明中对设备通信功能的描述,选择 2) 中明确的一次设备所需配置的附件模块,并填入表 8-6 中。

4) 根据技术说明中的电气要求,完成二次回路中元器件的选型,并填入表 8-6 中。

表 8-6 智能低压配电系统 P3 出线柜设备清单

名称	型号	描述	数量

2. 项目练习任务 2

1) 分析智慧泵站智能配电系统一次回路图,确认系统中智能设备、通信模块的产品数量。

2) 根据统计的智能设备数量,结合项目练习中配置的控制器数量,进行数据负荷分配,明确#1、#2 号控制器下所挂的设备,并采用框图的形式绘制在图 8-5 中。

3) 使用连线将设备与控制器进行连接,并标注通信协议和通信线缆。

4) 对每个通信链路上的设备进行从站地址分配,并标注在每个设备旁边。

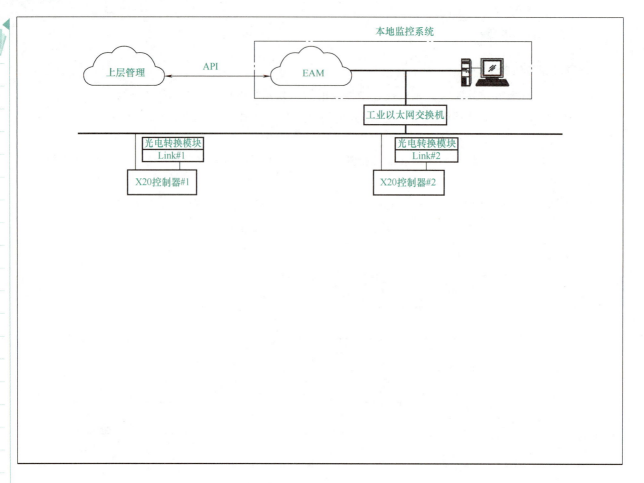

图 8-5　智慧泵站智能配电系统网络构架绘制

（3）项目练习任务 3

1）认真剖析练习任务要求，分析 P1 出线柜和 P3 出线柜电气控制要求。

2）结合 P1 出线柜一次回路图，设计并绘制多功能电力仪表二次回路图。

3）结合 P1 出线柜一次回路图，设计并绘制智能框架式断路器二次回路图。

4）根据多功能电力仪表和智能框架式断路器二次回路图，设计并绘制 P1 出线柜接线图和端子图。

5）结合 P3 出线柜一次回路图，设计并绘制馈线 3 抽屉多功能电力仪表二次回路图。

6）结合 P3 出线柜一次回路图，设计并绘制馈线 3 塑壳式断路器二次回路图。

7）根据馈线 3 抽屉多功能电力仪表和塑壳式断路器二次回路图，设计并绘制馈线 3 抽屉接线图和端子图。

8）设计并绘制 P3 出线柜除馈线 3 抽屉外的其他抽屉二次回路图、接线图和端子图。

（4）项目练习任务 4

1）认真剖析练习任务要求，明确智慧泵站智能配电系统开发内容。

2）创建 AS 项目添加硬件，完成相应的基础配置。

3）添加编程工程文件，完成 P1 出线柜多功能电力仪表、智能框架式断路器和 P2 出线柜各抽屉多功能电力仪表、塑壳式断路器的程序编写。

4）人机交互界面开发。

5）项目编译与程序下载。

6）通过浏览器访问人机交互界面，检查各数据读取与控制功能是否正常。

8.5 项目评价

项目评价表见表 8-7。

表 8-7 项目评价表

考核点	评价内容	分值	评分	备注
知识	请扫描二维码,完成知识测评	10 分		
技能	正确选择相应设备的型号与数量	80 分		依据项目练习评价
	注明不同设备的功能			
	完成系统通信网络构架图设计			
	根据要求正确分配控制器与设备地址			
	二次回路图设计需采用标准的制图方式,每张图样包含图框、标题栏、技术说明,标题栏中填写基本信息			
	正确完成 P1、P3 出线柜二次回路图设计			
	正确编写智能配电系统通信与人机界面程序			
	实现系统运行与设备数据采集与控制			
素质	工位保持清洁,物品整齐	10 分		
	着装规范整洁,佩戴安全帽			
	操作规范,爱护设备			
	遵守 6S 管理规范			
总分				
项目反馈				

项目学习情况:

心得与反思:

学习情境四

智能供配电系统运维

项目 9　变配电所巡视检查

项目 10　变配电所倒闸操作

项目 11　智能配电设备运维检修

学而不思则罔，思而不学则殆。

——语出孔子《论语》

项目 9

变配电所巡视检查

项目导入

值班工作是变配电所人员的基本工作,正确开展变配电所值班工作是确保供电可靠性和配电设备安全运行的保障。变配电所值班人员应充分熟悉本站变配电设备配备及运行特点、岗位职责、运行交接班制度、设备定期试验和轮换制度、设备巡视检查制度等,按照标准化作业的要求,能正确开展运行交接班、设备定期试验和设备定期巡视等工作。

项目目标

知识目标

1) 了解各类电力安全工器具的基本原理;熟悉各类电力安全工器具的正确使用方法。
2) 了解变配电所值班人员的岗位职责;熟悉变配电所运行交接班制度及交接内容、设备定期试验和轮换制度、巡视检查制度及巡视内容。

技能目标

1) 能正确使用各类电力安全工器具。
2) 能主持配电巡视交接工作。
3) 能实施变配电所巡视标准化作业。

素质目标

1) 实行标准化作业,制定安全管理制度和操作规程,使人、设备、环境、管理始终处于良好状态,是减少事故的重要手段。在工作中应养成"一板一眼、一丝不苟、严精细实、专业专注"的工作作风,使标准化作业成为职业习惯。
2) 结合智能电网和数字电网建设内容,了解智能巡检系统、无人机巡检和机器人巡检在变配电站的应用。

9.1 项目知识

知识 9-1 配电工作安全工器具

1. 电力安全工器具的类型

电力安全工器具分为绝缘安全工器具、防护性安全工器具及警示标志三大类。绝缘安全工器具又可分为基本绝缘安全工器具和辅助绝缘安全工器具。电力安全工器具分类见表 9-1。

表 9-1 电力安全工器具分类

类　　型	名　　称
基本绝缘安全工器具	验电器、绝缘操作杆、绝缘隔板、绝缘罩、携带型接地线、个人保安线、核相器等
辅助绝缘安全工器具	绝缘手套、绝缘靴(鞋)、绝缘垫(台)

(续)

类　型	名　称
防护性安全工器具	安全帽、安全带、梯子、安全绳、脚扣、防静电服（静电感应防护服）、防电弧服、导电鞋（防电鞋）、安全自锁器、速差自控器、防护眼镜、过滤式防毒面具、正压式消防空气呼吸器、SF_6气体检漏仪、氧量测试仪、耐酸手套、耐酸服及耐酸靴等
警示标志	安全围栏、安全标示牌、安全色

基本绝缘安全工器具是指能直接操作带电设备、接触或可能接触带电体的工器具。

辅助绝缘安全工器具是指绝缘强度不能承受设备或线路的额定工作电压，只是用于加强基本绝缘安全工器具的保安作用，用以防止接触电压、跨步电压、泄漏电流电弧对操作人员造成伤害的工器具。不能用辅助绝缘安全工器具直接接触高压设备带电部分。

防护性安全工器具（一般防护用具）是指对工作人员进行防护，以避免他们发生事故的工器具。

2. 低压验电器

最常见的低压验电器是低压验电笔。

（1）低压验电笔工作原理

1）普通低压验电笔。普通低压验电笔是检修人员或电工随身携带的常用辅助安全工具，主要用来检查220V及以下低压带电导体或电气设备及外壳是否带电，其基本结构如图9-1所示。

普通低压验电笔的工作原理：当测试带电体时，验电笔金属部分触及带电导体，并用手触及验电笔后端的金属部分，此时电流路径是通过验电笔金属部分、管内限流电阻、管内氖泡或LED灯珠、人体和大地形成回路，而使氖泡或LED灯珠点亮。

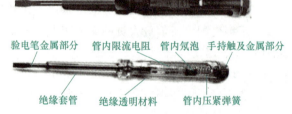

图9-1 低压验电笔基本结构

只要带电体与大地之间存在一定的电位差（通常在60V以上），验电笔就会发出辉光。如果氖泡或LED灯珠不亮，则表明该物体不带电；若是交流电，氖泡或LED灯珠两极发光；若是直流电，则只有一极发光。

2）数字式验电笔。数字式验电笔如图9-2所示，它由笔尖（工作触头）、笔身、指示灯/开关、电压显示、电压感应通电检测按钮和电压直接检测按钮等组成，适用于检测低压相线、中性线、地线、断点、线路通断、电场感应、直流电和间接测试1kV以内的低电压。

（2）检查、使用及操作注意事项

1）测试前应在带电体上进行校核，确认验电笔良好，以防做出错误判断。

2）严禁戴手套持验电笔在低压线路或设备上验电。

3）使用普通低压验电笔验电时，持验电笔的手一定要触及金属部分；验电时，若手指不接触验电笔端金属部分，则可能出现氖泡不能点亮的情况；如果验电时戴手套，即使电路有电，验电笔也不能正常显示。

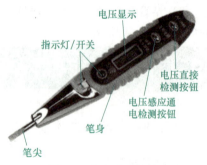

图9-2 数字式验电笔

4）避免在光线明亮处观察氖泡是否起辉，以免因看不清而误判。

5）在有些情况下，特别是测试仪表，往往因感应而带电，某些金属外壳也会有感应电。在这种情况下，用验电笔测试有电，不能作为存在触电危险的依据。因此，还必须采用其他方法（如用万用表测量）确认其是否真正带电。

6）严禁不使用验电笔验电，而用手背触碰导体验电。

7）验电前必须检查电源开关或隔离开关（刀开关）确定已断开，并有明显可见的断开点。

8）严禁用低压验电笔去验已停电的高压线路或设备。

3. 高压验电器

高压验电器是用于额定频率为50Hz、电压等级为10kV及以上的交流电压做直接接触式验电的专用工器具。按照型号可分为声光型、语言型、防雨型和风车式等。高压验电器具有声、光和机械旋转信号报警指示功能。

（1）声光报警高压验电器

声光报警高压验电器如图9-3所示，操作杆部分由环氧树脂玻璃钢管制造，可伸缩收藏。

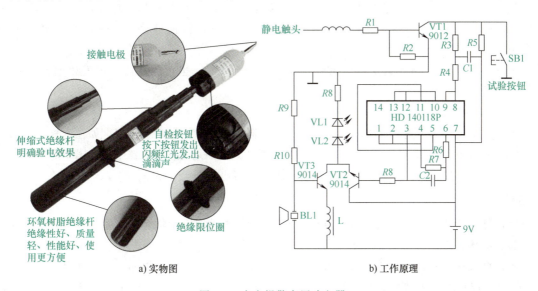

图9-3 声光报警高压验电器

声光报警高压验电器工作原理：当静电触头从远处渐渐靠近高压电源时，VT1导通，使四二输入与非门电路的8、9引脚与非门输入端变为低电平，10引脚输出高电平，12、13引脚与非门输入端变为高电平，11引脚输出低电平。电路中R6、R7、R8和电容C2与另外两个与非门组成的可控振荡器被触发起振，在3引脚输出矩形波，控制VT2、VT3断续导通，驱动压电陶瓷片和发光二极管VL1、VL2断续导通发光报警。

（2）风车式高压验电器

风车式高压验电器也称回转式验电器，如图9-4所示，是一种用于检测电气设备上是否存在工作电压的非接触式装置。其原理是通过采集导体表面因电晕效应产生的电离子，驱动回转指示器回转，以证明导体是否处于带电状态。验电时，风车式高压验电器安装于绝缘棒上，验电器的金属探头逐渐靠近被测设备或导线，一旦回转指示器的叶片开始正常回转，说明该设备或导线有电。当设备上存在残余电荷时，回转指示器的叶片仅短时间缓慢旋转几圈，再自行停转，因此可以利用风车式高压验电器鉴别设备是否停电。

图9-4 风车式高压验电器

（3）检查、使用及操作注意事项

1）使用前检查注意事项。

① 使用前应进行外观检查，验电器的工作电压应与被测设备的电压相同，验电前应选用电压等级合适的高压验电器。用毛巾轻擦高压验电器，去除污垢和灰尘，检查表面有无划伤、破损和裂纹，绝

缘漆有无脱落，保护环是否完好。

② 验电操作前应先进行自检试验。用手指按下试验按钮，检查高压验电器灯光、音响报警信号是否正常，声音是否正常。当自检试验无声光指示灯和音响报警时，不得进行验电。当自检试验不能发出声音和光信号报警时，应检查电池是否完好，更换电池时应注意正负极不能装反。

③ 检查高压验电器电气试验合格证是否在有效试验合格期内。注意：千万不要将厂家出厂合格证误认为是电气试验合格证，严禁将厂家出厂合格证作为验电器可以使用的依据。

④ 非雨雪型验电器不得在雷、雨、雪等恶劣天气时使用。当遇雷电、雨天（听见雷声或看见闪电）时，应禁止验电。

⑤ 使用抽拉式验电器时，绝缘操作杆应完全拉开，验电时必须两人一起进行，一人验电一人监护。操作人应戴绝缘手套，穿绝缘靴（鞋），手握在保护环下侧握柄部分。人体与带电部分应保持足够的安全距离。

⑥ 验电前，应先在有电设备上进行试验，确认验电器良好，也可用高压验电发生器检验验电器音响报警信号是否完好。

2）操作注意事项。

① 当无法在有电设备上进行试验时，可用高压发生器等检验验电器是否良好。如在木杆、木梯或木架上验电，不接地不能指示时，经运行值班负责人或工作负责人同意后可在验电器绝缘杆尾部接上接地线。

② 验电时要特别注意高压验电器器身与带电线路或带电设备间的距离。

4. 绝缘操作杆

绝缘操作杆是用于短时间对带电设备进行操作或测量的绝缘工具，可接通或断开高压隔离开关、柱上断路器、跌落式熔断器等，如图 9-5 所示。

绝缘操作杆又称为拉闸杆或令克棒，由合成材料制成，一般分为工作部分、绝缘部分和手握部分，如图 9-6 所示。按长度与节数可分为三节 3m、三节 4m、四节 4m、三节 4.5m、四节 4.5m、四节 5m、五节 5m、四节 6m 和五节 6m。

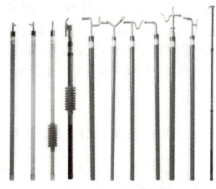

图 9-5 绝缘操作杆

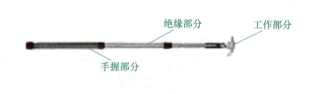

图 9-6 绝缘操作杆组成

绝缘操作杆检查、使用注意事项如下：

1）使用绝缘操作杆前应选择与电气设备电压等级相匹配的操作杆，应检查绝缘操作杆的堵头，如发现破损应禁止使用。

2）用毛巾擦净灰尘和污垢，检查绝缘操作杆外观，绝缘部分不能有裂纹、划痕、绝缘漆脱落等外部损伤，绝缘操作杆连接部分应完好可靠，检查绝缘操作杆上制造厂家、生产日期、适用额定电压等标记是否准确完整。

3）检查绝缘操作杆试验合格证是否在有效试验合格期内，超过试验周期严禁使用。

4）在连接绝缘操作杆的节与节的丝扣时，要离开地面，以防杂草、土等进入丝扣中或粘在杆体的表面上，拧紧丝扣。

5）操作时必须戴绝缘手套。雨雪天气在户外操作电气设备时，绝缘操作杆的绝缘部分应有防雨罩。使用绝缘操作杆时，人体应与带电设备保持足够的安全距离，并注意防止绝缘操作杆被设备接地部分或进行倒闸操作时意外短接，以保持有效的绝缘长度。

6）使用后要及时将杆体表面的污迹擦拭干净，并把各节分解后装入一个专用的工具袋内。

5. 绝缘隔板和绝缘罩

绝缘隔板是由绝缘材料制成，用于隔离带电部件、限制工作人员活动范围的绝缘平板。绝缘罩也是由绝缘材料制成，用于遮蔽带电导体或非带电导体的保护罩，如图9-7所示。

a) 绝缘隔板　　　　　　　　b) 绝缘罩

图9-7　绝缘隔板和绝缘罩

绝缘隔板和绝缘罩使用要求及注意事项如下：

1）为防止隔离开关闭锁失灵或隔离开关拉杆锁销自动脱落误合刀开关造成事故，常以绝缘隔板或绝缘罩将高压隔离开关静触头与动触头隔离。

2）绝缘隔板只允许在35kV及以下电压等级的电气设备上使用，并应有足够的绝缘和机械强度。

3）用于10kV电压等级时，绝缘隔板的厚度不应小于3mm，用于35kV电压等级时，绝缘隔板的厚度不应小于4mm。

4）使用绝缘隔板和绝缘罩前应确保其表面洁净、端面不得有分层或开裂情况。

5）现场带电安放绝缘隔板及绝缘罩时，应戴绝缘手套，用绝缘操作杆操作。

6. 携带型接地线

（1）作用

携带型接地线如图9-8所示，它是用于防止电气设备、电力线路突然来电，消除感应电压，放尽剩余电荷的临时接地装置。

（2）使用要求

接地线应使用有透明护套的多股软铜线制作，其截面不得小于25mm^2，同时应满足装设地点短路电流的要求，严禁使用其他金属线代替接地线或短路线。接地线透明护套层厚度要大于1mm。

接地线的两端线夹应保证接地线与导体和接地装置接触良好，拆装方便，有足够的机械强度，并在大短路电流通过时不致松动。

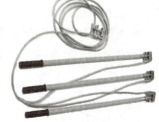

图9-8　携带型接地线

接地线使用前，应进行外观检查，如发现绞线松股、断股，护套严重破损，夹具断裂松动等不得使用。

接地线应使用专用的线夹固定在导体上，禁止用缠绕的方法进行接地或短路。

（3）检查、使用及操作注意事项

1）使用检查注意事项。

① 使用前，必须检查软铜线是否无断股、断头，外护套是否完好，各部分连接处螺栓是否紧固无

松动，线钩的弹力是否正常，不符合要求应及时调换或修好后再使用。

② 检查接地线绝缘操作杆外表是否无脏污、无划伤，绝缘漆是否无脱落。

③ 检查接地线试验合格证是否在有效试验合格期内。

2）装、拆接地线注意事项。

① 装设接地线前必须先验电，严禁习惯性违章行为。

② 装设接地线时，应戴绝缘手套，穿绝缘靴或站在绝缘垫上，人体不得碰触接地线或未接地的导线，以防止触电伤害。

③ 装设接地线，应先装设接地线接地端，后接导线端。接地点应保证接触良好，其他连接点连接可靠，严禁用缠绕的方法进行连接。

④ 拆接地线的顺序与装设时相反。

⑤ 装、拆接地线应做好记录，交接班时应交代清楚。

（4）个人保安线

工作地段如有邻近、平行、交叉跨越及同杆塔架设线路时，为防止停电检修线路上感应电压伤人，在需要接触或接近导线工作时，应使用个人保安线，如图 9-9 所示。

个人保安线（俗称小地线）是用于防止感应电压危害的个人用接地装置。个人保安线应使用有透明护套的多股软铜线制作，截面面积不得小于 $16mm^2$，且应带有绝缘手柄或绝缘部件。禁止用个人保安线代替接地线。

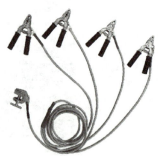

图 9-9　个人保安线

只有在工作接地线挂好后，方可在工作导线上挂个人保安线。装设时应先接接地端，后接导体端。在杆塔或横担接地通道良好的条件下，个人保安线接地端允许接在杆塔或横担上。

工作结束时工作人员应拆除所挂的个人保安线。

7. 核相器

核相器是用于鉴定待连接设备、电气回路是否相位相同的装置，如图 9-10 所示。

（1）作用

不同的电网并网运行时，除并网电压相同、周波一致外，还要求相位必须相同。核相器是一种既方便又简单的确定两个电网（发电机组）相位是否相同的工具。

（2）测量方法

目前的核相器可分为两大类：一是无线核相器；二是有线核相器。

图 9-10　核相器

有线核相器测量接线示意如图 9-11 所示。在没有高压核相器时，也可采用电压互感器降压后，在二次侧测量电压值来确定相序是否正确。图 9-12 为采用电压互感器测量二次电压进行核相示意图。

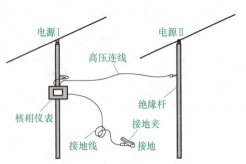

图 9-11　有线核相器测量接线示意

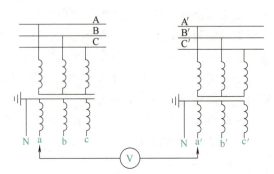

图 9-12　采用电压互感器测量二次电压进行核相示意图

为了确定电源Ⅰ和电源Ⅱ并列相序是否正确，测量时应注意以下内容：

1) 电压表精度不小于0.5级。

2) 测量时不能只测量a-a′、b-b′、c-c′的电压来确定是否同相序，应按表9-2进行测量，根据表计指示数据分析判断，确定是否为同相序。

表9-2　核相器电压指示与测量端子间的对应关系

测量端子	电压指示/V	测量端子	电压指示/V	测量端子	电压指示/V	备注
a-a′	0	b-a′	100	b-a′	100	a、b、c分别为电源Ⅰ相序，a′、b′、c′分别为电源Ⅱ相序
a-b′	100	b-b′	0	b-b′	0	
a-c′	100	b-c′	100	b-c′	100	

根据以上测量数据，如果同标号间电压指示为零，则可确定同标号为同相序。

（3）操作注意事项

1) 使用高压核相器前，根据被测线路及电力设备的额定电压选用合适电压等级的线路核相器。

在正式核相前，应在同一电网系统对核相器进行检测，看设备状态是否良好。检测方法是一人将甲棒与导电体其中一相接触，另一人将乙棒与同一电网内导电体逐相接触，确认核相器完好后，然后才可以正式测量核相。

2) 核相操作应由三人进行，两人操作一人监护。操作时必须逐相操作，逐一记录，根据仪表指示确定是否同相位。操作时，严格按照核相器试验操作规程的要求或厂家使用说明书进行操作核相。

3) 将两杆分别接于相对应的两侧线路。当高压核相器的仪表指示接近或为零时，则两相为同相；若高压核相器的仪表指示较大，则要多反复几次，确保准确无误后方能并列。

4) 采用电压互感器测量二次电压进行核相时，必须监护到位，严禁电压互感器二次回路短路。

8. 绝缘手套

绝缘手套是由特种橡胶制成的。绝缘手套分为低压绝缘手套和高压绝缘手套，如图9-13和图9-14所示。绝缘手套主要用于电气设备的带电作业和倒闸操作。

图9-13　低压绝缘手套

图9-14　高压绝缘手套

（1）绝缘手套检查

1) 绝缘手套使用前应进行外观检查，用干毛巾擦净绝缘手套表面污垢和灰尘，确认绝缘手套外表无划伤，用手将绝缘手套拽紧，确认绝缘橡胶无老化粘连，如发现有发黏、裂纹、破口（漏气）、气泡、发脆等损坏时禁止使用。

2) 佩戴前，对绝缘手套进行气密性检查，具体方法是将手套从口部向上卷，稍用力将空气压至手掌及指头部分，检查上述部位有无漏气，如有则不能使用。如有条件可用专用绝缘手套充气检查设备进行气密性试验。

（2）使用注意事项

使用绝缘手套时应将上衣袖口套入手套筒口内，衣服袖口不得暴露覆盖于绝缘手套之外，使用时要防止尖锐利物刺破、损伤绝缘手套。

9. 绝缘靴（鞋）

绝缘靴（鞋）是由特种橡胶制成的，用于人体与地面的绝缘，能有效防止人体受到跨步电压和接触电压的伤害。绝缘靴（鞋）如图 9-15 所示。

（1）绝缘靴（鞋）检查

1）使用前应检查绝缘靴（鞋）表面是否无外伤、无裂纹、无漏洞、无气泡、无毛刺、无划痕等缺陷，如发现有以上缺陷，应立即停止使用并及时更换。

2）严禁将绝缘靴（鞋）挪作他用。

3）检查时注意鞋大底磨损情况，大底花纹磨掉后，则不应使用。

4）检查绝缘靴（鞋）有无试验合格证，是否在有效试验合格期内，超过试验期不得使用。

（2）使用注意事项

使用绝缘靴（鞋）时，应将裤管套入靴筒内，同时，绝缘靴（鞋）勿与各种油脂、酸、碱等腐蚀性物质接触，防止锋锐金属的机械损伤，不准将绝缘靴当成一般水靴使用。

10. 绝缘垫

绝缘垫是由特种橡胶制成的，用于加强工作人员对地的绝缘，如图 9-16 所示。绝缘垫主要用于发电厂、变电站、电气高压柜、低压开关柜之间的地面铺设，以保护作业人员免遭设备外壳带电时的触电伤害。

图 9-15 绝缘靴（鞋）

图 9-16 绝缘垫

（1）绝缘垫规格

常见的绝缘垫厚度有 5mm、6mm、8mm、10mm 和 12mm；耐压等级分别为 10kV、25kV、30kV 和 35kV 等规格。

（2）使用注意事项

使用时地面应平整，无锐利硬物。铺设绝缘垫时，绝缘垫接缝要平整不卷曲，防止操作人员在巡视设备或倒闸操作时跌倒。

绝缘垫应保持完好，出现割裂、破损、厚度减薄、不足以保证绝缘性能等情况时，应及时更换。

11. 安全帽

安全帽是防止高空坠落、物体打击、碰撞等造成伤害的主要的头部防护用具，也是进入工作现场的一种标志，如图 9-17 所示。任何人进入生产现场（办公室、控制室、值班室和检修班组室除外），应正确佩戴相应颜色的安全帽，其中蓝色为技术人员用，黄色为普通工人用，白色为高层或 VIP 人员用，红色为中层领导用。

（1）作用

安全帽由帽壳、帽衬、下颊带和后箍组成。帽壳呈半球形，坚固、光滑并有一定弹性，打击物的冲击和穿刺动能主要由帽壳承受，帽壳和帽衬之间留有

图 9-17 安全帽

一定空间，可缓冲、分散瞬时冲击力，从而避免或减轻对头部的直接伤害。

（2）检查及使用注意事项

1）检查注意事项。合格的安全帽必须由具有生产许可证资质的专业厂家生产，安全帽上应有商标、型号、制造厂名称、生产日期和生产许可证编号。

使用安全帽前应进行外观检查，检查安全帽的帽壳、帽箍、顶衬、下颏带、后扣（或帽箍扣）等组件应完好无损，帽壳与顶衬缓冲空间在 25～50mm。

2）安全帽使用期限。安全帽的使用期从产品制造完成之日起计算，如玻璃钢（维纶钢）橡胶帽使用期不超过三年半。对到期的安全帽，应进行抽查测试，合格后方可使用，以后每年抽检一次，抽检不合格，则该批安全帽报废。

3）佩戴注意事项。使用时，首先应将内衬圆周大小调节到使头部稍有约束感但不难受的程度，以不系下颏带低头时安全帽不会脱落为宜。佩戴安全帽必须系好下颏带，下颏带应紧贴下颏，松紧以下颏有约束感，但不难受为宜。

安全帽戴好后，应将后扣拧到合适位置（或将帽箍扣调整到合适的位置），锁好下颏带，防止工作中前倾、后仰或其他原因造成滑落。

严禁不规范使用安全帽，如戴安全帽不系或者不收紧下颏带，有的将下颏带放在帽衬内，有的安全帽后箍不按头型调整箍紧，有的把安全帽当作小板凳坐或当工具袋使用，甚至使用损坏的或不合格的安全帽等违章行为。

12. 安全带（绳）

安全带是预防高处作业人员坠落伤亡的个人防护用品，由腰带、围杆带、金属配件等组成，如图 9-18 所示。安全绳是安全带上面保护人体不坠落的系绳，安全带的腰带、保险带、保险绳应有足够的机械强度，材质应有耐磨性，卡环（钩）应具有保险装置。

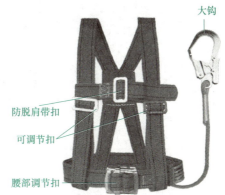

图 9-18　安全带（绳）

（1）使用期限

安全带（绳）使用期一般为 3～5 年，发现异常应提前报废。

（2）使用注意事项

1）使用安全带（绳）前应进行外观检查，检查组件是否完整、无短缺、无伤残破损。

2）检查绳索、编带是否无脆裂、断股或扭结。

3）检查金属配件是否无裂纹、焊接是否无缺陷、无严重锈蚀。

4）检查挂钩的钩舌咬口是否平整、不错位，保险装置是否完整可靠。

13. 过滤式防毒面具

（1）作用

过滤式防毒面具主要结构是用于防护毒剂蒸气的防毒炭，如图 9-19 所示，防毒炭是由活性炭制成的。在活性炭的孔隙表面，浸渍了铜、银、铬金属氧化物等化学药剂，它对毒剂蒸气的防护原理如下：

1）毛细管的物理吸附。

2）活性炭上化学药剂与毒剂发生反应的化学变化。

3）空气中的氧和水在活性炭上化学药剂的催化作用下与毒剂发生反应。

但应注意，过滤式防毒面具对一氧化碳（煤气中的主要成分）不能防护；面具滤毒盒在规定条件下，储存期不超过 3 年。

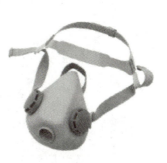

图 9-19　过滤式防毒面具

（2）使用和维护

1）使用前详细阅读产品说明书。

2）使用面具时，由下巴处向上佩戴，再适当调整头带，戴好面具后用手掌堵住滤毒盒进气口用力吸气，面罩与面部紧贴不产生漏气则表明面具已经佩戴气密，就可以进入危险涉毒区域工作了。

3）面具使用完后，应擦尽各部位汗水及脏物，尤其是镜片、呼气活门、吸气活门，必要时可以用水冲洗面罩部位，对滤毒盒部分也要擦拭干净。

14. 安全标示牌

国家电网公司《电力安全规程》中明确规定了在电气设备上工作、保证安全的技术措施为停电、验电、装设接地线、悬挂标示牌和装设遮栏（围栏）常用安全标示牌见表9-3。

表9-3 常用安全标示牌

名称	悬挂处	式样		
		尺寸/mm	颜色	实物图
禁止合闸，有人工作！	一经合闸即可送电到施工设备的断路器（开关）和隔离开关（刀开关）操作把手上	200×160 和 80×65	白底，红色圆形加斜杠，黑色禁止标志符号	
禁止合闸，线路有人工作！	线路断路器（开关）和隔离开关（刀开关）操作把手上	200×160 和 80×65	白底，红色圆形加斜杠，黑色禁止标志符号	
禁止分闸！	接地开关与检修设备之间的断路器（开关）操作把手上	200×160 和 80×65	白底，红色圆形加斜杠，黑色禁止标志符号	
在此工作！	工作地点或检修设备上	250×250 和 80×80	衬底为绿色，中间有直径为200mm或65mm白圆圈	
止步，高压危险！	施工地点临近带电设备的遮栏上；室外工作地点的围栏上；禁止通行的过道上；高压试验地点；室外构架上；工作地点临近带电设备的横梁上	300×240 和 200×160	白底，黑色正三角形及标志符号	

(续)

名称	悬挂处	式样		实物图
		尺寸/mm	颜色	
从此上下！	供工作人员上下的铁架、爬梯上	250×250	衬底为绿色,中间有直径为200mm白圆圈	
从此进出！	室外工作地点围栏的出入口处	250×250	衬底为绿色,中间有直径为200mm白圆圈	
禁止攀登,高压危险！	高压配电装置构架的爬梯上；变压器、电抗器等设备的爬梯上；线路断路器（开关）和隔离开关（刀开关）操作把手上	200×160和80×65	白底,红色圆形加斜杠,黑色禁止标志符号	

15. 安全围栏

（1）作用

安全围栏是用来防止工作人员误入带电间隔、无意间碰到带电设备造成人身伤亡,以及工作位置与带电设备之间的距离过近造成伤害。

（2）装设要求

在室外带电设备上工作时,应在工作地点四周装设围栏,如图9-20所示。围栏上要悬挂适当数量的标示,在室内高压设备上工作,应在检修设备两旁、其他运行设备的柜门上、禁止通行的过道上装设围栏,并悬挂"止步,高压危险！"的标示牌,装设必须规范,严禁乱拉乱扯。

a）安全围栏

b）安全围栏的设置

图9-20　安全围栏及设置

知识9-2　现场心肺复苏术

1. 判断呼吸、心跳

触电者如果意识丧失,救护者应迅速用看、听、试的方法判定触电者呼吸、心跳及气道状况,如图9-21和图9-22所示。

图 9-21 判定呼吸

图 9-22 判定心跳

（1）判定呼吸（5s 内完成）

1）看。看触电者的胸部和上腹部有无呼吸的起伏动作。

2）听。听触电者的口鼻有无呼气的声音。

3）试。试触电者的口鼻有无呼气的气流。

判定呼吸如图 9-21 所示。

（2）判定心跳（5~10s 内完成）

如图 9-22 所示，在判断呼吸的同时，用一只手置于触电者前额，保持头后仰，同时用另一只手的手指试测有无颈动脉搏动，如果颈动脉搏动存在，说明心脏未停止搏动，否则为心脏停搏。

若心跳、呼吸停止，应立即开始心肺复苏。

2. 现场心肺复苏

（1）恢复呼吸

1）通畅气道。恢复呼吸的前提是确保气道开放、通畅。此时应迅速将触电者口、鼻腔内的异物、痰涕、呕吐物等清除，拉直舌头，防止舌根后倾压住咽喉后壁阻塞气道。

对于气道异物阻塞者，若神志清醒，可让其反复用力咳嗽，以排出异物。对神志不清者，还可用压腹法或拍击法清除，如图 9-23 所示。此外，也可徒手使气道开放，常用的方法有仰头抬颈法、仰头抬颏法和托颌法，如图 9-24 所示。

a) 压腹法

b) 拍击法

图 9-23 压腹法和拍击法

a) 仰头抬颏法

b) 托颌法

图 9-24 徒手使气道开放的方法

2）人工呼吸。气道通畅后应立即进行人工呼吸。所谓人工呼吸就是采用人工操作促使触电者被动地呼吸，使之吸入氧气，排出二氧化碳。

在施行人工呼吸之前应将触电者移至通风较好的地方，解开触电者衣领、内衣、腰带等，以减少外界对胸、腹活动的束缚。

现场急救中最常使用的是口对口人工呼吸法。其原理是采用口对口人工吹气操作，促使触电者肺部膨胀和收缩，以达到气体交换的目的。具体操作要领如下：

① 将靠近头部的一只手的掌部置于触电者前额，另一只手的四个手指放在触电者额下，拇指放在其下唇的下方，轻轻用力向上提起，协助另一只手形成"仰头"与"抬颏"，使口微微张开，如图 9-25a 所示。

② 用按前额的一只手的拇指和食指捏住触电者两侧鼻孔，使其不漏气，轻轻向下、向后使头后

| a) 仰头、抬颏 | b) 使头后仰 | c) 向口内吹气 | d) 触电者自动向外呼气 |

图 9-25 口对口人工呼吸法

仰，如图 9-25b 所示。

③ 救护者做深吸气后，紧贴触电者的嘴（防止漏气）吹气，同时观察其胸部情况，以胸部略有起伏为宜。胸部起伏过大，表示吹气太多，容易把肺泡吹破；胸部无起伏，表示吹气用力过小，如图 9-25c 所示。每次吹气时间为 1～1.5s，应当均匀、平稳，吹气太快常不能达到使肺部扩张的要求。

④ 救护者吹气完毕后，应立即离开触电者的嘴，并且放开捏紧的鼻孔，让触电者自动向外呼气，如图 9-25d 所示。

如果触电者的嘴不易掰开，可捏紧嘴，向鼻孔里吹气（即口对鼻人工呼吸）。

人工呼吸要坚持，不可轻易放弃，吹气频率以约 12 次/min 为宜。

若触电者口、面部严重损伤，或口腔内有毒性物质，无法采用上述方法时，则可采用摇臂压胸法做人工呼吸。具体操作方法是：使触电者仰卧，肩部用柔软物稍微垫高，头部后仰；救护者跪或立于触电者头侧，拉直触电者双臂过头，使其胸廓被动扩张，吸入空气；保持此位置 2～8s，然后再屈两臂，将肘部放回两侧肋部，并用力挤压约 2s，使胸腔缩小，呼出空气；重复上述动作，每分钟 16～18 次。

（2）恢复心跳

对于脉搏消失的触电者，则应立即施行胸外心脏按压以恢复心跳，重建血液循环。具体操作方法是：触电者应仰面躺平在平硬处，如地面、地板或木板；下肢抬高 30cm 左右以帮助静脉血液回流；救护者靠近触电者，食指和中指并拢，中指置于剑突与胸骨接合处，食指紧挨着中指置于胸骨的下端；用另一只手的掌根紧挨着食指放在胸骨上，此为胸外按压的正确部位。按压部位确定后，在整个按压过程中不得移动；然后救护者的身体略向前倾（约呈 45°）使两臂刚好垂直于正确按压部分的上方；肘关节绷直不能弯曲，手指翘起，用掌根接触按压部位，用适当的力量将胸骨向脊柱方向按压，如图 9-26 所示。按压时要平稳，有节律，每分钟 80～100 次。按压深度成人一般为 4～5cm。

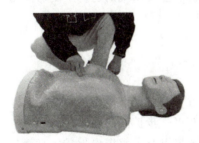 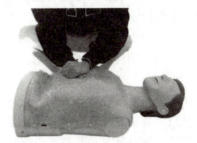

| a) 食指与中指并拢,中指置于剑突与胸骨接合处；食指紧挨着中指置于胸骨下端 | b) 另一手的手掌紧挨食指放在胸骨上 |

图 9-26 胸外按压的正确部位

在触电者未恢复有效的自主心律前，不得中断按压。整个抢救过程要连续，更换抢救者时，动作要快，停歇时间不宜超过 5s。

知识 9-3　变配电所值班巡视

1. 变配电所运行值班人员的岗位职责

变配电所的日常运行值班工作主要是监视控制、设备巡视、运行维护、设备定期试验与切换、电气操作、异常及事故处理等。值班时，应坚持变配电所的两票（操作票和工作票制度）、三制（交接班制度、巡视检查制度、设备的定期试验与切换制度）。对于规模较小的变配电站，可只进行设备定期巡视、运行维护、电气操作、异常及事故处理等工作。

有人值班的变配电所值班人员每班通常为两人，但10（20）kV 电压等级，单电源受电变压器总容量在 500kVA 及以下的变配电所可为一人，但操作时至少为两人。实现综合自动化功能的变配电所，运行值班可在本单位总值班室（生产调度室、电力调度室、监控中心）进行。需要进行 6kV 及以上电气设备和低压进线断路器、分段断路器的倒闸操作、电气测量、装设及拆除接地线等工作时，应由两人进行，一人操作、一人监护。

变配电所运行值班人员的岗位职责如下：

1）服从各级调度命令，认真执行倒闸操作和事故处理的规章制度。
2）负责按时巡视设备，做好记录，发现缺陷及时汇报。
3）负责正确填写各种运行记录，妥善使用并保管工器具、钥匙和备件，并应按值移交。
4）做好所用交直流、二次回路熔断器检查，事故照明试验以及设备维护和文明生产。
5）做好楼宇内地下变电所通风、除湿、排水装置的运行工作。

2. 交接班制度

变配电站交接班是一项重要的工作，必须严肃、认真地进行，交接班制度的主要内容如下：

1）变配电所应按规定的值班方式进行值班和按规定的时间进行交班。如接班人员未按时到达，交班人员应坚持工作直至接班人员到达。未经办理交接班手续，交班人员不得离开工作岗位。

2）交班人员按交接班内容向接班人员交待情况，接班人员在交班人员陪同下进行检查，共同核对无误，在值班记录上签名后，方可交接班。

交班工作内容如下：
① 电气设备运行方式、设备变更和异常情况处理经过。
② 电气设备的修试、扩建和改造工作的进展情况。
③ 巡视发现的缺陷、处理情况以及本值自行完成的维护工作。
④ 许可的工作票、已执行的操作票、接地线使用组数、位置及备用接地线的数量。
⑤ 继电保护、安全自动装置、远动装置、计算机、监控系统的运行及变动情况。
⑥ 规程制度、上级指示的执行情况。
⑦ 设备清扫、环境卫生、消防设施及其他。
⑧ 通信设备、工具、钥匙的使用和变动。

接班工作内容如下：
① 检查模拟图板、核对系统运行方式、设备位置，并对上值操作过的设备进行质量检查。
② 检查设备缺陷，特别是新发现的缺陷，是否有进一步扩展的趋势。
③ 试验有关信号、远动及自动装置、电容补偿装置以及了解继电保护、计算机、监控系统的运行及变更情况。
④ 了解设备的修试情况，重点检查修试工作质量和设备上的安全措施布置情况。
⑤ 审查各种记录、技术资料及安全用具、消防用具、维修工具、备品备件、钥匙、设备环境卫生等。

3）在事故处理或进行倒闸操作时不得进行交接班，交接班过程中发生事故时，应停止交接班，并由交班人员处理，接班人员协助进行处理。处理事故、倒闸操作完毕或告一段落后，方可进行交接班。

3. 巡视检查制度

（1）巡视检查的一般规定

1）变配电所应根据本所的具体情况，制订各类设备巡视周期、巡视时间及巡视要求。值班人员应按规定对设备进行巡视检查，有巡视检查记录。

2）巡视检查工作宜由两人进行。在符合并遵守相关规定的情况下，亦可一人进行，但不得做与巡视无关的其他工作。

3）变配电所电气设备巡视检查周期如下：

① 有人值班的变配电所，每班巡视一次，无人值班的变配电所，至少每周巡视一次。

② 处于污染环境的变配电所，对室外电气设备的巡视周期，应根据污源性质、污秽影响程度及天气情况来确定。

③ 变配电所设备特殊巡视周期，视具体情况确定。

④ 电力用户有特殊用电的情况下，可根据上级指示安排特殊巡视。

4）巡视高压设备时，应注意保持安全距离，禁止移开或越过遮栏，禁止触摸高压电气设备，不得在其上面进行工作。雷雨天巡视室外高压电气设备时，不得靠近避雷器和避雷针，与避雷器和避雷针的距离应大于5m以上。

5）寻找高压设备接地故障点时，应穿绝缘靴，运行人员对故障点的安全距离：室内应大于4m，室外应大于8m。手触摸设备外壳和构架时应戴绝缘手套。

6）巡视人员在巡视开始和终了时，均应告知本值人员，终了时应说明巡视结果，并做好记录。

7）设备巡视时，发现问题应及时汇报和整改。

（2）设备巡视采取的措施

1）听。听设备的运行声音是否正常。

2）看。看设备的外观和颜色有无异常，数字显示有无异常变化。

3）闻。闻设备有无烧糊等异常气味。

4）检查设备内有无小动物运动痕迹，有无漏雨、进水现象。

5）检查电流、电压、温度是否正常。

（3）巡视检查的一般内容

1）充油设备的油面应在标准范围内，充油套管的油面应在监视线内，充油设备外壳应清洁无渗油现象。

2）导线应无松股、断股、过紧、过松等异常，接头、刀开关、插头应有示温蜡片，并无发热现象。

3）瓷质部分应清洁，无破损、裂纹、打火、放电、闪络和严重电晕等异常现象。

4）配电柜、二次接线、仪表、继电保护、遥控（测）、自动装置和音响信号等，运行指示正常。试验时应动作正确，直流系统绝缘良好。

5）楼宇内地下变电所内的通风、除湿、排水装置应完好无损。

变配电所室内进行巡视检查时，还应对以下项目进行检查：

1）变配电所的门窗应完整，开启应灵活。

2）变配电所的正常照明、应急照明应完整齐全。

3）变配电所防止小动物的电气装置应完好。

（4）特别巡视检查

根据下列具体情况应安排特别巡视检查：①设备过负荷或负荷有显著增加；②新设备、长期停运和维修后投入运行的设备；③运行中的异常现象和严重缺陷；④根据领导指示或要求，加强值班时；

⑤重要节日及政治活动时；⑥遇有风、雷、雨、雪、雹等恶劣天气时；⑦设备发生重大事故，经处理恢复送电后，对事故范围内的设备。

特别巡视的巡视检查内容，除上述规定外，还应对以下情况进行重点检查：

1）严寒季节，重点检查充油设备有无油面过低、导线过紧、接头融雪、瓷绝缘子结冰等现象，保温取暖装置是否正常。

2）高温季节，重点检查充油设备有无油面过高、导线松弛，通风降温设备是否正常。

3）刮风季节，检查所内设备附近有无刮起的杂物，检查导线的摆度是否过大或断股等异常现象。

4）雷雨季节，检查瓷质部分有无放电痕迹、裂纹，避雷器的放电记录器有无动作，房屋有无漏雨，基础有无下沉，排水设备是否良好。

5）冬季检查门窗是否严密，检查防止小动物进入室内的措施是否完好，春季检查构架上有无鸟巢。

6）高峰负荷期间，检查各回路负荷是否超过载流元件的允许值，检查载流元件有无发热现象，必要时应用测温装置进行测试；大雾、霜冻、雨、雪期间，检查瓷质部分有无严重闪络、放电、电晕等现象，污秽地区应加强巡视。

4. 定期试验与切换制度

为保证设备的完好性和备用设备真正能起到备用作用，对各种备用设备、自动装置、信号装置等都要定期进行试验和切换，观察其运行情况是否正常，以保证随时能够投入运行。

定期试验与切换制度一般是对站用交流电源、直流电源、重合闸、备用电源自动投入装置，各种事故信号及报警、光字牌、警铃等中央信号控制盘，五防闭锁装置（包括机械锁等），各种一次设备、二次继保通道、远动通道等都要进行定期试验与切换及使用；同时，各变配电所还应针对自己设备运行情况制订试验项目、要求、周期，以认真执行。

定期试验与切换必须要注意操作安全，要有执行人与监护人，试验一项，检查一项，要正确无误，防止事故发生。对运行影响较大的试验，切换工作应安排适当，做好事故预想并与调度部门加强联系，如涉及两个单位的试验，切换项目更应事先协商安排，每次试验、切换均应详细记入专用记录簿内。

9.2 项目准备

变配电运行的设备巡视是变配电值班员的日常工作内容。按照标准化作业的要求，规范化地开展变配电巡视是确保配电系统安全运行的重要保证。

本项目需要的设备如下：

1）1套智能配电集成与运维实训平台。

2）1套安全工器具。

3）1份设备巡视表。

通过本项目的学习，掌握变配电巡视检查相关知识技能，并完成如下2个项目实训任务：

任务9-1　心肺复苏术紧急救护。

任务9-2　变配电所巡视检查。

9.3 项目实训

任务9-1　心肺复苏术紧急救护

在供配电设备安装、检修、试验和运维等各项作业中，确保人身安全是首要的要求，触电急救是配电工作作业人员必备的知识技能,通过本任务的学习,掌握和运用心肺复苏术(CPR)对触电者进行紧急救护。

运用心肺复苏术(CPR)对触电者进行紧急救护实训步骤及考核评分标准见表9-4。

表9-4 运用现场心肺复苏术(CPR)对触电者进行紧急救护实训步骤及考核评分标准

任务描述	运用心肺复苏术(CPR)对触电者进行紧急救护		考核时限	10min
工作规范及要求	1)迅速将触电者脱离低压电源,解救触电者时救护者必须首先懂得自我保护,若出现可能导致救护者或触电者触电的情况,立即终止本任务 2)正确进行脱离电源后的处理。要求正确判断触电者神志、呼吸状况 3)假设触电者已无神志、无呼吸,要求结束判断后,立即运用心肺复苏术进行紧急救护,并在90s内完成2个CPR压吹循环 4)在完成2个CPR压吹循环后,要求对触电者的情况进行再判定,并口述瞳孔、脉搏和呼吸情况 5)要求操作程序正确、动作规范 6)出现下列任意一种情况考核成绩记为"不合格" ①成绩低于60分 ②"迅速脱离电源"项目得分为0分			
考核场景	1)考核环境模拟低压触电现场 2)心肺复苏模拟人 3)数字秒表1只,酒精卫生球(签)若干,一次性CPR屏障消毒面膜若干,干燥木棒、金属杆各1根,2m及以上无卷曲电线1根			
说明	一人单独操作 各项目得分均扣完为止			

序号	项目名称	质量要求	配分	扣分标准	扣分原因	扣分	得分
1	迅速脱离电源(10s)	立即拉开电源开关或拔除电源插头,或用有绝缘柄的电工钳或有干燥木柄的斧头切断电线,断开电源 用带有绝缘胶柄的钢丝钳、绝缘物体或干燥不导电物体等工具将触电者迅速脱离电源(可任选一种操作)	4分	1)任何使救护者或触电者处于不安全状况的行为不得分 2)操作时间超过10s扣2分			
2	脱离电源后的处理						
2.1	判断触电者意识及呼叫(10s)	意识判断:轻拍触电者肩部,高声呼叫触电者,5s内完成;无反应时,立即用手指掐压人中穴,5s内完成	4分	1)未操作,每项扣2分 2)其中如果某一项有操作动作,但操作不规范扣1分,两项操作都不规范扣2分 3)操作时间超过10s扣2分			
		呼救:大叫"来人呐!救命啊!有人触电啦!快打120"	2分	1)操作不规范扣1分 2)操作时间超过2s扣1分			
2.2	摆好触电者体位(5s)	使触电者仰卧于硬板床或地上,头、颈、躯干平卧无扭曲,双手放于两侧躯干旁,解开上衣,暴露胸部	2分	1)未操作,每项扣2分 2)操作时间超过5s扣1分			
2.3	通畅气道(5s)	采用仰头抬颈法通畅气道;一只手置于触电者前额,另一只手的食指与中指置于下颌骨近下颌处,两手协同使头部后仰90°	4分	1)未采用仰头抬颈法通畅气道扣2分 2)操作不规范,每项扣1分 3)操作时间超过3s扣1分			
		迅速清除口腔异物,2s内完成	2分	1)操作不规范扣1分 2)操作时间超过2s扣1分			

(续)

序号	项目名称	质量要求	配分	扣分标准	扣分原因	扣分	得分
2.4	判断触电者呼吸(10s)	看：看触电者的胸部、腹部有无起伏动作，3~5s完成	2分	1)操作不规范扣1分 2)操作时间超过5s或少于3s扣1分			
		听：用耳贴近触电者的口鼻处，听有无呼气声音，可与"看"同时进行	2分	1)操作不规范扣1分 2)操作时间超过5s或少于3s扣1分			
		试：用面部的感觉测试触电者口鼻有无呼气气流，也可用毛发等物放在口鼻处测试，3~5s完成	2分	1)操作不规范扣1分 2)操作时间超过5s或少于3s扣1分			
		在观察过程中要求气道始终保持开放	2分	1)气道未开放扣2分 2)开放不到位扣1分			
2.5	口对口人工呼吸2次(5s)	保持气道通畅，用手指捏住触电者鼻翼，连续吹气两次，每次1s以上	8分	1)未用仰头抬颈法或未保持气道通畅，扣2分 2)少吹一次气或未吹进气，每次扣4分 3)吹气量不足或过大，每次扣2分 4)操作不规范，每项扣1分，最多不超过2分 5)操作时间超过5s扣1分			
2.6	胸前叩击(4s)	手握空心拳，快速垂直击打触电者胸前区胸骨中下段两次，每次1~2s，力量中等	2分	1)操作不规范扣1分 2)超时扣1分			
3	现场心肺复苏CPR						
3.1	CPR操作频率	按压频率为100次/min，每按压30次，时间为16~20s，按压与人工呼吸比例：每按压30次后吹气两次(30∶2)，要求50s内完成两个30∶2压吹循环	8分	1)按压频率：一个按压循环的时间短于16s且不短于14s一个循环扣1分；短于14s一个循环扣2分；长于20s且不长于22s扣1分；超过22s扣2分 2)压吹循环比例不正确扣2分；多进行或少进行一个压吹循环扣2分 3)少进行一个循环在相应项目内按按压次数错误，未吹进气两次计算			
3.2	人工循环(体外按压)	按压位置：1)食指及中指沿触电者肋弓下缘向中间移滑，找到肋骨和胸骨接合处的中点，两手指并齐，中指置于剑突与胸骨接合处，食指平放在胸骨下部，另一只手的掌根紧挨食指上缘，置于胸骨上，即为正确按压位置；2)胸部正中，胸骨的下半部即为正确的按压位置	30分	1)第一次按压前未进行按压位置查找扣2分 2)按压错误每次扣1分 3)一个循环内按压次数少于30次，少一次扣1分 4)操作不规范，一个循环每项扣1分，最多不超过4分			
		按压姿势：将定位之手取下，将掌根重叠放于另一手背上，两手手指交叉抬起，使手指脱离胸壁，两臂绷直，双手在触电者胸骨上方正中，靠自身重量垂直向下按					

(续)

序号	项目名称	质量要求	配分	扣分标准	扣分原因	扣分	得分
3.2	人工循环（体外按压）	按压用力方式：平稳，有节律，不能间断；不能冲击式地猛压；下压及向上放松时间相等，下压至按压深度（成人触电者为3.8~5cm），停顿后全部放松垂直用力向下；放松时掌根不得离开胸壁	—	1）第一次按压前未进行按压位置查找扣2分 2）按压错误每次扣1分 3）一个循环内按压次数少于30次，少一次扣1分 4）操作不规范，一个循环每项扣1分，最多不超过4分			
3.3	口对口人工呼吸	保持气道通畅；用按于前额的手的拇指与食指捏住触电者鼻翼下端，吸一口气后，用自己的嘴唇包住触电者微张的嘴；向触电者口中吹气，换气的同时侧头仔细观察触电者胸部有无起伏；一次吹气完毕后，脱离触电者口部，吸入新鲜空气，同时使触电者的口张开，并放松捏鼻的手，每个吹气循环需连续吹气两次，5s内完成；每次吹气1s以上	18分	1）未行仰头抬颏法通畅气道，每个循环扣2分 2）少吹一次气或未吹进气，每次扣4分 3）吹气量不足或过量，每次扣2分 4）操作不规范，一个循环一项扣2分，最多不超过4分			
3.4	抢救过程中的再判定（15s）	用看、听、试法对触电者呼吸和心跳是否恢复进行再判定，口诉瞳孔、脉搏和呼吸情况	4分	1）有动作，但未到位或方法不对，每项扣1分，最多不超过2分 2）有一项未做扣2分 3）操作时间超过15s扣1分			
3.5	熟练程度	操作熟练，各项之间无停顿，无不必要动作	4分	1）各项之间有一次停顿扣1分 2）有一项不必要动作扣1分 3）一项操作程序顺序错误扣2分			
合计			100分				

任务9-2 变配电所巡视检查

1. 巡视要求

1）值班人员在值班期间应按规定对一、二次设备进行巡视检查，对设备的异常和缺陷要做到及时发现、认真分析、正确处理、做好记录并及时汇报。
2）值班人员正常巡视应按"设备巡视卡"要求和规定的巡视路线进行。
3）设备巡视时，运行人员必须遵守《电力安全工作规程》（配电部分）的有关规定。
4）巡视周期按《变配电站运行管理规范》执行。

2. 巡视准备

（1）人员准备

巡视人员准备见表9-5。

表9-5 巡视人员准备表

√	序号	内容	备注
	1	作业人员经年度《电力安全工作规程》考试合格	
	2	具备必要的电气知识，熟悉变电设备，持有本专业职业资格证书	
	3	作业人员必须达到本站副班及以上技术等级	

(2) 危险点分析及安全措施

危险点分析及安全措施见表 9-6。

表 9-6 危险点分析及安全措施

√	序号	危险点	安全控制措施	备注
	1	误碰、误动、误登运行设备	巡视检查时应与带电设备保持足够的安全距离,10kV 为 0.7m,35kV 为 1.00m	
	2	擅自打开设备网门,擅自移动临时安全围栏,擅自跨越设备固定围栏	巡视检查时,不得进行其他工作(严禁进行电气工作),不得移开或越过围栏	
	3	发现缺陷及异常,未及时汇报	发现设备缺陷及异常时,及时汇报,采取相应措施,不得擅自处理	
	4	发现缺陷及异常,单人处理	巡视设备时,必须两人一起,严禁单人处理	
	5	擅自改变检修设备状态,变更工作地点安全措施	巡视设备时禁止变更检修现场安全措施,禁止改变检修设备状态	
	6	高压设备发生接地时,保持距离不够,造成人员伤害	高压设备发生接地时,室内不得接近故障点 4m 以内,室外不得靠近故障点 8m 以内,进入上述范围人员必须穿绝缘靴,接触设备的外壳和构架时,必须戴绝缘手套	
	7	夜间巡视,造成人员碰伤、摔伤、踩空	夜间巡视应及时开启设备区照明(夜巡应带照明工具)	
	8	开、关设备门时振动过大,造成设备误动作	开、关设备门应小心谨慎,防止过大振动	
	9	随意动用设备闭锁万能钥匙	动用设备闭锁万能钥匙,必须经主管经理批准	
	10	雷雨天气靠近避雷器和避雷针,造成人员伤亡	雷雨天气需要巡视高压室时,应穿绝缘靴,并不得靠近避雷器和避雷针	
	11	进出高压室未随手关门,造成小动物进入	进出高压室必须随手将门锁好	
	12	未按照巡视线路巡视,造成巡视不到位,漏巡视	严格按巡视路线巡视,巡视到位,不漏项	
	13	使用不合格的安全工器具	巡视前,检查安全器具,定期试验	
	14	生产现场安全措施不规范,如警告表示不齐全、孔洞封锁不良、带电设备隔离不符合要求,易造成人员伤害	警告表示牌明显、齐全,带电设备隔离符合安全规定	
	15	人员身体状况不适、思想波动,造成巡视质量不高或发生人身伤害	巡视人员必须精神良好,严禁不符合巡视要求的人员进行巡视	

(3) 巡视工器具

巡视工器具检查见表 9-7。

表 9-7 巡视工器具检查

√	序号	名称	规格	单位	数量	备注
	1	安全帽		顶	2	
	2	绝缘靴(接触电阻不合格或遇雨时)		双	2	
	3	应急灯		盏	1	
	4	钥匙		套	1	
	5	设备巡视卡		份	1	
	6	钢笔(签字笔)		支	1	
	7	绝缘手套(遇雨时)		副	1	
	8	雨衣(遇雨时)		件	1	

> 素养提升

大国工匠——王进

国网山东省电力公司检修公司带电作业班副班长王进，从一名普通线路工人成长为行业顶尖的工人专家。作为世界±660kV等电位带电作业第一人，他参与完成超、特高压带电作业400余次，成立"王进劳模创新工作室"并主持完成数十项技术创新成果，获得国家科技进步二等奖。

王进这位知识型、技能型、创新型的"高压带电作业勇士"，扎根一线，以初心筑匠心，在建设具有中国特色国际领先的能源互联网企业的新征程上创新、创效、创精彩。

9.4 项目练习：智慧泵站智能低压配电系统巡检

9.4.1 项目背景

浙南地区某水务公司的智慧泵站在2019年投入运营，现根据公司制度，每周需要进行一次变配电巡检，在巡检同时填写相应的巡视检查报告并将其存档。

9.4.2 项目要求

项目实训任务：变配电所巡视并填写检查报告

以智能配电集成与运维平台为对象，开展如下几点巡检作业。

1）巡视准备检查情况，见表9-8。

表9-8 巡视准备检查情况表

√	序号	内容	标准	备注
	1	巡视人员精神状态无妨碍工作的病症，着装应符合要求	精神状态良好，进入工作现场时穿合格工作服、工作鞋，戴好安全帽	
	2	准备好巡视时所需的工器具	工器具应定期试验合格，外观良好，满足本次巡视要求	
	3	巡视前，认真学习作业指导书，熟悉巡视内容、巡视路线、危险点	了解工作任务、内容，知道带电部位和危险点	

2）巡视并记录，见表9-9。

表9-9 巡视记录表

√	序号	巡视内容	巡视标准	月/日
	1	所有电气元件名称标志与编号	检查配电柜上所有电气元件名称标志，编号是否清晰正确	
	2	配电柜上所有操作把手、按钮、按键位置实际情况	检查配电柜上所有操作把手、按钮、按键位置与实际情况是否相符，固定是否牢固，操作是否灵活	
	3	配电柜仪表情况	检查配电柜仪表是否松动，显示界面是否完成，电压、电流数据显示是否正常	
	4	配电柜上信号指示情况	检查配电柜上合断信号指示及其他信号指示是否正确	
	5	配电柜内开关、熔断器运行情况	检查配电柜内开关、熔断器是否牢固，有无过热现象并记录	

(续)

√	序号	巡视内容	巡视标准	月/日
	6	接线柱,母排接头	检查接线柱、母排接头是否紧固,有无腐蚀过热现象	
	7	母排热缩管实际情况	检查母排热缩管是否完整,相位标志是否正确、明显	
	8	各保护装置外观及整定值	检查各保护装置是否正常、可靠,整定值是否符合要求	
	9	操作手柄及柜壳接地情况	检查操作手柄是否灵活,柜壳接地是否良好	
	10	主线缆使用情况	检查主线缆绝缘是否有破损	
	11	二次回路检查	检查二次回路整齐牢固,电流互感器二次侧接地良好	
	12	配电柜周围环境情况	检查配电柜周围环境是否整洁、清爽	

3) 缺陷及异常记录,见表 9-10。

表 9-10 缺陷及异常记录表

序号	设备名称	巡视时间	缺陷及异常内容

4) 巡视签名记录,见表 9-11。

表 9-11 巡视签名记录表

巡视时间	巡视范围	巡视人员	备注

9.4.3 项目步骤

1) 认真剖析项目要求,确认要完成的任务内容,领取各项工作任务表格。

2) 根据巡视准备检查情况表内容要求,对巡视人员精神状态、着装、巡视工器具等相关内容进行自查并做记录。

3) 根据巡视记录表内容要求,对设备进行巡视并做记录。

4) 将巡视过程中发现的问题隐患填写在缺陷及异常记录表中,写清楚设备名称、巡视时间以及具体的缺陷内容。

5) 填写巡视签名记录表。

6) 整理相关的记录表格并归档。

9.5 项目评价

项目评价表见表 9-12。

表 9-12 项目评价表

考核点	评价内容	分值	评分	备注
知识	请扫描二维码,完成知识测评	30 分		
技能	正确选择并使用变配电所巡视所需的电力安全工器具	60 分		依据项目练习评价
	按变配电所值班巡视要求进行作业,各环节巡视方法符合规程,无遗漏项			
	巡视时能正确填写巡视准备检查情况表、巡视记录表、缺陷及异常记录表和巡视签名记录表			
素质	工位保持清洁,物品整齐	10 分		
	着装规范整洁,佩戴安全帽			
	操作规范,爱护设备			
	遵守 6S 管理规范			
总分				
项目反馈				

项目学习情况:

心得与反思:

项目 ⑩ 变配电所倒闸操作

项目导入

电气设备倒闸操作是变配电所值班人员的重要工作,正确实施电气倒闸是确保供电可靠性、配电设备和人身安全的保障。变配电所值班人员应在充分熟悉本站变配电设备配备及运行特点、电力工作安全工作规程和倒闸操作票制度的基础上,按照标准化作业的要求,正确开展高低压设备的倒闸操作等工作。

项目目标

知识目标

1) 熟悉配电工作的安全技术措施。
2) 熟悉倒闸操作票制度。
3) 掌握倒闸操作的流程以及倒闸操作常见危险点。

技能目标

1) 能正确填写电气倒闸操作票。
2) 能正确履行监护人职责,开展倒闸操作监护工作。
3) 能正确履行操作人职责,在监护人监护下完成倒闸操作。

素质目标

1) 通过倒闸操作的标准化作业,使学生切实认识到规范操作的重要性,提高安全意识和规范意识;培养学生的职业素养,增强职业适应能力。
2) 结合智能电网和数字电网建设,理解配电系统正常运行及事故情况下的监测、保护、控制、用电和配电管理的智能化。

10.1 项目知识

知识10-1 配电工作安全的技术措施

保证配电工作人员现场安全及设备安全的基本制度,主要有组织措施和技术措施。本节主要介绍技术措施。

技术措施包括停电、验电、接地、悬挂标示牌和装设遮栏(围栏)。

1. 停电

检修设备停电时,应把工作地段内所有可能来电的电源全部断开(任何运行中星形联结设备的中性点,应视为带电设备)。

停电时应拉开隔离开关(刀开关),手车开关应拉至试验或检修位置,使停电的线路和设备各端都有明显断开点。若无法观察到停电线路、设备的断开点,应有能够反映线路、设备运行状态的电气和机械等指示。无明显断开点,也无电气、机械等指示时,应断开上一级电源。

对难以做到与电源完全断开的检修设备，可拆除其与电源之间的电气连接。禁止在只经断路器（开关）断开电源且未接地的高压配电设备上工作。

低压配电线路和设备检修时，应断开所有可能来电的电源（包括解开电源侧和用户侧连接线），对工作中有可能触碰的相邻带电线路、设备应采取停电或绝缘遮蔽措施。

2. 验电

停电后，还应该检验已停电设备有无电压，以防出现带电装设接地线或带电合接地开关等恶性事故发生。

验电时，应使用相应电压等级的接触式验电器或验电笔，在检修设备进出线两侧、装设接地线或合接地开关处逐相分别验电。低压配电设备停电后，检修或装表接电前，应在与停电检修部位或与表计电器直接相连的可验电部位验电。室外低压设备验电宜使用声光验电器。

高压配电设备验电应有人监护。高压验电前，验电器应先在有电设备上试验，验证验电器良好；无法在有电设备上试验时，可用工频高压发生器等验证验电器良好。低压验电前应先在低压有电部位上试验，以验证验电器或验电笔良好。验电时，人体与被验电的 10kV 设备的带电部位应保持 0.7m 的安全距离。使用伸缩式验电器时，绝缘操作杆应拉到位，验电时手应握在手柄处，不得超过护环，宜戴绝缘手套。

对无法直接验电的设备，应间接验电，即通过设备的机械位置指示、电气指示、带电显示装置、仪表及各种遥测、遥信等信号的变化来判断。判断时，至少应有两个非同样原理或非同源的指示发生对应变化，且所有这些确定的指示均已同时发生对应变化，方可确认该设备已无电压。检查中若发现其他任何信号有异常，均应停止操作，查明原因。若遥控操作，可采用上述的间接方法或其他可靠的方法间接验电。

3. 接地

当验明高压设备确实已无电压后，应立即用接地线或接地开关将检修设备接地并三相短路，工作地段各端和工作地段内有可能反送电的各分支线都应接地。这样，可以释放掉具有大电容的检修设备的残余电荷，消除残压；消除因线路平行、交叉等引起的感应电压或大气过电压造成的危害；且当设备突然误来电时，能使开关的保护装置迅速跳闸，切除电源，消除危害。

接地线、接地开关与检修设备之间不得连有断路器（开关）或熔断器。

当验明检修的低压配电设备确已无电压后，至少应采取以下措施之一防止反送电：

1）所有相线和中性线接地并短路。

2）绝缘遮蔽。

3）在断开点加锁，悬挂"禁止合闸，有人工作！"或"禁止合闸，线路有人工作！"的标示牌。

装设、拆除接地线应有人监护，并使用绝缘操作杆、戴绝缘手套，人体不得碰触接地线或未接地的导线。装设接地线应先接接地端、后接导体端，拆除接地线的顺序与此相反。

对于可能送电至停电设备的各方面或可能产生感应电压的停电设备都要装接地线，装有接地开关的停电设备停电检修时，应合上接地开关代替接地线。

电缆及电容器接地前应逐相充分放电，星形联结电容器的中性点应接地，串联电容器及与整组电容器脱离的电容器应逐个充分放电。电缆作业现场应确认检修电缆至少有一处已可靠接地。

成套接地线应用有透明护套的多股软铜线和专用线夹制作，接地线截面积应满足装设地点短路电流的要求，且高压接地线的截面积不得小于 $25mm^2$，低压接地线和个人保安线的截面积不得小于 $16mm^2$，接地线应使用专用的线夹固定在导体上，禁止用缠绕的方法接地或短路。禁止使用其他导线接地或短路。

低压配电设备、低压电缆、集束导线停电检修，无法装设接地线时，应采取绝缘遮蔽或其他可靠隔离措施。

4. 悬挂标示牌和装设遮栏（围栏）

在验电和装设接地线后，应在工作地点或检修的配电设备上悬挂"在此工作！"标示牌；配电设备的盘柜检修、查线、试验、定值修改输入等工作，宜在盘柜的前后分别悬挂"在此工作！"标示牌。

工作地点有可能误登、误碰的邻近带电设备，应根据设备运行环境悬挂"止步！高压危险"等标示牌。

在一经合闸即可送电到工作地点的断路器（开关）和隔离开关（刀开关）的操作处或机构箱门锁把手上及熔断器操作处，应悬挂"禁止合闸，有人工作！"标示牌；若线路上有人工作，应悬挂"禁止合闸，线路有人工作！"标示牌。

由于设备原因，接地开关与检修设备之间连有断路器（开关），在接地开关和断路器（开关）合上后，在断路器（开关）的操作处或机构箱门锁把手上，应悬挂"禁止分闸！"标示牌。

高压开关柜内手车开关拉出后，隔离带电部位的挡板应可靠封闭，禁止开启，并设置"止步，高压危险！"标示牌。

配电线路、设备检修时，在断路器（开关）或隔离开关（刀开关）的操作处应设置"禁止合闸，有人工作！""禁止合闸，线路有人工作！"或"禁止分闸！"标示牌。

高低压配电室部分停电检修或新设备安装时，应在工作地点两旁及对面运行设备间隔的遮栏（围栏）上和禁止通行的过道遮栏（围栏）上悬挂"止步，高压危险！"标示牌。

配电站户外高压设备部分停电检修或新设备安装，应在工作地点四周装设围栏，其出入口要围至邻近道路旁边，并设有"从此进出！"标示牌。工作地点四周围栏上悬挂适当数量的"止步，高压危险！"标示牌，标示牌应朝向围栏里面。若配电站户外高压设备大部分停电，只有个别地点保留有带电设备而其他设备无触及带电导体的可能时，可以在带电设备四周装设全封闭围栏，围栏上悬挂适当数量的"止步，高压危险！"标示牌，标示牌应朝向围栏外面。

10kV 部分停电时，与小于 0.7m 规定距离以内的未停电设备之间应装设临时遮栏，临时遮栏与带电部分的距离不得小于 0.4m 的规定数值。临时遮栏可用坚韧绝缘材料制成，装设应牢固，并悬挂"止步，高压危险！"标示牌。

低压开关（熔丝）拉开（取下）后，应在适当位置悬挂"禁止合闸，有人工作！"或"禁止合闸，线路有人工作！"标示牌。

配电设备检修，若无法保证安全距离或因工作特殊需要，可用与带电部分直接接触的绝缘隔板代替临时遮栏。

禁止作业人员擅自移动或拆除遮栏（围栏）、标示牌。因工作原因需短时移动或拆除遮栏（围栏）、标示牌时，应有人监护。完毕后应立即恢复。

知识 10-2　倒闸操作含义和技术要求

变配电所经常要投入、退出设备或线路的运行，或者调整设备、主接线运行方式，此时就需要进行倒闸操作，倒闸操作需遵守操作票制度。操作票制度是指变配电站的运行值班人员在进行电气倒闸操作时必须严格遵守操作票上规定的程序步骤，不能任意操作，以确保操作安全的制度。

1. 倒闸操作的含义

电气设备分为运行、热备用、冷备用、检修四种状态。将设备由一种状态转变为另一种状态时，所进行的一系列操作称为倒闸操作。

电气设备四种状态的含义如下：

1）"运行"状态。断路器和隔离开关都已合闸，电源与用电设备已接通，相关保护、操作电源投运，设备正处于运转状态。

2）"热备用"状态。断路器已断开，电源中断，设备停运，但断路器两边的隔离开关仍接通，相关保护、操作电源投运,该设备处于断路器一经合闸即可投运的状态。

3)"冷备用"状态。设备的断路器和隔离开关已断开,相关保护、操作电源停运,该设备处于停用状态。

4)"检修"状态。设备的断路器和隔离开关都已断开,相关保护、操作电源停运,并已悬挂标示牌和设有遮栏,同时已接好地线,该设备处于检修状态。

线路和设备的状态如图10-1和图10-2所示。

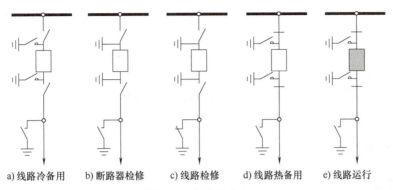

图 10-1 线路的状态

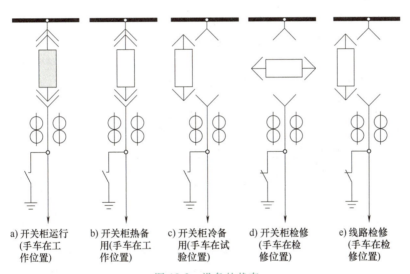

图 10-2 设备的状态

倒闸操作有就地操作和遥控操作两种方式,具备条件的设备可进行程序操作,即应用可编程计算机进行的自动化操作。

倒闸操作分为监护操作和单人操作两种类型。监护操作是指有人监护的操作,在承担倒闸操作人之外的两人中,对设备较为熟悉者做监护人;单人操作是指一人进行的操作,若有可靠的确认和自动记录手段,可实行远方单人操作,实行单人操作的设备、项目及操作人员需经设备运维管理单位或调度控制中心批准。

与供电部门有调度关系的电力用户,变配电所的值班员应熟悉电气设备调度范围的划分。凡属供电部门调度、许可或同意的设备,均应按供电部门调度员的操作命令、许可或同意进行操作。

2. 倒闸操作技术要求

1)送电时,应先合隔离开关,后合断路器,停电时,与送电顺序相反。严禁带负荷拉、合隔离开关。

2)断路器两侧隔离开关的操作顺序规定如下:送电时,先合电源侧隔离开关,后合负荷侧隔离开关;停电时,先拉负荷侧隔离开关,后拉电源侧隔离开关。

3）变压器两侧（或三侧）断路器的操作顺序规定如下：停电时，先拉负荷侧断路器，后拉电源侧断路器；送电时操作顺序与此相反。

4）双母线接线的变配电所，当出线断路器由一条母线切换至另一条母线供电时，应先合母线联络断路器，而后再切换出线断路器母线侧的隔离开关。

5）倒闸操作中，应注意防止通过电压互感器二次回路、数字式保护装置、UPS（不间断电源）装置和所用变压器二次侧倒送电源至高压侧。

6）停用电压互感器时，应考虑有关继电保护、自动装置及电能计量装置的运行影响，两台所用变压器切换电源时，应先拉后合。

7）装设或取下所用变压器二次总熔断器时，应先断开所用变压器高压电源（所用变压器二次侧为断路器时除外）。

8）单极隔离开关及跌落式熔断器的操作顺序规定如下：停电时，先拉开中相，后拉开上风相、下风相；送电时顺序与此相反。

知识 10-3　倒闸操作票的填写

1. 倒闸操作票格式

高压电气设备倒闸操作一般应由操作人填用配电倒闸操作票，其内容规定了完成某项操作任务的具体操作步骤，每份操作票只能用于一个操作任务。图 10-3 所示为倒闸操作票格式范例。

配电倒闸操作票

编号：No. 202201

单位＿＿＿＿＿＿＿＿＿＿

发令人		受令人		发令时间：＿＿年＿＿月＿＿日＿＿时＿＿分	
操作开始时间				操作结束时间	
年　月　日　时　分				年　月　日　时　分	
（　）监护下操作		（　）单人操作		（　）检修人员操作	
操作任务：					
顺序	操　作　项　目			执行项(√)	时间
备注					
操作人：				监护人：	

图 10-3　配电倒闸操作票格式范例

下列工作可以不用操作票：

1）事故紧急处理。
2）拉合断路器（开关）的单一操作。
3）程序操作。
4）低压操作。
5）工作班组的现场操作。

不用操作票的工作完成操作后，应做好记录，事故紧急处理应保存原始记录。工作班组的现场操作执行工作票制度的要求。由工作班组现场操作的设备、项目及操作人需经设备运维管理单位或调度控制中心批准。

2. 倒闸操作票的填写

（1）按操作顺序列在操作项目（操作票）内的操作

1）拉开或合上断路器、隔离开关或插头，拉、合断路器后检查断路器位置（遥控拉、合断路器操作以检查断路器位置信号为准）。

2）验电和装、拆接地线（或拉、合接地开关）。

3）移开（中置）式断路器拉出或推入运行位置前检查断路器在断开位置；投入、退出所用变压器或电压互感器二次熔断器或负荷开关。

4）投入、退出断路器控制、信号电源。

5）切换继电保护装置操作回路或改变保护定值。

6）投入、退出继电保护、自动装置的连接片。

7）两条线路或两台变压器在并列后检查负荷分配（并列前、解列后应检查负荷情况，但不列入操作项目）。

8）母线充电后带负荷前检查母线电压应列入操作项目，不包括旁路母线。

9）改变消弧线圈分接头。

10）投入、退出遥控装置。

11）移开（中置）式断路器拉出或推入时，控制、合闸插件的装上或取下。

12）高、低压定相或核相。

13）调度下令悬挂的标示牌。

14）所内设备有工作，恢复供电时，在合刀开关之前，应列入"检查待恢复供电范围"内，接地线、短路线已拆除。

15）根据设备指示情况确定的间接验电和间接方法判断设备位置的检查项。

配电设备操作后的位置检查应以设备实际位置为准；无法看到实际位置时，应通过间接方法，如设备机械位置指示、电气指示、带电显示装置、仪表及各种遥测、遥信等信号的变化来判断设备位置。判断时，至少应有两个非同样原理或非同源的指示发生对应变化，且为同时发生对应变化，方可确认该设备已操作到位。检查中若发现其他信号有异常，均应停止操作，查明原因。若进行遥控操作，可采用间接方法或其他可靠的方法判断设备位置。

（2）倒闸操作术语

一次设备操作任务的基本术语及含义见表 10-1。

表 10-1　一次设备操作任务的基本术语及其含义

基本术语	设备的主要操作内容
运行转备用	拉开运行设备各侧开关（对变压器为各侧开关,对母线为各开关,对回路为开关,下同）
运行转停用	拉开运行设备各侧开关和开关两侧刀开关；手车拉至试验位置

(续)

基本术语	设备的主要操作内容
运行转检修	拉开运行设备各侧开关和开关两侧刀开关,在检修设备可能来电的各侧接地;手车拉至柜外
备用转运行	合上备用设备各侧开关
备用转停用	拉开设备各侧开关的两侧刀开关;手车拉至试验位置
备用转检修	拉开设备各侧开关的两侧刀开关,在检修设备可能来电的各侧接地;手车拉至柜外
停用转运行	合上设备各侧开关的两侧刀开关;手车推至工作位置,合上开关
停用转备用	合上设备各侧开关的两侧刀开关;手车推至工作位置
停用转检修	在检修设备可能来电的各侧接地;手车拉至柜外
检修转运行	拆除各侧接地,合上设备各侧开关的两侧刀开关;手车推进柜,推至工作位置,合上开关
检修转备用	拆除各侧接地,合上设备各侧开关的两侧刀开关;手车推进柜,推至工作位置
检修转停用	拆除各侧接地;手车推进柜,推至试验位置

（3）操作任务的一般填写格式举例

操作任务填写应简明扼要，原则上要体现设备的电压等级、设备的编号和名称、设备状态的转换等，如"10kV 中三线 1051 开关由运行转检修"。典型操作任务的一般填写格式如下：

① ××kV××线××开关由运行转备用。
② ××kV××线路由运行转检修。
③ ××kV××线××开关由运行转开关及线路检修。
④ ×号主变压器由运行转检修。
⑤ ×号主变压器由运行转主变压器及××kV 侧××开关检修。
⑥ ×号主变压器由运行转主变压器及两侧开关检修。
⑦ ×号主变压器××kV 侧××开关由运行转检修。
⑧ ××kV×组（段）母线电压互感器（避雷器）由运行转备用（检修）。
⑨ ××kV×组电容器××开关由运行转电容器（电抗器）检修。

只进行本间隔设备的安全措施（接地开关或接地线）的调整或增设，且不进行设备状态转换时，操作任务可直接填写操作目的，但必须由调度下操作令，如：

① ××kV××××（设备名称）靠（设备名称）侧装设接地线。
② 合上××kV××线××接地开关。
③ 拆除××kV××线××（设备名称）靠（设备名称）侧接地线。
④ 拉开××kV××××接地开关。

注意：

拉开（合上）接地开关、装设（拆除）接地线不填写操作票，是指全所唯一的一组接地线或接地开关。

（4）设备操作术语

主要设备的操作术语见表 10-2。

表 10-2　主要设备的操作术语

序号	设备名称	操作术语
1	开关	合上-拉开
2	刀开关	合上-拉开
3	接地开关	合上-拉开
4	开关手车	操作至
5	接地线	装设-拆除

(续)

序号	设备名称	操作术语
6	绝缘罩（绝缘挡板）	装设-拆除
7	重合闸	投入-停用
8	继电保护	投入-停用
9	连接片	投入-退出
10	开关二次插头	插入-取下
11	临时标示牌	悬挂-取下
12	熔断器	投入-取下
13	断路器	合上-拉开

3. 操作票填写的一般规定

1) 操作票应用黑色或蓝色的钢（水）笔或圆珠笔逐项填写。操作票票面上的时间、地点、线路名称、设备双重名称、动词等关键字不得涂改。若有个别错、漏字需要修改、补充时，应使用规范的符号，字迹应清楚。用计算机生成或打印的操作票应使用统一的票面格式。

2) 若一页操作票不能满足填写一个操作任务的操作项目时，在第一页操作票最后留一空白行，填写"转下页"，下一页操作票第一行填写"承上页＊＊＊＊＊＊号操作票"字样，并居中填写。

3) 操作票应事先连续编号，计算机生成的操作票应在正式出票前连续编号，操作票按编号顺序使用。作废的操作票应注明"作废"字样，未执行的操作票应注明"未执行"字样，已操作的操作票应注明"已执行"字样。操作票至少应保存1年。

知识 10-4　倒闸操作其他注意事项

1. 遥控操作及程序操作注意事项

1) 实行远方遥控操作、程序操作的设备、项目，需经本单位批准。

2) 远方遥控操作断路器（开关）前，宜对现场发出提示信号，提醒现场人员远离操作设备。

3) 远方遥控操作继电保护软压板，至少应有两个指示发生对应变化，且所有这些确定的指示均已同时发生对应变化，方可确认该软压板已操作到位。

2. 低压电气操作注意事项

1) 操作人接触低压金属配电箱（表箱）前应先验电。

2) 有总断路器（开关）和分路断路器（开关）的回路停电，应先断开分路断路器（开关），后断开总断路器（开关）。送电操作顺序与此相反。

3) 有刀开关和熔断器的回路停电，应先拉开刀开关，后取下熔断器。送电操作顺序与此相反。

4) 有断路器（开关）和插拔式熔断器的回路停电，应先断开断路器（开关），并在负荷侧逐相验明确无电压后，方可取下熔断器。

3. 倒闸操作其他要求

1) 倒闸操作前，应核对线路名称、设备双重名称和状态。

2) 现场倒闸操作应执行唱票、复诵制度，宜全过程录音。操作人应按操作票填写的顺序逐项操作，每操作完一项，应应检查确认后做一个"√"记号，全部操作完毕后进行复查。复查确认后，受令人应立即汇报发令人。

3) 监护操作时，操作人在操作过程中不得有任何未经监护人同意的操作行为。

4) 倒闸操作中发生疑问时，不得更改操作票，应立即停止操作，并向发令人报告。待发令人再行许可后，方可继续操作。任何人不得随意解除闭锁装置。

5）在发生人身触电事故时，可以不经许可，立即断开有关设备的电源，但事后应立即报告值班调控人员（或运维人员）。

6）解锁工具（钥匙）应封存保管，所有操作人员和检修人员禁止擅自使用解锁工具（钥匙）。若遇特殊情况需解锁操作，应经设备运维管理部门防误操作装置专责人或设备运维管理部门指定并经公布的人员到现场核实无误并签字，由运维人员告知值班调控人员后，方可使用解锁工具（钥匙）解锁。单人操作、检修人员在倒闸操作过程中禁止解锁；若需解锁，应待增派运维人员到现场，履行上述手续后处理。解锁工具（钥匙）使用后应及时封存并做好记录。

7）断路器（开关）与隔离开关（刀开关）无机械或电气闭锁装置时，在拉开隔离开关（刀开关）前应确认断路器（开关）已完全断开。

8）操作机械传动的断路器（开关）或隔离开关（刀开关）时，应戴绝缘手套。操作没有机械传动的断路器（开关）、隔离开关（刀开关）或跌落式熔断器，应使用绝缘操作杆。雨天室外高压操作，应使用有防雨罩的绝缘操作杆，并穿绝缘靴，戴绝缘手套。

9）装卸高压熔断器，应戴护目镜和绝缘手套。必要时使用绝缘操作杆或绝缘夹钳。

10）雷电时，禁止就地倒闸操作和更换熔丝。

11）单人操作时，禁止登高或登杆操作。

10.2 项目准备

变配电运行的倒闸操作是变配电值班员的日常工作内容。按照标准化作业的要求，规范化地开展变配电设备倒闸操作是确保配电系统安全运行的重要保证。

本项目需要的设备如下：

1）1 套智能配电集成与运维平台。

2）1 套安全工器具。

3）2 张倒闸操作票。

通过本项目的学习，掌握 10kV 开关柜运行转检修倒闸操作及低压开关柜运行转检修倒闸操作相关知识技能，完成如下 2 个项目实训任务：

任务 10-1　高压开关柜运行转检修倒闸操作。

任务 10-2　低压开关柜运行转检修倒闸操作。

10.3 项目实训

任务 10-1　高压开关柜运行转检修倒闸操作

1. 典型设备标准化操作

（1）开关操作

1）监护人核对开关的双重编号正确后，根据操作票唱诵操作步骤"拉开（合上）322 开关"。

2）操作人手指设备标示，根据实际设备编号复诵"拉开（合上）322 开关"。

3）监护人确认被操作设备无误后，将开锁钥匙交给操作人，大声指示"正确，执行"。

4）操作人开锁进行操作，操作后大声汇报"已执行"，监护人在操作票执行项打"√"，并记录开关拉开（合上）时间。

5）监护人唱诵"检查 322 开关确在分（合）位"。

6）监护人和操作人检查操作正确后，操作人唱诵"322 开关确在分（合）位"，操作人锁上设备，操作人将开锁钥匙交还监护人，监护人在操作票执行项打"√"。

(2) 刀开关操作

1) 监护人核对刀开关的双重编号正确后，根据操作票唱诵操作步骤"拉开（合上）1221 刀开关"。

2) 操作人手指设备标示，根据实际设备的双重编号复诵"拉开（合上）1221 刀开关"。

3) 监护人确认被操作设备无误后，将开锁钥匙交给操作人，大声下令"正确，执行"。

4) 操作人开锁进行操作，操作后大声汇报"已执行"，监护人在操作票执行项打"√"。

5) 监护人唱诵"检查1221 刀开关确在分（合）位"。

6) 监护人和操作人检查操作正确后，操作人唱诵"1221 刀开关确在分（合）位"，操作人锁上设备，操作人将开锁钥匙交还监护人，监护人在操作票执行项打"√"。

(3) 接地线操作

1) 验电前，监护人提示"在 121 路（相邻回路）检查验电器完好"。

2) 操作人检查后汇报"检查验电器完好"。

3) 验电时，监护人确认被操作设备无误后，监护人手指设备验电处唱诵"验明×××无电压"。

4) 操作人对设备逐相验电后，操作人汇报"验明×××三相确无电压"。监护人和操作人检查验电正确后，监护人在操作票执行项打"√"。

5) 验电后必须立即进行接地操作，接地点必须与验电点相符。

6) 接地时，监护人检查装设接地线位置正确后，手指接地点，唱诵"在×××接地"。

7) 操作人手指接地点，复诵"在×××接地"。

8) 监护人确认被接地点无误后，将开锁钥匙交给操作人，大声下令"正确，执行"。

9) 操作人开锁进行操作，操作后大声汇报"已执行"。

10) 监护人和操作人检查操作正确后，操作人锁上设备，监护人检查设备锁具已锁好，操作人将开锁钥匙交还监护人，监护人在操作票执行项打"√"。

11) 接地开关的操作步骤与刀开关相同。

(4) 设备检查项

1) 监护人唱诵"检查122 开关在'分'位"。

2) 操作人检查后直接汇报结果"检查122 开关确在'分'位"。

3) 监护人、操作人确认操作正确后，监护人在操作票执行项打"√"。

4) 压板检查。

① 监护人唱诵"检查×××压板已投入"。

② 操作人手指设备处，检查后直接汇报结果"确已投入"。

③ 监护人、操作人确认操作正确后，监护人在操作票执行项打"√"。

(5) 保护压板的操作

1) 检查脉冲表，监护人提示"在 121 路控制保险处检查脉冲表完好"。

2) 操作人检查后汇报"检查脉冲表完好"。

3) 若投入压板前需要测量脉冲，则监护人在核对位置正确后，根据操作票手指操作设备唱诵"测量 1 号主变差动保护跳闸压板两端无电压"。

4) 操作人手握表笔进行测量，监护人看表。操作人正、反向测量后，监护人就测量结果回诵"无电压"。

5) 监护人、操作人确认操作正确后，监护人在操作票执行项打"√"。

6) 操作压板时，监护人核对位置正确后，根据操作票唱诵"投入（退出）1号主变差动保护压板"。

7) 操作人根据实际设备名称手指操作设备复诵"投入（退出）1号主变差动保护压板"（复诵时必须按设备上压板名称进行复诵，不再复诵"×××保护屏"）。

8) 监护人确认被操作设备无误后，唱诵"正确、执行"。

9）操作人操作完毕后汇报"已投入（退出）"，监护人、操作人确认操作正确后，监护人动手检查压板拧紧后，监护人在操作票执行项打"√"。

（6）模拟图板的检查

模拟图板检查共计有3次，分别为：

1）填写操作票前检查。检查模拟图板的运行方式与实际运行是否相符。检查计算机钥匙是否完好，是否能传输操作票（不进入录音）。

2）模拟预演结束后检查。检查操作后的结果与操作任务是否相符（进入录音）。

3）全面检查。在计算机钥匙回传、模拟屏能正确变位动作后，监护人和操作人再次确认实际操作是否符合操作任务。监护人、操作人应再次对照操作票回顾操作步骤和项目有无遗漏（全面检查作为一个操作项应完成唱诵、复诵的过程及录音）。

2. 准备工作

（1）人员要求对照表

人员要求对照表见表10-3。

表10-3　人员要求对照表

√	序号	标　　准
	1	精神状态良好，无妨碍工作的病症
	2	具备必要的电气知识，并经《安全规程》考试合格
	3	熟知操作任务及设备带电部位
	4	进入设备区，穿合格工作服、绝缘鞋、戴好安全帽
	5	操作过程中互相关心作业安全，及时纠正违反安全的行为
	6	具备必要电气知识，熟悉本站二次电气设备、系统运行方式
	7	熟悉倒闸操作工作中存在的危险点及控制措施
	8	严格按要求规定及作业指导书进行操作

（2）危险点分析及安全措施

倒闸操作过程中的危险点分析及安全措施对照表见表10-4。

表10-4　倒闸操作过程中的危险点分析及安全措施对照表

序号	危险点	安全控制措施
1	误接调度令	1.1　接受调度令时严格执行复诵制度 1.2　受令和汇报调度时都要录音 1.3　对调度发的操作命令要认真核对,发现疑问要向值班调度人员询问清楚,确保无误
2	操作票操作项目填写错误	2.1　受令后根据操作任务对照一次回路图,明确操作对象、运行位置、开关、刀开关双重编号 2.2　根据操作任务按规定顺序认真填写操作票 2.3　监护人对操作人填写的操作票要认真审核 2.4　操作前必须认真审核操作票,并在模拟图板上进行预演无误 2.5　新增设备或接线方式变更后,必须及时对典型操作票的操作内容进行修改、补充,并向操作人技术交底
3	操作时走错位置,误入带电间隔	3.1　倒闸操作必须由两人执行,严禁单人操作 3.2　操作人在前、监护人在后到达操作现场,必须核对设备间隔无误 3.3　确认操作对象的设备名称、双重编号与操作票相符 3.4　监护人不动口,操作人不动手

项目10　变配电所倒闸操作

(续)

序号	危险点	安全控制措施
4	误操作	4.1　倒闸操作必须由两人进行 4.2　监护人持票发令，操作人复诵，严格做到监护人不动口，操作人不动手；操作中每进行一项均必须进行"四对照"，严格按票面顺序操作 4.3　执行一个倒闸操作任务中途不准换人 4.4　防误闭锁装置不准用万能钥匙解锁和撬砸闭锁装置；需要解锁操作时，必须严格执行解锁审批制度 4.5　每操作完一项及时打"√"，不得事后补打 4.6　精神集中，禁止做操作之外的事情
5	操作人未按照顺序逐项操作，漏项、跳项操作	5.1　严格按票面顺序逐项执行 5.2　当操作过程中发生疑问时，应立即停止操作，并向值班调度员或值班负责人报告，弄清楚后，再进行操作 5.3　不准擅自更改操作票、改变操作顺序，严格执行"五防"解锁制度，解锁操作需经部门主管领导同意，值长在现场监护方可操作 5.4　操作要连贯，中途不准换人 5.5　每操作完一项，即时打"√" 5.6　间断后操作，必须重新核对设备状态，确保"票实相符"，方可继续操作
6	带电合接地隔离开关、装接地线(或带接地隔离开关、接地线合闸)	6.1　合分接地隔离开关(装接地线)后，必须在接地线记录本上做好登记 6.2　合接地隔离开关(装接地线)前，应在有电设备上进行验电，确认验电器良好后，再对停电设备验电 6.3　当验明停电设备确无电压后，立即合接地隔离开关(装接地线) 6.4　设备送电前，必须确认所有接地措施，特别是补加临时接地线已拆除 6.5　线路停(送)电，必须经调度命令，确认对侧无电(解除接地措施)后方可进行线路侧接地(合闸)操作
7	发生误操作造成触电伤害或电弧灼伤	7.1　进行倒闸操作时，操作人、监护人必须戴安全帽，装卸高压熔断器时，应戴护目眼镜和绝缘手套，必要时使用绝缘夹钳，并站在绝缘垫或绝缘台上 7.2　注意选择合适、安全的站位，动作要平稳、快速 7.3　同时有隔离开关和断路器需操作时，应先拉断路器，后拉隔离开关，送电时与此相反 7.4　负荷开关主触头不到位时，严禁进行操作 7.5　带有线路接地装置的配电所，操作前必须明确操作的线路接地装置确已断开，严防带接地开关合闸 7.6　操作前，必须检查断路器、隔离开关确在分闸位，防止带负荷拉、合隔离开关 7.7　操作前检查配电所标识联络图及操作机构的分、合标志
8	装、拆临时接地线时，接地线碰到有电设备	8.1　附近有带电设备时，装、拆接地线应注意接地线和线夹移到带电设备上 8.2　操作人戴好绝缘手套，监护人加强护 8.3　使用梯子时，应扶稳，防止侧倾
9	标示牌不明显或错误，围栏装设错误	9.1　严格按操作票项目装设标志牌，齐全醒目，文字部位朝外 9.2　室内高压设备停电工作，应在工作地点两旁间隔或对面间隔装设遮栏式红白相间警绳，悬挂"止步，高压危险"标示牌 9.3　在室外地面高压设备上工作，应在工作地点四周装设围栏，标示牌文字朝内
10	操作后，无认真核对设备状态，造成事故隐患	10.1　操作后，必须检查五防锁状态，确认闭锁销已上死 10.2　检查设备的负荷、状态、信息指示正确 10.3　检查现场设备名称、编号和开关的断合位置及实际位置
11	精力不集中、精神状态不佳导致误操作	11.1　操作前不准饮酒，精神状态不好不准操作 11.2　不得听、打手机，不得开玩笑或传播一些与操作无关的新闻，以免分散操作人员的注意力 11.3　不得中途离开操作现场，防止单人操作
12	操作中使用不合格的安全工器具，导致的触电伤害	12.1　现场操作中使用的安全工器具，在使用前应检查其外观是否清洁，是否合格且在定期试验周期内 12.2　安全工器具使用前还应检查其各部件连接和操动机构应完好

— 231 —

（续）

序号	危险点	安全控制措施
13	倒闸操作过程中接触周围带电部位,造成触电,如,操作时误碰带电设备、操作未保证足够的安全距离	13.1 倒闸操作应由两人进行,一人操作、一人监护 13.2 现场操作前应先核查操作人活动范围内是否有带电设备或线路 13.3 当操作人操作中有可能接近带电设备时,监护人应注意观察操作人与带电设备的安全距离,并及时提醒
14	操作过程中发生设备异常,擅自进行处理,误碰带电设备	14.1 配电设备操作中发生设备异常,应立即停止操作,并向调度和上级领导汇报 14.2 现场处理设备异常情况必须得到工作许可,并办理相应的工作许可手续,严禁扩大工作范围
15	不执行停电、验电制度,直接接触设备导致导电部分,导致触电	15.1 现场作业接触设备前必须在监护人的监护下进行验电,充分放电并可靠接地后,方可接触 15.2 无法直接验电的设备可采取间接验电,间接验电应保证不少于两个确认条件发生对应变化,即开关机构的位置、指示仪表的变化和带电指示器的变化 15.3 操作点处不能验电、接地时,应在上一级设备进行停电、验电
16	操作低压电源熔丝或刀开关时,发生电弧灼伤	16.1 操作低压电源熔丝或刀开关,要先确认相关设施完好,并使用合格的绝缘工具 16.2 操作时,操作人应穿好长袖棉质工作服,戴好手套和护目眼镜
17	验电器不合格或使用不规范,造成触电	17.1 验电工作要使用相应电压等级、合格的接触式验电器 17.2 验电人员现场验电前,在有电部位或用高压发生器确认验电器完好,操作人应戴绝缘手套 17.3 使用伸缩式验电器时,应保证绝缘部分的有效长度满足有关电压等级的最小安全距离

（3）工器具准备

倒闸操作需提前准备将要使用的工器具,核对各设备型号规格以及数量,倒闸操作工器具清单见表10-5。

表10-5 倒闸操作工器具清单

序号	名称	型号和规格	单位	数量
1	安全帽		顶	2
2	验电器		支	1
3	绝缘手套		副	1
4	绝缘靴		双	2
5	接地线		套	1
6	护目镜		架	1
7	万用表		只	1
8	钳形电流表		只	1
9	测温仪		台	1
10	盒式组合工具		套	1
11	录音笔		支	2
12	对讲机		台	1
13	操作票		份	1

3. 倒闸操作步骤

倒闸操作步骤如图10-4所示。

项目10 变配电所倒闸操作

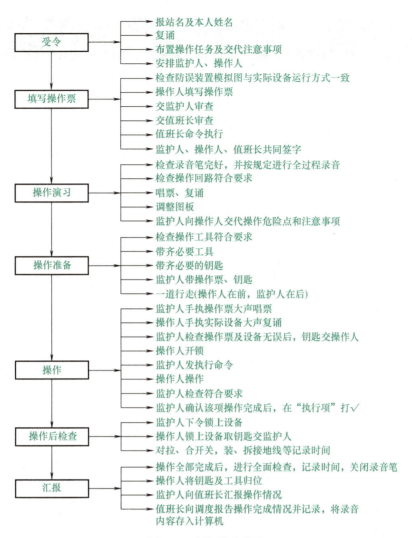

图 10-4 倒闸操作步骤

任务 10-2 低压开关柜运行转检修倒闸操作

低压开关柜运行转检修倒闸操作规程请参考任务 10-1，在此不进行详细描述。

智能配电系统　　智能配电系统
运行转检修操作　检修转运行操作

> 素养提升

电网运检"扫地僧"——国网高级技师宰红斌

作为一名电网工人，宰红斌的日常工作就是逐级、逐塔对电线进行诊断，其中采空区电路维护任务十分频繁，费时费力，还十分危险。宰红斌坚持守正创新，工作之余，如何从根本上解决采空区的难题成为他的一个目标。在长达数年的研究实践中，宰红斌自己都记不清有多少次的失败，多少次的转变方向，多少次希望后的失望。

精诚所至，金石为开。一次偶然的参观，宰红斌被福建和贵楼的巧妙应用点通，后来他设计的方案有效解决了国内采空区地质灾害对输电线路造成的倒塔断线、塔杆构件断裂破坏等诸多技术难题。2019 年 1 月，宰红斌的《输电线路采动损害快速防治技术与应用》项目被评为第五届全国职工优秀技术创新成果奖二等奖，这也是山西省电力公司员工获得的国内科技创新最高奖项。

10.4 项目练习：低压配电系统倒闸操作

10.4.1 项目背景

电气设备倒闸操作是变配电所值班人员的重要工作，倒闸操作的典型流程为运行转检修与检修转运行，本项目以智能配电集成与运维平台为对象，进一步巩固变配电所倒闸操作相关知识技能。

10.4.2 项目要求

（1）项目实训任务1：低压开关柜运行转检修倒闸操作项目实施

1）操作准备检查情况表见表10-6。

表10-6 操作准备检查情况表

√	序号	检查内容	核实情况	备注
	1	是否明确了操作人、监护人	是（ ） 否（ ）	
	2	是否有检修作业未完成	是（ ） 否（ ）	
	3	检查检修作业交代记录	是（ ） 否（ ）	
	4	所要操作的电气连接中是否有不能停电或不能送电的设备	是（ ） 否（ ）	
	5	所要操作的开关（刀开关）操作目前的状态（检修/试验/工作；合闸/分闸）	检修（ ） 试验（ ） 工作（ ） 合闸（ ） 分闸（ ）	
	6	核实要操作设备的自动装置或保护投入情况记录	与操作票填写一致（ ） 与 操作票填写不一致（ ）	
	7	操作对运行设备、检修措施是否有影响	有影响（ ） 无影响（ ）	
	8	操作过程中需联系的部门或人员	需要（ ） 不需要（ ）	
	9	操作需使用的安全工器具	工器具应定期试验合格， 外观良好，满足本次操作要求（ ）	
	10	操作需要的备品或备件	需要（ ） 不需要（ ）	
	11	操作需要使用的安全标志牌	已准备（ ） 未准备（ ）	
	12	是否进行危险点分析，采取预控制措施	是（ ） 否（ ）	
	13	其他交代事项		
危险点			预防措施	
人员精神状况			操作前对人员精神面貌检查	
人员身体状况			操作前对人员身体情况检查	
人员搭配是否合理			操作前核对人员配置	
人员对系统和设备是否真正熟悉			操作人员签署我已熟悉系统和设备声明	
设备存在缺陷对操作的影响			操作前对设备全面检查	
误操作			监护人持票发令，操作人复诵，严格做到监护人不动口操作人不动手。操作中每进行一项均必须进行"四对照"，严格按票面顺序操作	
操作时走错位置			操作人在前，监护人在后到达操作现场，必须核对设备间隔无误	
其他操作的影响				

年　月　日　时　分

2）填写倒闸操作票，如图10-5所示。

配电倒闸操作票

单位　　智能变配电所　　　　　　　　　　　编号：No. 2020201

发令人	张三	受令人	李四	发令时间： 202×年×月×日×时×分
操作开始时间： 202×年×月×日×时×分				操作结束时间： 202×年×月×日×时×分

（√）监护下操作　　（　）单人操作　　（　）检修人员操作

操作任务：低压开关柜运行转检修倒闸操作

顺序	操　作　项　目	执行项(√)	时间
1	断开0.4kV 1#馈线柜馈线1开关		
2	检查0.4kV 1#馈线柜馈线1开关在断开状态		
3	断开0.4kV 1#馈线柜馈线2开关		
4	检查0.4kV 1#馈线柜馈线2开关在断开状态		
5	断开0.4kV 1#馈线柜馈线3开关		
6	检查0.4kV 1#馈线柜馈线3开关在断开状态		
7	将0.4kV 1#馈线柜馈线1开关抽屉拉至隔离位置		
8	检查0.4kV 1#馈线柜馈线1开关抽屉确已在隔离位置		
9	将0.4kV 1#馈线柜馈线2开关抽屉拉至隔离位置		
10	检查0.4kV 1#馈线柜馈线2开关抽屉确已在隔离位置		
11	将0.4kV 1#馈线柜馈线3开关抽屉拉至隔离位置		
12	检查0.4kV 1#馈线柜馈线3开关抽屉确已在隔离位置		
13	断开0.4kV 1#进线柜651开关		
14	检查0.4kV 1#进线柜651开关确已在断开状态		
15	将0.4kV 1#进线柜651开关由工作位置摇至隔离位置		
16	检查0.4kV 1#进线柜651开关确已处于隔离位置		
17	用0.4kV验电棒验明0.4kV 1#馈线柜母线三相确无电压		
18	在0.4kV 1#馈线柜母线上悬挂1#接地线		
19	在0.4kV 1#进线柜651开关上悬挂"禁止合闸，有人工作"标示牌		
20	在0.4kV 1#馈线柜馈线1开关上悬挂"禁止合闸，有人工作"标示牌		
21	在0.4kV 1#馈线柜馈线2开关上悬挂"禁止合闸，有人工作"标示牌		
22	在0.4kV 1#馈线柜馈线3开关上悬挂"禁止合闸，有人工作"标示牌		
23	设置围栏		
24	在围栏上悬挂"在此工作"标示牌		
25	全面检查		
26	汇报		

备注	
操作人：	监护人：

图10-5　运行转检修倒闸操作票

3）倒闸操作过程。倒闸操作需要遵循严格的操作规程，倒闸操作过程步骤见表10-7。

表10-7　倒闸操作过程步骤

阶段	序号	操作过程	标　　准
受令阶段	1	电话录音	在确认为调度电话后，必须使用电话录音（若当时不具备条件或未及时使用录音，必须请求调度重新下发调度命令）
	2	报名	接受命令时，必须先报"×××变电站，×××"或"操作队，×××"
	3	接受命令	应听清发令调度的姓名、发令时间、操作内容（设备名称、编号、操作任务、是否立即执行及其他注意事项），并同时做好记录（包括时间、下令人、受令人、操作任务，是否立即执行）

(续)

阶段	序号	操作过程	标准
受令阶段	4	受令复诵	根据记录进行复诵,复诵时必须语言清楚,声音洪亮
			复诵内容(时间、设备名称、编号、操作任务、是否立即执行及其他注意事项)必须清晰
			复诵过程中必须使用调度术语
	5	确认操作任务	有需要时重听电话录音确认操作任务及其他注意事项正确
填写操作票阶段	1	填票前准备	检查模拟图板的运行方式与实际运行相符
			检查计算机钥匙完好,能传输操作票
	2	任务交代	由值班负责人向监护人和操作人交代操作任务、注意事项
			由监护人针对操作任务向操作人交代操作注意事项及危险点;操作人应答复"明确"及加以补充
	3	操作票填写	由操作人填写操作票,同时将操作票填写时间填入
	4	审核操作票	值班负责人、监护人审核操作票
			操作票无漏项
			操作任务和内容与实际运行方式符合
			操作步骤正确、操作内容正确
			操作票填写符合《倒闸操作票填写与管理原则规定》
	5	签字认可	监护人、操作人、值班负责人确认操作票正确后分别签字认可
模拟预演阶段	1	录音器录音	正确开启录音器,并试录音;唱票录制操作票编号、操作任务、监护人、操作人
	2	模拟预演	监护人大声唱票,如"拉开1213刀闸"
			操作人手(或用鼠标)指到模拟屏相应设备大声复诵,如"拉开1213刀闸"
			操作人在模拟屏上预演,预演完毕汇报"已操作"
			整个过程中,声音洪亮,指示正确,无多余的与预演操作无关的动作和语言
	3	预演后检查	检查操作后的结果与操作任务相符
现场倒闸操作过程	1	前往操作现场	监护人和操作人必须同时到达操作现场被操作设备点处
	2	设备地点确认	监护人提示"确认操作地点",操作人汇报"×××开关处"(或刀开关、保护屏),监护人再次确认后回诵"正确"
	3	操作过程	操作人、监护人认真履行倒闸操作复诵制
			整个唱诵、复诵过程,声音洪亮,指示正确,无多余的与操作无关的动作和语言
	4	全面检查	在计算机钥匙回传,模拟屏正确变位动作后,监护人和操作人再次确认实际操作符合操作任务;监护人、操作人应再次对照操作票回顾操作步骤和项目无遗漏(全面检查作为一个操作项应完成唱诵、复诵的过程及录音)
	5	关闭录音器	操作结束后,应在录音笔中录入"将××××××由运行转检修操作完毕";正确关闭录音器
	6	记录时间	全部操作完毕后记录操作完毕时间
汇报阶段	1	汇报	拨通电话后立即录音
			先报"×××变电站,×××"
			根据操作任务和注意事项并使用调度术语汇报
			在得到调度复诵确认后,放下电话,关闭录音
	2	记录	由监护人在值班记录上记录(包括时间、汇报人、接受汇报人、汇报内容)

4)结束阶段。

① 召开班后会,总结安全、质量,填写倒闸操作记录报告。

② 技术归档。

(2)项目实训任务2:低压开关柜检修转运行倒闸操作项目实施

项目10　变配电所倒闸操作

低压开关柜检修转运行倒闸操作所涉及的操作准备检查情况、倒闸操作过程内容与标准、操作结束阶段的工作内容请参考项目实训任务1，在此不进行详细描述。请结合工作手册，完成低压开关柜的检修转运行倒闸操作，并记录配电倒闸操作票，如图10-6所示。

配电倒闸操作票

单位	智能变配电所			编号：No. 2020201	
发令人	张三	受令人	李四	发令时间：	202×年 ×月 ×日 ×时 ×分
操作开始时间： 202×年×月×日×时×分			操作结束时间： 202×年×月×日×时×分		
(√) 监护下操作　　(　) 单人操作　　(　) 检修人员操作					
操作任务：　0.4kV 开关柜检修转运行倒闸操作					
顺序	操　作　项　目			执行项(√)	时间
1	取下围栏上悬挂的"在此工作"的标示牌，并拆除围栏				
2	取下0.4kV 1#馈线柜母线上悬挂的1#接地线，检查柜内无杂物				
3	取下0.4kV 1#进线柜651开关上"禁止合闸，有人工作"标示牌				
4	取下0.4kV 1#馈线柜馈线1开关上"禁止合闸，有人工作"标示牌				
5	取下0.4kV 1#馈线柜馈线2开关上"禁止合闸，有人工作"标示牌				
6	取下0.4kV 1#馈线柜馈线3开关上"禁止合闸，有人工作"标示牌				
7	检查0.4kV 1#进线柜651开关在断开状态				
8	将0.4kV 1#进线柜651开关手车由隔离摇至工作位置				
9	检查0.4kV1#进线柜651开关手车确已摇至工作位置				
10	合上0.4kV 1#进线柜651开关				
11	检查0.4kV 1#进线柜651开关确已合上				
12	将0.4kV1 #馈线柜馈线1开关抽屉推至工作位置				
13	检查0.4kV 1#馈线柜馈线1开关抽屉已推至工作位置				
14	将0.4kV 1#馈线柜馈线2开关抽屉推至工作位置				
15	检查0.4kV 1#馈线柜馈线2开关抽屉已推至工作位置				
16	将 0.4 kV 1#馈线柜馈线 3 开关抽屉推至工作位置				
17	检查0.4kV 1#馈线柜馈线3开关抽屉已推至工作位置				
18	合上0.4kV 1#馈线柜馈线1开关				
19	检查0.4kV 1#馈线柜馈线1已合上				
20	合上0.4kV 1#馈线柜馈线2开关				
21	检查0.4kV 1#馈线柜馈线2已合上				
22	合上0.4kV 1#馈线柜馈线3开关				
23	检查0.4kV 1#馈线柜馈线3已合上				
24	全面检查				
25	汇报				
备注					
操作人：			监护人：		

图 10-6　检修转运行倒闸操作票

10.4.3　项目步骤

1. 项目练习任务 1

1）认真剖析项目要求，确认要完成的任务内容，领取各项工作任务表格。
2）按照操作准备检查表内容核实各项情况并记录。
3）受令人（监护人）打电话接受预操作令。
4）监护人向操作人布置任务，同时监护人和操作人检查设备状态，然后根据倒闸操作任务，按照规范填写倒闸操作票。

5）受令人（监护人）打电话接受正式操作令。

6）操作人拿出操作票进行检查修改，然后签名。监护人对操作票进行审核，然后签名。

7）操作人在监护人的监督下准备工器具，并正确穿戴安全防护用具，然后开始现场倒闸操作。

8）倒闸操作完成后汇报并记录。

2. 项目练习任务 2

操作步骤请参考项目练习任务 1。

10.5 项目评价

项目评价表见表 10-8。

表 10-8 项目评价表

考核点	评价内容	分值	评分	备注
知识	请扫描二维码,完成知识测评	20 分		
技能	正确检查安全防护用具,并穿戴整齐 根据工作手册,正确完成运行转检修倒闸操作,并记录相关报告 正确检查安全防护用具,并穿戴整齐 根据工作手册,正确完成检修转运行倒闸操作,并记录相关报告	70 分		依据项目练习评价
素质	工位保持清洁,物品整齐 着装规范整洁,佩戴安全帽 操作规范,爱护设备 遵守 6S 管理规范	10 分		
总分				
项目反馈				

项目学习情况：

心得与反思：

项目 11
智能配电设备运维检修

项目导入

智能配电设备运维检修是使用单位一项重要的工作，尤其是在发生设备故障时，能迅速并且准确判断设备故障原因，以保障配电系统的持续性运行；根据设备生命周期，制定设备级运维检修实施方案，进一步降低设备故障概率。随着数字化技术与配电系统的融合，配电设备的运维模式正在朝故障发生后的被动式运维→根据设备生命曲线的预防性运维→根据数据与算法的预测性运维方向发展。

项目目标

知识目标
1) 掌握配电设备典型故障分析与处理方法。
2) 掌握设备预防性运维工作计划书编制方法。

技能目标
1) 具备实施配电设备框架式断路器预防性运维作业的能力。
2) 会部署智能配电云服务。
3) 能进行 EAM 云平台 API 通信集成。

素质目标
1) 了解新技术与电力行业的深度融合，助力国家新型电力服务运营，全力构建新型运检作业模式，助力现代设备管理体系建设。
2) 了解国家数字化发展战略，体会电力数据在实际工作中的应用，提升电力业务"最后一公里"的服务效率和质量。

11.1 项目知识

知识 11-1 预防性运维

预防性运维是在故障发生之前对设备所进行的维护工作，以预防突发故障为目的，通过对设备的检查、检测，发现故障征兆或为防止故障发生，使其保持规定功能状态。在配电系统中，承担着控制和保护设备的断路器是需开展预防性运维的主要设备，用户在使用设备时，建议根据断路器操作次数与使用年限，严格遵守制造商的设备生命周期曲线，并适时开展断路器的运维工作，以延长设备使用周期，VD4 的设备生命周期曲线如图 11-1 所示。

从图 11-1 中可以看出，对断路器进行适时的诊断和维护是设备安全可靠运行的有力保证。如果在劣化阶段开始前即对断路器进行严格的诊断及维护，不仅能有效降低断路器运行中的故障率，而且还能延长设备的使用寿命达 10%~20%。

知识 11-2 预测性运维

预测性运维是以状态和数据为依据的运维，在设备运行时，对它的主要（或需要）部位进行定期

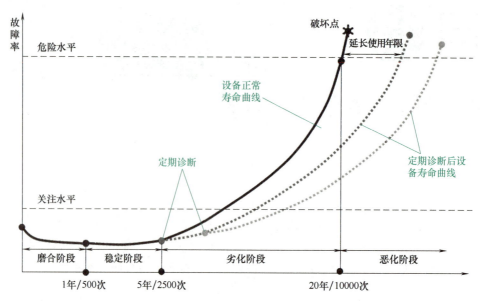

图 11-1 VD4 的设备生命周期曲线

（或连续）的状态监测和故障诊断，判定设备所处的状态，预测设备状态未来的发展趋势，依据设备的状态发展趋势和可能的故障模式，预先制定预测性运维计划，以确定设备应该修理的时间、内容、方式和必需的技术和物资支持。预测性运维是集设备状态监测、故障诊断、故障（状态）预测、运维决策支持和维护活动于一体的运维方式，如图 11-2 所示为某框架式断路器预测性运维数据。

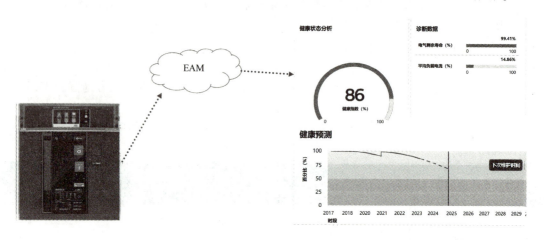

图 11-2 某框架式断路器预测性运维数据

知识 11-3 应用程序接口 API

应用程序接口 API（Application Program Interface）被定义为应用程序可用以与计算机操作系统交换信息和命令的标准集。通俗点说 API 就是应用程序编程接口，给内部、外部系统提供指定路径访问指定的数据。以 EAM 云平台为例，将采集到的电流、电压等实时数据，以及经过系统计算与优化后的数据存放在数据库中，API 开发者通过服务器、站点、设备的路径读取数据。如果外部系统想获取这些数据，EAM 云平台通过 API 接口，对方通过调用这个接口不同部分，就能得到指定的数据。在智能配电系统中，常用 API 通信采用的是 HTTP 协议，它也基于 TCP 协议，本地智能配电软件发起一个请求给云平台（常用请求为 get、post、ptu、delete），云平台响应请求发回数据，主要的数据格式有 json、xml 等。

11.2 项目准备

本项目需要的设备和软件如下：
1）1 台安装 Ekip Connect 软件的计算机。
2）1 套某机空管站场智能配电系统一次回路图及设计说明。
3）1 套智能配电集成与运维平台。
4）1 套断路器运维检修系统。

本项目以应用于某机场智能配电的真空断路器、框架式断路器、变频器等设备运维检修为案例，借助相关资源完成如下 4 个项目实训任务：

任务 11-1　智能配电设备典型故障分析与处理。
任务 11-2　机场配电设备预防性运维计划制定。
任务 11-3　框架式断路器预防性运维。
任务 11-4　智能配电云服务部署与集成。

11.3 项目实训

任务 11-1　智能配电设备典型故障分析与处理

本任务以典型模块化的配电设备真空断路器、框架式断路器与变频器开展常见故障分析与处理教学与实训。

1. 真空断路器典型故障分析与处理

真空断路器典型故障分析与处理见表 11-1。

表 11-1　真空断路器典型故障分析与处理

序号	故障现象	故障分析与处理
1	断路器无法电动储能，可手动储能	1）储能辅助开关 S1 损坏 2）航空插头插针损坏 3）储能电动机 M0 故障
2	断路器无法电动合闸，合闸脱扣器不动作	1）辅助开关 S3 故障 2）控制回路接线松动或航空插针脱落 3）合闸线圈 Y3 故障 4）合闸闭锁电磁铁 Y1 故障 5）整流桥 V1 或 V3 故障 6）K0 接点粘连 7）控制电源电压过低
3	断路器无法分闸	1）分闸脱扣器 Y2 故障 2）辅助开关 S4 触点接触不良 3）二次回路接线松动或航空插头的插针脱落
4	手车摇到工作位置后没有停止，仍可以摇动	底盘丝杠上的定位块脱离止动铜滑块的槽

2. 框架式断路器典型故障分析与处理

当框架式断路器出现故障时，框架式断路器的脱扣器可侦测到故障并通过 LED 指示灯或显示屏进行提示故障信息，如图 11-3 所示。脱扣器界面各部分相关说明见表 11-2。

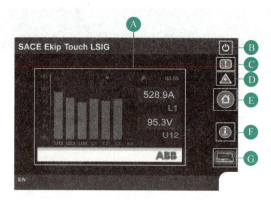

图 11-3 框架式断路器脱扣器

表 11-2 脱扣器界面各部分相关说明

位置	说　　明
A	触屏式显示模块
B	电源状态 LED 指示灯,绿灯 1)灯灭:未接通电源 2)灯亮、常亮、闪烁:电源接通、脱扣器启用
C	LED 警告灯,黄色
D	LED 报警灯,红色
E	HOME 键:打开主菜单或开始菜单
F	iTEST 键,若显示主要或第二层页面,按下该键可依次显示以下页面: 1)报警列表页 2)主板和脱扣器信息页面 3)断路器信息页面 4)上次分闸信息页面 选择测试菜单中的脱扣测试选项,执行分闸测试
G	测试连接口

脱扣器可通过 LED 指示灯、触摸屏两种框架式断路器人机交互组建,提供设备运行状态、报警情况、配置故障等故障提示。

（1）通过脱扣器 LED 指示灯查询设备信息

脱扣器面板上有 3 盏 LED 指示灯,分别是绿色、黄色和红色,其对应设备信息描述见表 11-3。

表 11-3 脱扣器 LED 指示灯对应设备信息描述

LED 状态	设备信息说明
绿色	1)灯灭:未接通电源 2)灯亮、常亮、闪烁:电源接通、脱扣器启用
黄色	1)灯灭:无报警或错误 2)灯亮,快闪:与主板无通信,或安装故障(指额定电流插件、测量模块或 Measuring Pro 模块的安装故障) 3)灯亮,慢闪:内部错误 4)灯亮,每隔 0.5s 快闪两次:参数设置错误 5)灯亮,常亮:L 保护预报警,或断路器出错
红色	1)灯灭:无报警或错误 2)灯亮,快闪:与主板无通信、脱扣线圈断开、电流传感器断开或延时有效 3)灯亮,每隔 2s 快闪两次:额定电流插件错误 4)灯亮,慢闪:内部错误 5)灯亮,常亮:表示出现分闸

（2）通过脱扣器触摸屏查询设备信息

脱扣器触摸屏可提示自诊断、保护或测量报警、参数故障三类设备信息，其中自诊断为脱扣器持续监测自身的运行状态，同时也监测与之相连接所有设备的运行状态。若出现故障，将会通过信息提示，见表11-4。

表11-4 框架式断路器脱扣器触摸屏自诊断信息表

脱扣器自诊断信号	故障说明	脱扣器自诊断信号	故障说明
本地总线	未检测到接线盒上的模块	内部错误	内部错误
脱扣线圈断开	脱扣线圈断接	无效日期	日期未设定
L1 传感器断开	电流传感器断接	断路器状态错误	断路器状态触头错误
L2 传感器断开	电流传感器断接	额定电流插件安装	额定电流插块未安装
L3 传感器断开	电流传感器断接	电量低	电池故障或无电池
Ne 传感器断开	电流传感器断接	电压模块安装警告	Ekip 测量模块未安装
Gext 传感器断开	电流传感器断接	电压模块错误	Ekip 测量模块故障
额定电流插件错误	额定电流插块断接或未安装		

在脱扣器参数编程过程中，修改特定限制参数或参数错误时，脱扣器对其进行拦截并会通过错误信息提示，见表11-5。

表11-5 框架式断路器脱扣器触摸屏参数编程错误信息表

错误类型	错误说明
L Th ≥ S Th	修改保护阈值引起的错误
S Th ≥ I Th	修改保护阈值引起的错误
L Th ≥ S2 Th	修改保护阈值引起的错误
S2 Th ≥ I Th	修改保护阈值引起的错误
L Th ≥ D Th	修改保护阈值引起的错误
D Th ≥ I Th	修改保护阈值引起的错误
D 区域选择＝开,S/S2/G/Rc＝开	在 S(短路延时)、S2(第二个短路延时)、G(接地)、Rc(漏电)保护被启用情况下区域选择保护激活
高优先级报警	在编程过程中出现保护报警及延时报警
Rc 线圈错误	在没有 Ekip 测量模块或 RC 型额定电流插块的情况下,尝试激活 Rc 传感器
内部中性线配置错误	尝试为内部中性线设定可选范围以外的数值
不关闭数据采集器情况下进行更设	在数据采集器处于运行状态下进行参数更设
程序会话超时	数据保存超时

（3）框架式断路器常见故障与处理

部分故障信息可以通过 LED 指示灯或触摸屏得知并做出相应的处理，但是大部分的框架式断路器由于机械原因而产生的故障，框架式断路器常见故障原因与处理建议见表11-6。

表11-6 框架式断路器常见故障原因与处理建议

错误类型	可能原因	解决建议
按下合闸按钮,断路器却未合闸	保护脱扣器的脱扣信号未重设	按下机械复位按钮或进行远程电气复位
	分闸位置锁被锁住	插入相应钥匙将其打开
	断路器位于工作和测试之间的中间位置	完成断路器的摇入操作
	欠电压脱扣器未上电	检查电源电路和电压

（续）

错误类型	可能原因	解决建议
按下合闸按钮，断路器却未合闸	分闸线圈一直处于通电状态	必要时启用脱扣功能
	脱扣按钮被按下（抽出式断路器）	转动摇把来完成，或启动摇入、抽出操作
当合闸线圈通电时，断路器无法合闸	保护脱扣器的脱扣信号未重设	请按下"复位"按钮
	辅助电路电源电压过低	测量电压：不得低于线圈额定电压的85%
	所用电源电压与铭牌标示的额定电压不一致	核对铭牌标示的额定电压
	线圈线缆未正确接入接线端	须确保线缆和接线端连接畅通，必要时须进行重新连接
	电源电路连接故障	参阅相关接线图进行连接检查
	合闸线圈损坏	更换线圈
	操作机构阻塞	进行手动合闸；若故障依然存在，请联系厂家
	分闸位置锁被锁住	插入相应钥匙将其打开
	断路器位于连接和测试之间的中间位置	完成断路器的连接操作
	欠电压脱扣器未上电	确保欠电压脱扣器已上电
	分闸线圈一直处于通电状态	修正操作条件；如有必要，切断分闸线圈电源
	摇把被插入到设备中（抽出式断路器）	拔出摇把
按下分闸按钮，断路器却未分闸	操作机构阻塞	联系厂家
当分闸线圈通电时，断路器无法分闸	操作机构阻塞	联系厂家
	辅助电路电源电压过低	测量电压：不得低于线圈额定电压的85%
	所用电源电压与铭牌标示的额定电压不一致	使用合适的电压
	线圈线缆未正确接入接线端	须确保线缆和接线端连接畅通，必要时须进行重新连接
	电源电路连接不正确	参阅相关接线图进行连接检查
	分闸线圈损坏	更换线圈
欠电压线圈脱扣，断路器却未分闸	操作机构阻塞	进行手动分闸，若故障依然存在，请联系厂家
无法通过手动操作杆为合闸弹簧储能	操作机构阻塞	联系厂家
无法通过储能电动机为合闸弹簧储能	电动机线缆未正确接入接线端	须确保线缆和接线端连接畅通，必要时须进行重新连接
	电源电路连接不正确	参阅相关接线图进行连接检查
	断路器处于断开位置	将断路器摇至测试或连接位置
	电动机内部熔体烧断	更换熔体
	电动机损坏	更换电动机
无法通过按下该按钮来插入摇出用的摇把	断路器已合闸	在断路器分闸情况下按下分闸按钮才能插入手摇曲柄
移动部分无法摇入固定部分	摇入/摇出操作不当	按规范进行操作
	移动部分与固定部分不兼容	检查移动部分和固定部分的兼容性
断路器在分闸位置无法被锁定	分闸按钮未按下	按下分闸按钮并上锁
	分闸位置锁损坏	联系厂家
无法进行脱扣测试	分闸线圈未正确装入	检查分闸线圈的连接和显示屏上的提示信息
	保护脱扣器的脱扣信号未重设	请按下"复位"按钮
	母排电流大于0	必要时启用脱扣功能

3. 变频器典型故障分析与处理

当变频器发生故障时，其控制盘面板上会显示故障代码，可根据故障代码翻查说明书寻找故障原因及解决方式。变频器还可存储此前发生的故障和警告的列表，表 11-7 为变频器常见故障代码、原因及处理措施。

表 11-7 变频器常见故障代码、原因与处理措施

代码	警告/辅助代码	原因	措施
A2A1	电流校准	电流偏移和增益测量校准将在下次启动时进行	信息性警告（参见参数 99.13 辨识运行请求）
A2B1	过电流	输出电流超过内部故障限值。除实际过电流情况外，该警告还可能是由于接地故障或电源缺相导致	检查电机负载；检查参数组 23 速度给定斜坡（速度控制）、26 转矩给定链（转矩控制）或 28 频率给定控制链（频率控制）中的加速时间；检查参数 46.01 速度换算、46.02 频率换算 和 46.03 转矩换算；检查电机和电机电缆（包括相位和三角形/星形联结）；通过测量电机和电机电缆的绝缘电阻来检查电机或电机电缆中的接地故障；检查电机电缆中是否尚有正在打开或正在关闭的接触器；检查参数组 99 电机数据中的起动数据是否与电机额定值铭牌一致；确认电机电缆中没有功率因素校正电容器或电涌吸收器
A2B3	接地漏电	通常由于电机或电机电缆故障，传动检测到负载失衡	确认电机电缆中没有功率因素校正电容器或电涌吸收器；通过测量电机和电机电缆的绝缘阻值来检查电机或电机电缆中的接地故障；如果发现接地故障，请修复或更换电机电缆或电机；如果检测不到接地故障，请联系厂家
A2B4	短路	电机电缆或电机中出现短路	检查电机和电机电缆看是否有电缆错误；检查电机和电机电缆（包括相位和三角形/星形联结）；通过测量电机和电机电缆的绝缘电阻来检查电机或电机电缆中的接地故障；确认电机电缆中没有功率因素校正电容器或电涌吸收器
A2BA	IGBT 过载	IGBT 与外壳温度计接点过多，该警告可以保护 IGBT，可在电机电缆短路时激活	检查电机电缆；检查环境条件；检查气流和风机的运转；检查散热片，除去其中沉积的灰尘；对比传动功率检查电机功率
A4A1	IGBT 过热	估算的传动 IGBT 温度过高	检查环境条件；检查气流和风机的运转；检查散热片，除去其中沉积的灰尘；对比传动功率，检查电机功率
A4B0	温度过高	电源单元模块温度超过限制	检查环境条件；检查气流和风机的运转；检查散热片，除去其中沉积的灰尘；对比传动功率，检查电机功率
A4B1	温差过大	不同相的 IGBT 温差过大	检查电机接线；检查传动模块的冷却
A4F6	IGBT 温度	传动 IGBT 温度过高	检查环境条件；检查气流和风机的运转；检查散热片，除去其中沉积的灰尘；对比传动功率，检查电机功率
A580	PU 通信	检测到传动控制单元和功率单元之间的通信错误	检查传动控制单元和功率单元之间的连接

任务 11-2　机场配电设备预防性运维计划制定

机场动力中心某工段拥有 E2 框架式断路器 8 台，现已使用多年，且中间未做相关预防性运维，根据设备寿命曲线，需进行设备预防性运维检修。在开展预防性运维作业前，需制定设备运维检修计划，以保障工作的顺利进行，见表 11-8。

表 11-8 设备运维检修计划表

项目流程	预计时间	工作内容
开工会	运维检修启动前	整理项目技术参数与电气一次回路图,明确作业范围 根据作业范围制定详细的作业时间表及维保人员安排 确定维保检修工具 制定备品、备件计划
订货与生产	制定计划表后 1~2 周	采购备用储能电机、断路器分闸线圈、断路器合闸线圈等易损部件,以便在现场做维保时直接更换
现场作业	按照开工会安排时间,本项目预计时间为 2 日	开展断路器设备级预防性维保
培训	现场施工前	维护人员全程参与设计及调试现场施工前培训(2~3h)
投运		整体测试维保后的设备,需运行人员与工程师在现场投运
验收		系统投运成功后 24h
竣工		整理断路器测试报告、现场服务报告等竣工资料

1. 项目技术参数与电气一次回路

规格型号：E2 框架式断路器。

额定电压：380V。

辅助电路的额定工作电压：交流 380V 或 220V。

水平母线额定电流：2500A。

变压器数量：2 台。

系统接地方式：380/220V 中性点直接接地系统。

电气一次回路如图 11-4 和图 11-5 所示。

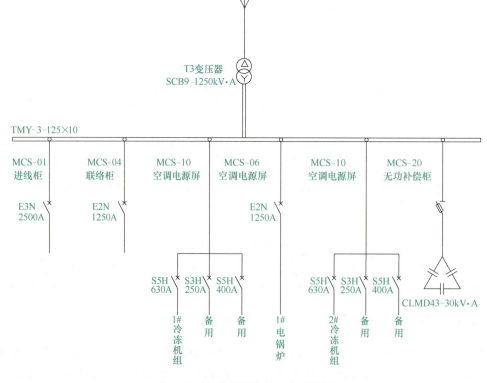

图 11-4 T3 变压器电气一次回路图

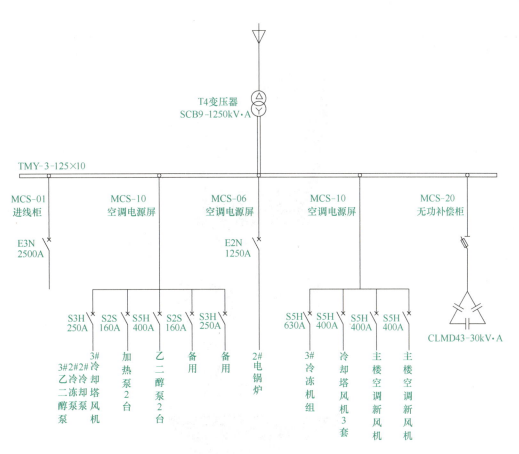

图 11-5　T4 变压器电气一次图

2. 框架式断路器预防性运维检修工具

框架式断路器预防性运维检修时需要准备各种专业工具，见表 11-9。

表 11-9　框架式断路器预防性运维检修工具表

序号	设备名称	实物照片	功能用途
1	专用红外成像测温设备		用户电气连接触头、容易造成或者潜在高温的电缆接头、接触器触点等处的温度带电检测
2	开关脱扣器性能检测设备		用于测试断路器脱扣性能是否满足要求，是否有损坏

(续)

序号	设备名称	实物照片	功能用途
3	配电柜、动力柜二次回路分合闸检测设备		用于测试断路器、接触器二次电动合闸、分闸性能是否损坏
4	配电谐波测试仪		用于测试配电房整体线路设备谐波干扰,为消除和治理谐波提供数据支撑
5	配电回路、断路器回路电阻测试仪		用于断路器、用电回路电阻测试,避免短路和开路的情况发生,辅助设备检修
6	断路器机械性能测试仪		用于测试断路器机械性能,可以测试出断路器机械性能数据,检测断路器潜在的故障
7	耐压测试设备		用户测试断路器、电缆等电气耐压特性,发现潜在设备风险

项目11 智能配电设备运维检修

（续）

序号	设备名称	实物照片	功能用途
8	断路器机械拉力测试设备	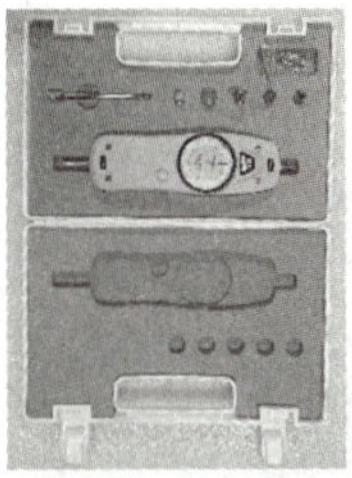	用于测试断路器机械拉力是否满足出厂要求,是否存在机构拉力不足,影响断路器性能
9	配电房噪声测试设备	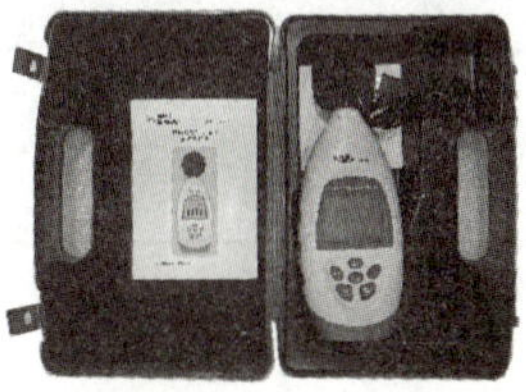	用于测试电动机、水泵、接触器等设备的噪声是否异常
10	专用劳动防护装备	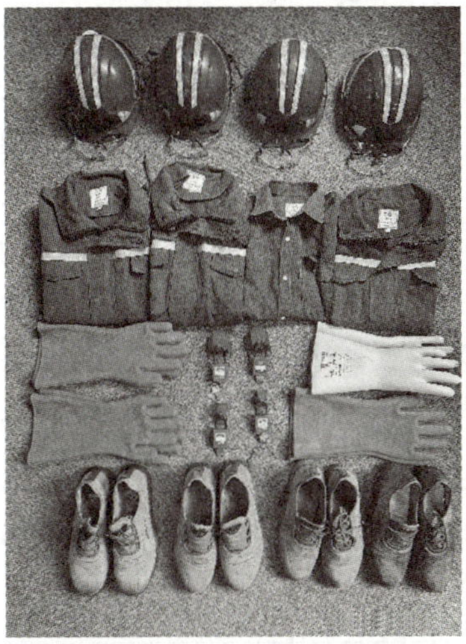	用于现场技术人员电气维修、检修作业的防护
11	专用维修检测设备、工具	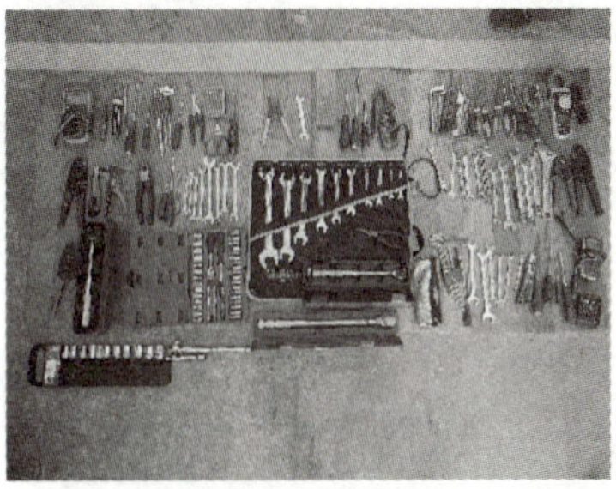	用于电气维修、检修、维护的安装、拆解和测量等
12	接地电阻测试仪	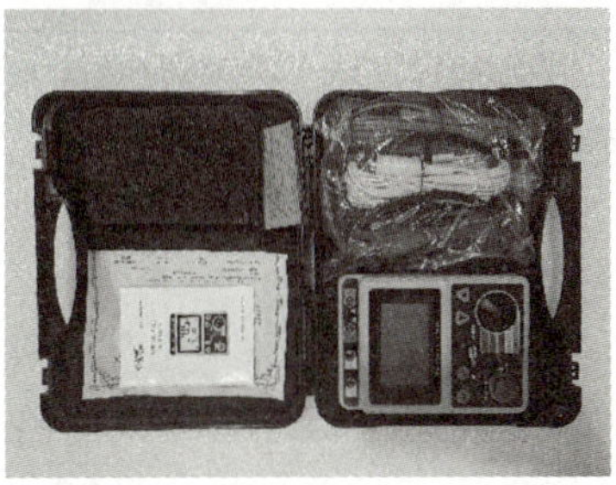	用于测试电气设备的接地电阻,为判断故障提供数据依据

(续)

序号	设备名称	实物照片	功能用途
13	直流电阻测试仪		用于测试电气元件的直流电阻，精确判断设备特性是否满足现场要求

3. 预防性运维作业流程

为降低对日常工作用电影响，降低停电范围。出于安全和供电可靠性考虑，运维作业计划按每台变压器进行，在作业期间需要对母线进行断电。因此，需动力部配备一位操作人员进行相关断电操作，以及担任项目监察员一职，负责对进场施工人员进行安全教育等工作，在现场悬挂明显断电警示，并协助作业人员办理进入配电室工作手续，配合作业人员处理影响项目施工的事宜。

进入配电房，并确认所需维保开关元件的该段母线已断电，完成安全培训与相关验电工作后，根据工作计划表开始逐一对断路器进行维保，直至该维保时段结束。在此期间，不得恢复母线供电。

维保结束后，将断路器摇入安装位置，由动力部监察员确认不存在任何违反上电运行操作规范时，使变压器恢复工作，断路器上电运行。

4. 现场作业进度计划表

现场作业进度计划表是指导项目工程实施的重要技术文件，见表11-10。

表 11-10 现场作业进度计划表

工作时间	工作内容	工作人数	母线断电	备注
11月2日 9:00—11:30	T4 变压器停电 1）断路器：E3N-2500 3P 维保 2）断路器：E2N-1250 3P 维保	3人维保	T4 母线断电	
11月3日 9:00—11:30	T3 变压器停电 1）断路器：E3N-2500 3P 维保 2）断路器：E2N-1250 3P 维保 3）断路器：E2N-1250 3P 维保	3人维保	T3 母线断电	

任务 11-3　框架式断路器预防性运维

1. 框架式断路器预防性运维作业流程

在开展设备级运维检修工作时，需对框架式断路器电气回路、操作机构、联锁部件等进行检查，对框架式断路器机械特性和电气特性进行检测，保证框架式断路器安全、可靠地运行。框架式断路器的脱扣器是断路器保护核心系统，它集中了运行、计量、报警和监视等多功能，在维保结束后需重点测试其保护功能。框架式断路器的维保作业流程如图 11-6 所示。

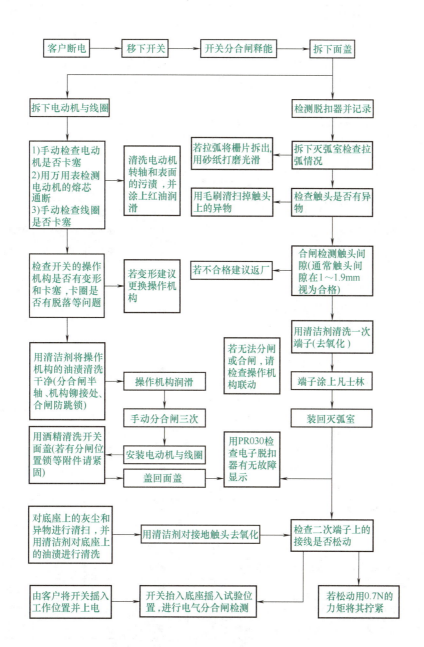

图 11-6　框架式断路器维保作业流程

2. 框架式断路器预防性运维作业内容

框架式断路器根据图 11-6 的作业流程进行维保作业，维保作业过程包含外观、操作机构、灭弧室、主触头、主回路母排及隔离触头、底座部分、操作及控制、二次回路及保护等。同时进行框架式断路器脱扣器保护功能测试，见表 11-12，并完成项目实训任务 1 框架式断路器脱扣器保护功能测试作业。

3. 框架式断路器预防性运维作业报告案例

以 T3 变压器低压侧进线柜 E3N2500 为例，在进行维保作业时，需同时记录相关检查与测试数据，并最终形成框架式断路器测试报告，见表 11-11 和表 11-12。

表 11-11　框架式断路器机械维保记录案例

基本信息	ACB 型号：E2N 1600 PR123/P-LSIG 3P					
ACB 序列号：XALE112562	脱扣器序列号：L3833X08A			配电柜编号：3P2 联络柜		
配置	☑ M_220_V	☑ YC_220_V	☑ YO_220_V	☑ YU_380_V	投运时间	
	□ 欠电压延时	☑ 分闸锁	□ 机械连锁	☑ 通信模块	☑ 测量模块	☑ 24V 电源

维保前故障信息：

维保运行情况：维保后运行正常

现场服务情况：□ 满意　□ 较满意　□ 一般　□ 不满意　　　　用户签字

☑ 外观检查		维保后检查结论			维保检查
行动	执行动作	合格	不合格	未执行	信息
检查外观及面盖	检查断路器整体外观是否破损	◎	●	◎	断路器外观破损
断路器面盖	检查面盖及固定孔是否破损	◎	●	◎	面盖固定孔破损
☑ 操作机构					维保检查
内部灰尘及油泥	清洁灰尘及固化油脂、加润滑油	●	◎	◎	内部清洁完毕
机构及线圈铁锈	清洁机构及线圈铁锈、加润滑油	●	◎	◎	机构清洁完毕
合分闸机构行程	分合闸机构清洁除锈、加润滑油	●	◎	◎	合分闸机构清洁完毕
机构润滑油脂	清洁断路器操作机构，加润滑油	●	◎	◎	操作机构清洁完毕
摇入摇出机构	摇入、摇出螺杆加油，观察位置指示是否正确	●	◎	◎	螺杆清洁完毕
☑ 灭弧室					维保检查
触头间距	间隙塞尺检查触头间距 1.1~1.6mm	●	◎	◎	间隙检查合格
氧化层及燃弧痕	检查灭弧室有无拉弧现象	●	◎	◎	无拉弧现象
灭弧罩	检查灭弧罩有无拉弧现象	●	◎	◎	无拉弧现象
灭弧栅	检查灭弧栅片有无拉弧、灼伤	●	◎	◎	无拉弧灼烧现象
☑ 主触头					维保检查
触头表面	检查触头外观，清洁触头氧化层	●	◎	◎	氧化层清洁完毕
紧固情况	检查并紧固触头固定螺栓	●	◎	◎	螺丝已确认紧固
☑ 主回路母排及隔离触头					维保检查
氧化层	检查触头表面有无磨损、溶焊，去氧化层	●	◎	◎	触头表面已清理
主回路绝缘支架	检查绝缘支架是否老化	●	◎	◎	支架未出现老化
隔离触头	检查隔离有无磨损、溶焊，去氧化层	●	◎	◎	触头表面已清理
安全挡板	断路器摇入、摇出，观察安全挡板打开动作	●	◎	◎	挡板运作正常
☑ 底座部分					维保检查
处理氧化层及紧固	检查接地螺栓及接地夹正常	●	◎	◎	接地功能正常
保养底座	清洁灰尘，清洁固化油脂，加润滑油	●	◎	◎	底座清洁完毕
二次接线及二次端子	检查二次线端子是否完整，接线有无松动	●	◎	◎	端子紧固完整
☑ 操作及控制					维保检查
储能	手动及电动储能操作 5 次试验	●	◎	◎	操作完毕且无异常
合分闸操作	手动及电动合分闸操作 5 次试验	●	◎	◎	操作完毕且无异常
☑ 二次回路及保护					维保检查
二次接线	检查有无松动或虚接	●	◎	◎	二次线无松动
二次插件	检查二次插件有无氧化及变形	●	◎	◎	二次插件正常
脱扣器	检查脱扣器连接线有无松动	●	◎	◎	脱扣器链接紧固
保护	脱扣器测试（见表 11-12）	●	◎	◎	

表 11-12 框架式断路器保护功能测试记录案例

测试内容	☑ 保护特性　☑ 回路电阻　☑ 绝缘电阻　☑ 机械特性　☐ 耐压测试			
测试仪器	☐ PR010/T　　☐ TS3　　☑ Ekip ☑ 绝缘测试仪　　　　　　☑ 回路电阻测试仪			
保护设置	过载长延时/I_1 $\underline{1}$ I_n/$\underline{144}$s	短路短延时/I_2 __ I_n/___ s	短路瞬时/I_3 $\underline{4}$ I_n	接地故障保护/I_4 __ I_n/___ s
保护功能	模拟测试电流值/A	预定脱扣时间/s	实际脱扣时间/s	测试结果
过载长延时（L） $t=k/I^2$	L1-L2-L3-N $3I_n$ $3I_n$ $3I_n$	L1-L2-L3-N 144 144 144	L1-L2-L3-N 144.41 144.41 144.41	☑ Normal/正常 ☐ Fault/故障
短路短延时（S） ☐ $t=k$ ☐ $t=k/I^2$	L1-L2-L3-N	L1-L2-L3-N	L1-L2-L3-N	☑ Normal/正常 ☐ Fault/故障
短路瞬时（I） <60ms	L1-L2-L3-N $5I_n$ $5I_n$ $5I_n$	L1-L2-L3-N 瞬时 瞬时 瞬时	L1-L2-L3-N 13ms 13ms 13ms	☑ Normal/正常 ☐ Fault/故障
接地故障（G） ☐ $t=k$ ☐ $t=k/I^2$	L1-L2-L3-G $1I_n$ $1I_n$ $1I_n$	L1-L2-L3-G 0.4 0.4 0.4	L1-L2-L3-G 0.396 0.399 0.399	☐ Normal/正常 ☐ Fault/故障
检测项目	测试值		参考值	判定结果
回路电阻 /μΩ	A B C N	37 33.6 39.6 	≤60μΩ	☑ Normal/正常 ☐ Fault/故障
绝缘电阻 /MΩ	A-B A-C B-C	>5500 >5500 >5500	>500MΩ	☑ Normal/正常 ☐ Fault/故障
	A-N B-N C-N			☑ Normal/正常 ☐ Fault/故障
	A-Ground B-Ground C-Ground N-Ground	>5500 >5500 >5500 		☑ Normal/正常 ☐ Fault/故障

建议：面板破损需要更换

任务 11-4　智能配电云服务部署与集成

传统的运维模式下，设备的运维需要依靠人工进行巡检、排故，所以需要大量具有丰富现场经验的工程师来保障系统稳定运行，但是当面对大型配电系统时，基于传统人工运维的模式显然不再有优势。在预防性运维中，工程师更多是根据设备制造商的数据与自身经验，在设备故障前开展运维，以降低设备的故障率与突发性故障率。随着智能配电系统中数字技术的应用，基于数据与算法的智能配电软件平台可以助力工程师实时监控每台设备、快速定位故障与辅助决策。设备智能自主运维演进之路如图 11-7 所示。本任务以机场智能配电进线柜框架式断路器为例，学习如何通过云服务与智能配电软件的集成，实现智能配电预测性运维。

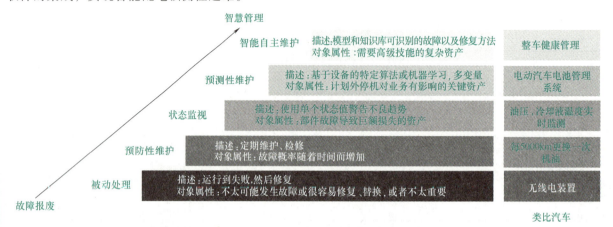

图 11-7　设备智能自动运维演进之路

1. 部署框架式断路器云服务系统

ABB Ability™ EAM 智能配电控制系统是在云架构基础上建立起来的，可以实现数据采集、处理和存储的云计算平台，用于实现电气系统的监控、优化与控制，其中与运维密切相关的，如断路器寿命数据、下一次运维时间等均为基于断路器运行数据、使用工况以及设备信息等综合建模并优化计算出的数据。E2 框架式断路器可通过使用 Ekip Com Hub 模块实现断路器的云服务链接。框架式断路器云服务数据通信构架如图 11-8 所示，塑壳式断路器与多功能电力仪表等通过边缘控制器将 Modbus-RTU

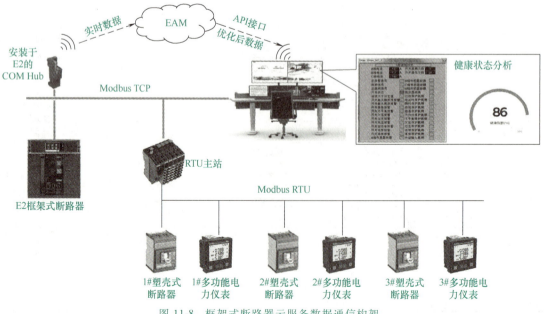

图 11-8　框架式断路器云服务数据通信构架

转成 Modbus-TCP，并与框架式断路器设备等在同一网络，然后通过框架式断路器的 COM HUB 模块将数据传输至云服务 EAM，在 EAM 里通过内部算法与模型计算出设备的寿命、健康状态等数据，通过 API 与本地智能配电软件平台相集成。

思考：

既然实时数据与优化后的数据均可通过 API 与本地智能配电软件平台集成，为何要将本地智能配电软件平台与边缘控制器、框架式断路器等集成于同一网络。提示：从经济费用角度考虑。

我们以智能配电集成与运维平台上智能进线柜的 E2 框架式断路器云服务部署为例，学习如何实现智能配电设备的云服务部署。

（1）通信组网与网络验证

组网在此不做详细介绍，请参考项目 7 相关设备单体调试内容，要注意的是云服务部署需在网络中打开 443/TCP（通过 HTTPS 上传数据需使用该端口）和 53/UDP（公共 DNS 需使用该端口）和 11/UDP（连接到公共 NTP 服务器或 ABB SNTP 服务器需使用该端口）三个端口。

（2）设备云服务部署参数配置

框架式断路器云服务部署参数配置，需要使用 Ekip Connect 软件来完成，具体操作步骤见表 11-13。

表 11-13 框架式断路器云服务部署参数配置操作步骤

操作步骤	操作界面
打开 Ekip Connect 3 软件并自动扫描连接存在的设备，在 ABB Ability 窗口单击"ACTIVE"，激活配置云服务功能	扫描查找到网络中存在的设备；激活云服务部署参数
登录账号后，在服务器选型中选择"CHINA"服务器，单击"START"，开始部署框架式断路器云服务	
选择 COM Hub 来实现本任务框架式断路器的云服务部署	

(续)

操作步骤	操作界面
在设备配置 Device Provisioning 界面中,单击"Start",依次完成"System check"系统检查、"Device information check"设备信息检查、"Activate configuration session"激活配置会话。最后单击"Go to discovery",进入模块搜索界面	
搜索到需要发布的模块,添加到 ABB Ability EDCS,选择相应管理标签,单击"Publish"发布,成功发布出现提示信息	

2. 云服务与本地智能配电软件 API 通信

在任务中,我们采用 Aprol 平台通过 API 通信来读取某站点进线柜 E2 框架式断路器实时电流来开展云服务数据与本地监控系统集成开发教学。完成框架式断路器的云服务部署后,在该框架式断路器云服务站点下注册并创建应用者账号,打开 ABB API 开发者网站(https://developers.connect.abb.com.cn/getting-started),我们将获得如图 11-9 所示的 Application ID、API Key、Subscription Key 三组应用者重要参数,API 参数解析表见表 11-14。

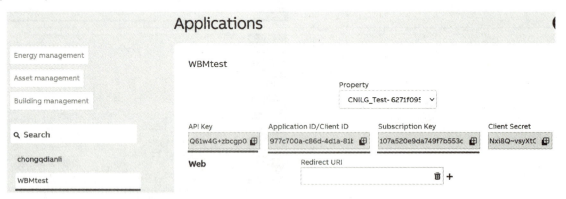

图 11-9 获取 API 参数

表 11-14 API 参数解析表

参数	意义	举例
Application ID	Application ID 是一个长字符串,为创建应用的 ID 名称	d956d1fd-9813-4d97-8f7d-e383f0cf23bc
API Key	API Key 是一个长字符串,主要用于 API 应用者的验证(通常包含在 URL 或者 header 里面)	vYh+yv1WnQmtd6hMkw/XXHg95y5XHWOA4Q==
Subscription Key	Subscription Key 是一个长字符串,也是用于应用者验证(通常包含在 URL 或者 header 里面)	cb9eeadf00b64c199a01fcd49c8af4f2

（1）采用 API 调试工具读取云平台框架式断路器实时电流

将开发者网页上的应用者 Application ID（也称 applicationId）、API Key、Subscription Key 三组数据分别输入至 API 调试工具参数设置，并单击"保存"，如图 11-10 所示。

图 11-10　框架式断路器应用者 API 参数

在配置完框架式断路器应用者 API 参数后，软件将自动出现如图 11-11 所示的通信界面，在该界面中配置需读取何种参数内容的功能选择参数、读取哪个站点及云服务平台的数据、读取该站点下哪个设备的数据后，即可单击"开始测试"，软件发送请求程序，如通信成功，将收到响应程序。

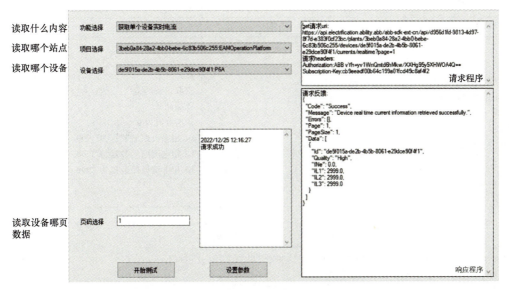

图 11-11　框架式断路器云平台实时电流读取

其中 GET 请求命令代码与解析见表 11-15。

表 11-15　GET 请求命令代码与解析

GET 命令代码组成	代码解析
https://api.electrification.ability.abb	服务器网址
/abb-sdk-ext-cn/api/d956d1fd-9813-4d97-8f7d-e383f0cf23bc/	服务器数据文件夹路径
/plants/3beb0a84-28a2-4bb0-bebe-6c83b506c255/	站点数据文件夹路径
/devices/de5f015a-de2b-4b5b-8061-e29dce90f4f1/	设备数据文件夹路径
/currents/	读取电流
/realtime?page=1	读取第 1 页实时数据

完整代码：
https://api.electrification.ability.abb/abb-sdk-ext-cn/api/d956d1fd-9813-4d97-8f7d-e383f0cf23bc/plants/3beb0a84-28a2-4bb0-bebe-6c83b506c255/devices/de5f015a-de2b-4b5b-8061-e29dce90f4f1/currents/realtime?page=1

请求应用者验证及数据内容格式的 headers 命令代码与解析见表 11-16。

表 11-16　headers 命令代码与解析

headers 命令代码组成	代码解析
Authorization：ABB	请求头参数
vYh+yv1WnQmtd6hMkw/XXHg95y5XHWOA4Q==	应用者 API Key
Subscription-Key：cb9eeadf00b64c199a01fcd49c8af4f2	应用者 Subscription Key
完整代码： Authorization：ABBvYh+yv1WnQmtd6hMkw/XXHg95y5XHWOA4Q==SubscriptionKey：cb9eeadf00b64c199a01fcd49c8af4f2	

云平台在收到请求命令后，如通信正常，将响应请求并发送请求读取的数据，响应代码与解析见表 11-17。

表 11-17　响应代码与解析

响应代码组成	代码解析
"Code"："Success"，	代码正确提示
"Message"："Device real time current information retrieved successfully."，	读取电流数据正常提示
"Errors"：[ ]，	无错误提示/错误提示
"Page"：1，	第 1 页
"PageSize"：1，	总页数为 1

"Data"：[
　{
　　"Id"："de5f015a-de2b-4b5b-8061-e29dce90f4f1"，
　　"Quality"："High"，
　　"INe"：0.0，
　　"IL1"：2999.0，
　　"IL2"：2999.0，
　　"IL3"：2999.0
　}
]
	数据：
	读取设备的 ID
	数据品质
	N 相电流为 0
	L1 相电流原始数据为 2999
	L2 相电流原始数据为 2999
	L3 相电流原始数据为 2999

完整代码：

"Code"："Success"，
"Message"："Device real time current information retrieved successfully."，
"Errors"：[ ]，
"Page"：1，
"PageSize"：1，
"Data"：[
　{
　　"Id"："de5f015a-de2b-4b5b-8061-e29dce90f4f1"，
　　"Quality"："High"，
　　"INe"：0.0，
　　"IL1"：2999.0，
　　"IL2"：2999.0，
　　"IL3"：2999.0
　}
]

（2）Aprol 集成通过 API 读取框架式断路器实时电流

在了解 API 基础应用后，本任务采用 Aprol 软件平台，运用 Python 编程读取云平台中框架式断路器的实时电流数据，进一步加深理解 API 的知识与应用。Aprol 是一个基于 IoT 的应用平台，支持 Python3.0

脚本开发，在本任务中我们采用 Aprol 系统中的 Code 软件实现框架式断路器实时电流数据的集成。

1）在 Aprol 系统中新建 UCB Block，创建引脚并编制程序，通过 API 通信接口，读取框架式断路器字符串格式的实时电流，并将其转换为 Json 格式，保存至变量 SN，如图 11-12 所示。

```
###############################################################################
import json                                    #导入系统自带功能块,将字符串转成 json 对象
import requests                                #导入系统自带功能块,发送 get post 请求
url=' https://api.electrification.ability.abb/abb-sdk-ext-cn/api/d956d1fd-9813-4d97-8f7d-e383f0cf23bc/plants/3beb0a84-28a2-4bb0-bebe-6c83b506c255/devices/de5f015a-de2b-4b5b-8061-e29dce90f4f1/currents/realtime?page=1'
                                               #初始化 Get 请求参数
headers = {                                    #初始化 headers 参数
  # Request headers
  'Authorization':' ABB vYh+yv1WnQmtd6hMkw/XXHg95y5XHWOA4Q ==',   #应用者 API Key
  'Subscription-Key':' cb9eeadf00b64c199a01fcd49c8af4f2'          #应用者 Subscription-Key
}
params = { }                                   #初始化 params 参数
try:
    res = requests.get(url, params=params, headers=headers)      #执行 requests 功能块
    response = res.text                        #执行 requests 得到的文本赋值 response 变量
    SN = json.loads(response)['Data'][0]['SerialNumber']          #将 response 变量中的字符串转换为
                                               #Json 格式数据并存储到 SN 中
    print("SN=" + str(SN))
    res.close()                                #关闭 requests 功能块
except Exception as e：
    print("SN=" + str('error'))                #提示读取错误
###############################################################################
```

图 11-12　编制程序

2）在 Aprol 系统中新建 CFC 功能块，将 SN 数组中的数据解析并显示，如图 11-13 所示。

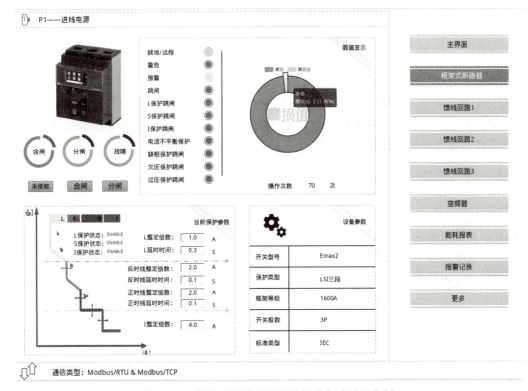

图 11-13　框架式断路器预测性运维集成界面案例

> **素养提升**
>
> **华为配电"黑科技",助力供电所数字化转型**
>
> 　　华为数字化供电所是华为联合国网公司,结合供电所现状,针对供电所细分场景的归一化解决方案,考虑到电力行业具备很强的服务行业特性,华为充分发挥能源互联网架构"云、管、边、端"的技术优势,采用实景数据供电所、台区和用户三层窗口,将动态数据和静态数据全面汇集,方便供电所所长和设备主人开展日常业务,改变了台区运维无实时数据支撑的现状,深化电力数据在实际工作中的应用,提升电力业务"最后一公里"的服务效率和质量。
>
> 　　在聚力能源互联网、助力新型电力系统建设的过程中,配电物联网体系的建立起到关键性的重要作用。电网基层单位的数字化转型是整个配电物联网体系的基础。华为数字化供电所方案将散落在区域内台区数字化孤岛聚合,打通南北向和东西向数据流,推进电网基层单位率先实现数字化转型,进一步奠定了新型配电系统建立的基础。

11.4　项目练习:智慧泵站框架式断路器预防性与预测性运维

11.4.1　项目背景

　　某市智慧泵站建于 2019 年,根据框架式断路器产品说明书中的设备寿命曲线,近期需开展框架式断路器的预防性运维检修,并完成框架式断路器脱扣器保护功能的测试与归档。同时,为了提高配电系统的稳定性,需将该框架式断路器操作次数等预测性运维数据与本地智能配电软件集成。

11.4.2　项目要求

　　(1)项目实训任务 1:框架式断路器脱扣器保护功能测试作业

　　使用框架式断路器运维检修系统中的测试仪,完成智能配电集成与运维平台上 E2 框架式断路器的脱扣器性能测试,并填写测试报告。其中过载长延时(L 保护)测试电流值为 $4I_n$、预定脱扣时间 10s;短路瞬时(I 保护)测试电流值 $5.5I_n$,预定脱扣时间瞬时。

　　(2)项目实训任务 2:框架式断路器预测性运维集成

　　请结合工作手册,完成智能配电集成与运维平台上框架式断路器的云服务部署,并在 API 调试工具中正确读取其设备序列号与设备操作次数。

11.4.3　项目步骤

1. 项目练习任务 1

1)认真剖析项目要求,确认要完成的任务内容。

2)将框架式断路器本体抽出至试验位置,取下脱扣器防护面盖。

3)使用断路器运维检修系统中的测试工具,将框架式断路器与安装有 Ekip Connect 软件的计算机连接。

4)在计算机中找到 Ekip Connect 软件,双击打开并完成数据上载。

5)查阅框架式断路器的基本信息和保护参数,并填入框架式断路器保护功能测试报告中,见表 11-18。

6)创建测试并根据练习任务中的要求完成过载长延时(L 保护)、短路瞬时(I 保护)的测试,将测试结果填入框架式断路器保护功能测试报告中。

7）判断过载长延时（L保护）、短路瞬时（I保护）测试结果是否正确，并填写结论报告，见表 11-18。

表 11-18　框架式断路器保护功能测试报告

测试内容	□保护特性　□回路电阻　□绝缘电阻　□机械特性　□耐压测试			
测试仪器	□PR010/T　　　　　□TS3　　　　　□E-kip □绝缘测试仪　　　　　　　　□回路电阻测试仪			
保护设置	过载长延时/I_1 __I_n/___ s	短路短延时/I_2 __I_n/___ s	短路瞬时/I_3 __I_n	接地故障保护/I_4 __I_n/___ s
保护功能	模拟测试电流值/A	预定脱扣时间/s	实际脱扣时间/s	测试结果
过载长延时（L） $t=k/I^2$	L1-L2-L3-N	L1-L2-L3-N	L1-L2-L3-N	□Normal/正常 □Fault/故障
短路短延时（S） □$t=k$ □$t=k/I^2$	L1-L2-L3-N	L1-L2-L3-N	L1-L2-L3-N	□Normal/正常 □Fault/故障
短路瞬时（I） <60ms	L1-L2-L3-N	L1-L2-L3-N	L1-L2-L3-N	□Normal/正常 □Fault/故障
接地故障（G） □$t=k$ □$t=k/I^2$	L1-L2-L3-G	L1-L2-L3-G	L1-L2-L3-G	□Normal/正常 □Fault/故障

结论：

2. 项目练习任务 2

1）认真剖析项目要求，确认要完成的任务内容，领取应用者 Application ID、API Key 以及 Subscription Key。

2）打开 API 测试工具软件，单击"设置参数"，将需要访问的设备相关参数信息填入配置界面中。

3）通过获取单个设备信息查询，将获取的断路器"SerialNumber"设备序列号、"Type"设备类型信息填入表 11-19 中。

4）通过获取指定项目预测性维护信息查询，找到对应序列号的设备，查看"TotalOperations"总操作次数并填入表 11-19 中。

表 11-19　数据记录表

设备	信息
设备序列号	
设备类型	
设备总操作次数	

11.5 项目评价

项目评价表见表11-20。

表 11-20　项目评价表

考核点	评价内容	分值	评分	备注
知识	请扫描二维码,完成知识测评	30分		
技能	正确选择断路器运维检修系统中的工具线,完成计算机与框架式断路器的连接 完成框架式断路器LSI保护测试并记录报告 能通过API读取框架式断路器操作次数与设备系列号 将读取的数据信息,填写到数据记录表中	60分		依据项目练习评价
素质	工位保持清洁,物品整齐 着装规范整洁,佩戴安全帽 操作规范,爱护设备 遵守6S管理规范	10分		
总分				
项目反馈				

项目学习情况：

心得与反思：

参考文献

[1] 刘介才. 供配电技术 [M]. 4版. 北京：机械工业出版社，2016.
[2] 刘介才. 工厂供电 [M]. 6版. 北京：机械工业出版社，2015.
[3] 翁双安. 供配电工程设计指导 [M]. 北京：机械工业出版社，2008.
[4] 中国航空规划设计研究总院有限公司. 工业与民用供配电设计手册 [M]. 4版. 北京：中国电力出版社，2016.
[5] 唐志平，邹一琴. 供配电技术 [M]. 4版. 北京：电子工业出版社，2019.
[6] 王石磊. 智能化电器及应用 [M]. 西安：西安电子科技大学出版社，2019.
[7] 张白帆. 低压电器技术精讲 [M]. 北京：机械工业出版社，2020.
[8] 王厚余. 低压电气装置的设计安装和检验 [M]. 3版. 北京：中国电力出版社，2019.
[9] 黄绍平. 成套电器技术 [M]. 2版. 北京：机械工业出版社，2017.
[10] 杨更更. Modbus软件开发实战指南 [M]. 2版. 北京：清华大学出版社，2021.
[11] 郭琼. 现场总线技术及其应用 [M]. 3版. 北京：机械工业出版社，2020.
[12] 林向华，陈志青. 现场总线技术及应用 [M]. 西安：西安电子科技大学出版社，2019.
[13] 程利军. 智能配电网及关键技术：上、下册 [M]. 北京：中国水利水电出版社，2020.
[14] 赵鹏，董旭柱. 中国智能配电与物联网行业发展报告2021 [M]. 北京：电子工业出版社，2022.